全国中等职业学校机械类专业通用教材
全国技工院校机械类专业通用教材（中级技能层级）

机床加工技能训练

（第四版）

人力资源社会保障部教材办公室组织编写

中国劳动社会保障出版社

简介

本书主要内容包括车削、铣削、刨削、磨削、数控加工。

本书由管林东任主编，王卫国、严红俊任副主编，郭守超、周秋荣、魏焱、张晓琳参与编写。崔兆华任主审。

图书在版编目(CIP)数据

机床加工技能训练／人力资源社会保障部教材办公室组织编写. --4版. --北京：中国劳动社会保障出版社，2020

全国中等职业学校机械类专业通用教材　全国技工院校机械类专业通用教材. 中级技能层级

ISBN 978-7-5167-4690-5

Ⅰ. ①机…　Ⅱ. ①人…　Ⅲ. ①金属切削-生产工艺-中等专业学校-教材　Ⅳ. ①TG506

中国版本图书馆CIP数据核字(2020)第239432号

中国劳动社会保障出版社出版发行

（北京市惠新东街1号　邮政编码：100029）

*

三河市华骏印务包装有限公司印刷装订　　新华书店经销

787毫米×1092毫米　16开本　12.75印张　301千字

2020年12月第4版　　2020年12月第1次印刷

定价：26.00元

读者服务部电话：（010）64929211/84209101/64921644

营销中心电话：（010）64962347

出版社网址：http://www.class.com.cn

http://jg.class.com.cn

前言

为了更好地适应全国技工院校机械类专业的教学要求，全面提升教学质量，人力资源社会保障部教材办公室组织有关学校的一线教师和行业、企业专家，在充分调研企业生产和学校教学情况、广泛听取教师对教材使用反馈意见的基础上，对全国技工院校机械类专业通用教材中所包含的车工、钳工、机修钳工、铣工、焊工、冷作工、机床加工等工艺学、技能训练教材进行了修订。

本次教材修订工作的重点主要体现在以下几个方面：

第一，合理更新教材内容。

根据机械类专业毕业生所从事岗位的实际需要和教学实际情况的变化，合理确定学生应具备的能力与知识结构，对部分教材内容及其深度、难度做了适当调整；根据相关专业领域的最新发展，在教材中充实新知识、新技术、新设备、新材料等方面的内容，体现教材的先进性；采用最新国家技术标准，使教材更加科学和规范。

第二，紧密衔接国家职业技能标准要求。

教材编写以国家职业技能标准《车工（2018年版）》《钳工（2020年版）》《铣工（2018年版）》《焊工（2018年版）》等为依据，涵盖国家职业技能标准（中级）的知识和技能要求，并在与教材配套的习题册、技能训练图册中增加了针对相关职业技能鉴定考试的练习题。

第三，精心设计教材形式。

在教材内容的呈现形式上，尽可能使用图片、实物照片和表格等形式将知识点生动地展示出来，力求让学生更直观地理解和掌握所学内容。针对不同的知识点，设计了许多贴近实际的互动栏目，在激发学生学习兴趣和自主学习积极性的同时，使教材“易教易学，易懂易用”。在教材插图的制作中采用了立体造型技术，同时部分教材在印刷工艺上采用了四色印刷，增强了教材的表现力。

第四，引入“互联网+”技术，进一步做好教学服务工作。

在《车工工艺学（第六版）》《车工技能训练（第六版）》《钳工工艺学（第六版）》等教材中使用了增强现实（AR）技术。学生在移动终端上安装App，扫描教材中带有AR图标的页面，可以对呈现的立体模型进行缩放、旋转、剖切等操作，以及观察模型的运动和拆分动画，便于更直观、细致地探究机构的内部结构和工作原理，还可以浏览相关视频、图片、文本等拓展资料。在部分教材中使用了二维码技术，针对教材中的教学重点和难点制作了动画、视频、微课等多媒体资源，学生使用移动终端扫描二维码即可在线观看相应内容。

本套教材中的工艺学教材配有习题册，技能训练教材配有技能训练图册。另外，还配有方便教师上课使用的电子课件，电子课件和习题册答案可通过中国技工教育网（http://jg.class.com.cn）下载。

本次教材的修订工作得到了辽宁、江苏、浙江、山东、河南等省人力资源和社会保障厅及有关学校的大力支持，在此我们表示诚挚的谢意。

人力资源社会保障部教材办公室

2020年8月

目录

第一单元

车　削

课题一　CA6140型车床的基本操作、维护与保养

子课题1　CA6140型车床的基本操作

<table>
<tr><td>课 题 名 称</td><td>CA6140 型车床的基本操作</td></tr>
<tr><td>操作技能要求</td><td>能熟练操作 CA6140 型车床。</td></tr>
<tr><td>设　备</td><td>CA6140 型车床</td></tr>
<tr><td>课题图</td><td>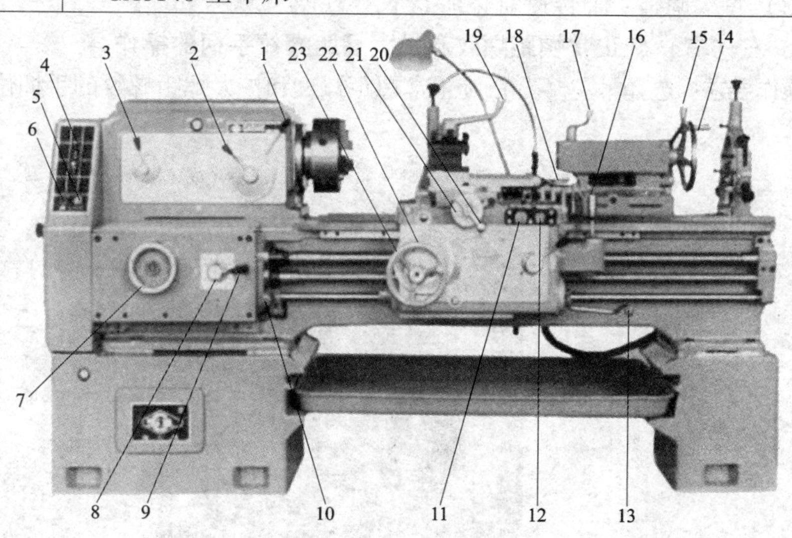

CA6140 型车床手柄图
1、2—主轴变速（长、短）手柄　3—扩大螺距及左、右旋螺纹变换手柄　4—电源总开关（有开和关两个位置）
5—电源开关锁（有 1 和 0 两个位置）　6—冷却泵总开关　7、8—进给量和螺距变换手轮、手柄
9—丝杠、光杠变换手柄　10、13—主轴正反转操纵手柄　11—停止（或急停）按钮（红色）
12—启动按钮（绿色）　14—尾座套筒移动手柄　15—尾座快速紧固手柄　16—机动进给手柄及快速移动按钮
17—尾座套筒固定手柄　18—小滑板移动手柄　19—刀架转位及固定手柄　20—中滑板移动手柄
21—中滑板刻度盘　22—床鞍刻度盘　23—床鞍移动手轮</td></tr>
</table>

训练步骤	操作要点

一、车床操作练习

1. 主轴变速操作

操作要求：调整主轴转速分别为 16 r/min、450 r/min 和 1 400 r/min。

操作提示：

（1）主轴变速手柄如图 1－1 所示，其中短手柄可旋转 360°，用来选择挡位（挡位中有红、黑、黄、蓝四种速度）。

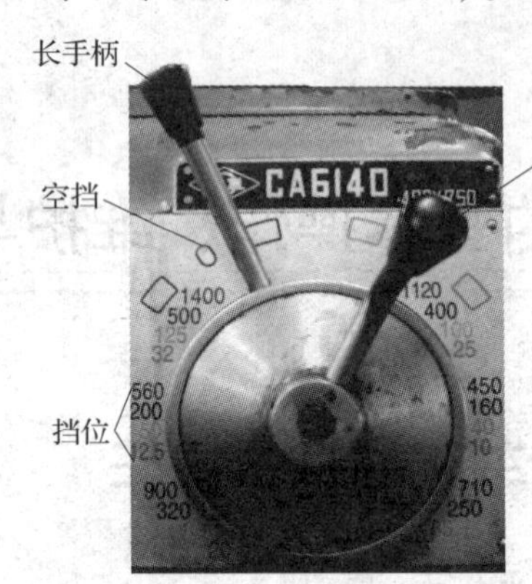

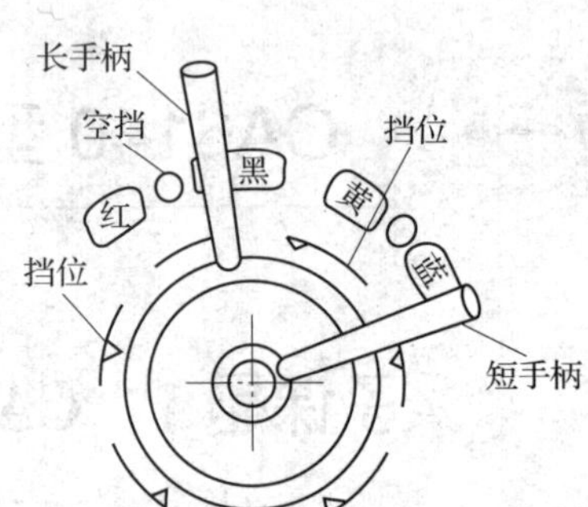

图 1－1 主轴变速手柄

（2）长手柄用来选择对应的颜色。

（3）每次调整主轴转速前必须停车。

2. 左（右）旋正常螺距螺纹和扩大螺距螺纹手柄的操作

操作要求：选择车左（右）旋正常螺距螺纹和扩大螺距螺纹的手柄位置，如图 1－2 所示。

图 1－2 车左（右）旋正常螺距螺纹和扩大螺距螺纹的手柄

操作提示：左旋为从左往右的箭头（右旋则相反），1/1 为正常螺距、X/1 为扩大螺距。

训练步骤

3. 进给箱的变速操作

操作要求：

（1）确定纵向进给量为0.46 mm/r、横向进给量为0.20 mm/r时手轮和手柄的位置并调整。进给箱手柄如图1－3所示，进给箱铭牌如图1－4所示。

图1－3　进给箱手柄

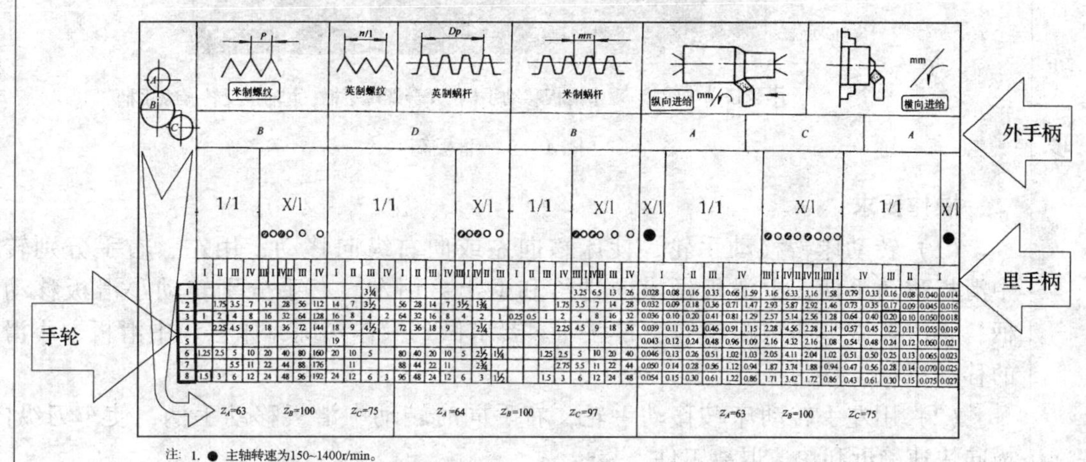

图1－4　进给箱铭牌

（2）确定车螺距分别为1 mm、1.5 mm、2 mm的普通螺纹时进给箱上手轮与手柄的位置并调整。

操作提示：

（1）进给量和螺距变换手轮：用数字1、2、3、…、8表示8个位置。向外拉出手轮，转动手轮，选择需要的数值后再将手轮推进去。

（2）丝杠、光杠变换手柄（外手柄）：*A*、*C*——纵向、横向进给，*B*——米制螺纹（蜗杆），*D*——英制螺纹（蜗杆）。

训练步骤

(3) 进给量和螺距变换手柄（里手柄）：Ⅰ、Ⅱ、Ⅲ、Ⅳ、Ⅴ分别表示由慢到快的5个等级。

4. 溜板箱（图1-5）的手动操作

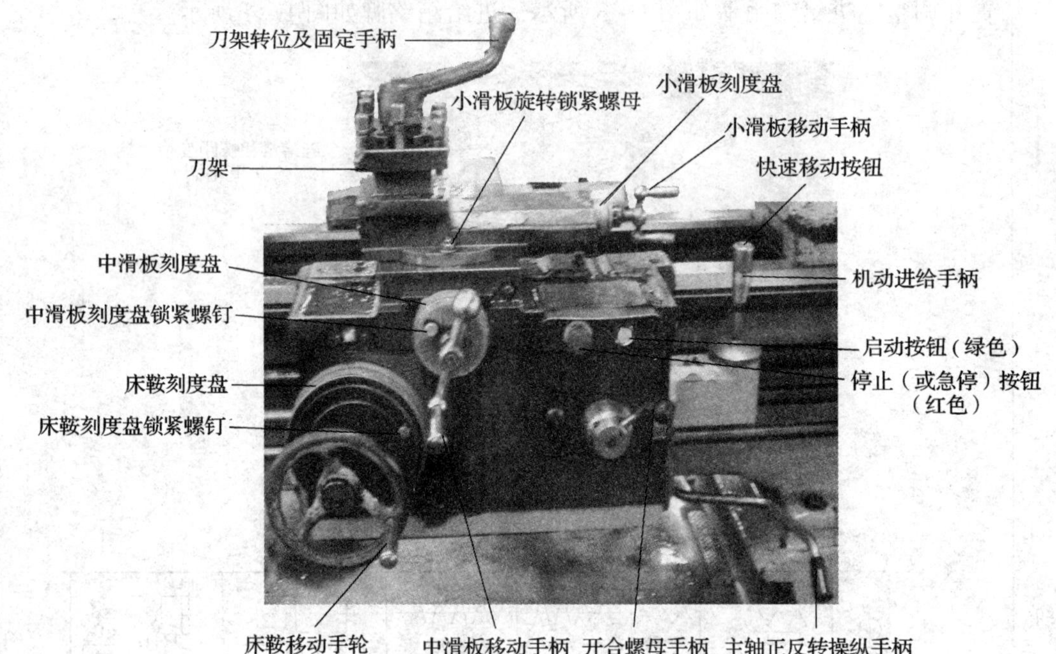

图1-5 溜板箱

操作要求：

(1) 转动床鞍移动手轮，使床鞍向左或向右纵向移动；用左、右手分别转动中滑板移动手柄，中滑板做横向进给和退出；用左、右手分别转动小滑板移动手柄，小滑板做纵向短距离的左右移动。要求做到操作熟练，床鞍、中滑板、小滑板的移动平稳、均匀。

(2) 用左手转动床鞍移动手轮，右手同时转动中滑板移动手柄，使车刀纵向、横向快速趋近和快速退离工件。

(3) 利用床鞍刻度盘的刻度使床鞍纵向移动250 mm、324 mm；利用中滑板刻度盘的刻度使刀架横向进给0.5 mm、1.25 mm。注意中滑板丝杆间隙的消除。

(4) 利用小滑板刻度盘扳转角度，使刀架可车圆锥角 $\alpha=30°$ 的圆锥体（小端在右端）。

操作提示：

(1) 床鞍移动手轮顺时针转动，溜板箱向右纵向移动；反之，则向左移动。

(2) 中滑板移动手柄顺时针转动，中滑板向远离手柄方向（横向）移动；反之，则向靠近手柄方向移动。

(3) 床鞍刻度盘手轮转动1格车刀移动1 mm，中滑板刻度盘手柄转动1格车刀移动0.05 mm，操作过程中注意刻度盘刻度。

训练步骤

刻度盘	度量移动的距离	手动时操作	机动时操作	整圈格数/格	车刀移动距离/（mm/格）
床鞍刻度盘	纵向移动距离	床鞍手轮	机动进给手柄及快速移动按钮	300	1
中滑板刻度盘	横向移动距离	中滑板手柄		100	0.05
小滑板刻度盘	纵向移动距离	小滑板手柄	无机动进给	100	0.05

（4）刻度盘锁紧螺钉可固定刻度盘，使刻度盘能与手柄同步转动。

5. 溜板箱的机动操作

操作要求：

（1）用机动进给手柄做床鞍纵向进给和中滑板横向进给的机动进给练习。机动进给（快速移动）手柄的位置如图1－6所示。

纵向向左

纵向向右

横向向前

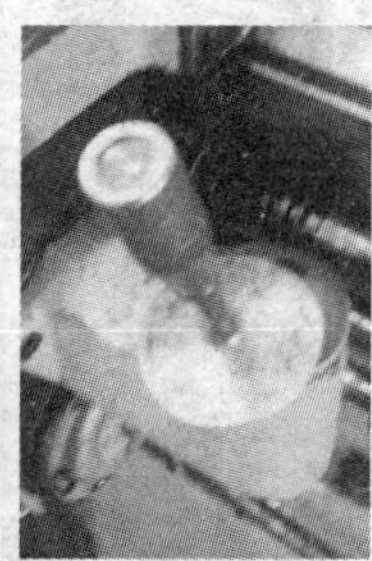
横向向后

停止

图1－6　机动进给（快速移动）手柄的位置

（2）用机动进给手柄和手柄顶部的快速移动按钮做纵向、横向的快速进给操作。操作时要注意，当床鞍快速移至离主轴箱或尾座尚有足够远的距离、中滑板伸出床鞍适当距离时，应立即松开快速移动按钮，停止快速进给，以免床鞍撞击主轴箱或尾座以及因中滑板悬伸太长而使中滑板的丝杆螺母受损。

（3）操作进给箱上的丝杠、光杠变换手柄，使丝杠回转，将溜板箱向右移动适当距离，扳下开合螺母手柄，合上开合螺母，观察床鞍是否按选定的螺距做纵向进给。扳下和抬起开合螺母手柄的操作应果断有力，练习时体会手的感觉。开合螺母手柄的位置如图1－7所示。

图1－7　开合螺母手柄的位置

（4）左手操作中滑板移动手柄，右手操作开合螺母手柄，两手配合练习每次车完螺纹时的横向退刀。

操作提示：

（1）机动进给（快速移动）手柄的扳转方向与床鞍所需移动的方向相同。

训练步骤

（2）开合螺母合上，床鞍被丝杠带动沿导轨做纵向移动。

6. 尾座操作

操作要求：

（1）沿床身导轨手动纵向移动尾座（图1－8）至合适位置，逆时针方向扳动尾座快速紧固手柄，将尾座固定。注意移动尾座时用力不要过大。

（2）逆时针方向转动尾座套筒固定手柄（松开），转动手轮，使套筒做进、退移动；顺时针方向转动尾座套筒固定手柄，将套筒固定在选定的位置。

（3）擦净尾座套筒内孔和顶尖锥柄，安装后顶尖；松开尾座套筒固定手柄，转动手轮，使套筒后退并退出后顶尖。

（4）调整尾座偏移量为1 mm。

图1－8　尾座

操作提示：

（1）尾座套筒移动手柄旋转一周，套筒纵向移动5 mm。

（2）正常情况只需使用尾座快速紧固手柄锁紧尾座的纵向移动。

（3）尾座紧固螺母主要用来调节尾座快速紧固时的松紧程度。

（4）尾座偏移调节螺钉横向前后共两个，当松开一端螺钉时，需同时拧紧另一端螺钉，使尾座向松开螺钉的一端横向偏移。

（5）尾座套筒固定手柄顺时针旋转后锁紧套筒的纵向移动。

二、车床启动和停止操作

1. 操作要求

（1）检查车床各变速手柄是否处于空挡位置，离合器是否处于正确位置，操纵杆是否处于停止状态，确认无误后，合上车床电源总开关。

（2）控制车床电动机启动、停止。

（3）控制主轴进行正转、反转、停止。

<table>
<tr>
<td>训练步骤</td>
<td>

2. 操作提示

（1）按下床鞍上的绿色启动按钮，电动机启动。

（2）向上提起溜板箱右侧的操纵杆手柄，主轴正转；操纵杆手柄回到中间位置，主轴停止转动；操纵杆手柄下压，主轴反转。

（3）按下床鞍上的红色停止按钮，电动机停止工作。

</td>
</tr>
<tr>
<td>注意事项</td>
<td>

1. 主轴变速操作

（1）变速时要求先停机，若车床转动时变速，容易将齿轮轮齿打坏。

（2）变速时，手柄要扳到位，否则会出现“空挡”现象，或由于齿轮在齿宽方向上没有全部进入啮合，降低了齿轮的强度，容易导致齿轮损坏。

（3）变速时若齿轮的啮合位置不正确，手柄会难以扳到位，此时，可边用右手转动车床卡盘边用左手扳动手柄，直到将手柄扳到位。

2. 进给箱操作

（1）调整时要求先停机或低速旋转，若车床高速旋转，容易将齿轮轮齿打坏；也可边用右手转动车床卡盘边用左手扳动手柄，直到将手柄扳到位。

（2）调整丝杠螺母变换手柄时，手柄要扳到位，可观察丝杠或光杠的转动情况进行判断。

（3）调整前应先检查交换齿轮箱（图1－9）内的交换齿轮是否正常啮合；否则，动力无法传递到进给箱。

图1－9　交换齿轮箱

3. 溜板箱操作

（1）操作练习时不可将床鞍或滑板移到极限位置，以防止损坏机床零件。

（2）操作练习时车床主轴转速不宜过高，以免因移动速度过快而造成撞车现象。

4. 尾座操作

（1）尾座套筒固定手柄锁紧后不可强行旋转尾座套筒移动手柄。

（2）尾座快速紧固手柄锁紧后不可强行调节尾座偏移调节螺钉。

（3）紧固尾座时一般只需锁紧尾座快速紧固手柄，不需再紧固尾座紧固螺母。

5. 车床启动和停止操作

（1）主轴正、反转的转换要在主轴停止转动后进行，以免因连续转换操作使瞬间电流过大而发生电气故障。

（2）要求每台机床都具有防护设施。

（3）转动滑板时要集中注意力，做模拟切削运动。

（4）变换转速时应停车进行。

（5）操作车床时转速要慢，注意防止左右、前后碰撞，以免发生事故。

</td>
</tr>
</table>

注意事项	（6）在操作演示后，学生先逐个轮换练习一次，然后分散练习，以防止发生事故。 （7）练习完毕，认真擦拭机床，使工作台在各进给方向处于中间位置，各手柄恢复原来位置，关闭机床电源开关。

子课题 2　车床的维护与保养

课 题 名 称	车床的维护与保养
操作技能要求	1．了解车床常用的润滑方式。 2．掌握车床日常保养、一级保养的要求及步骤。
设备、工具、材料	CA6140 型车床 、机油、旋具、扳手、油枪、毛刷、抹布等
课题图	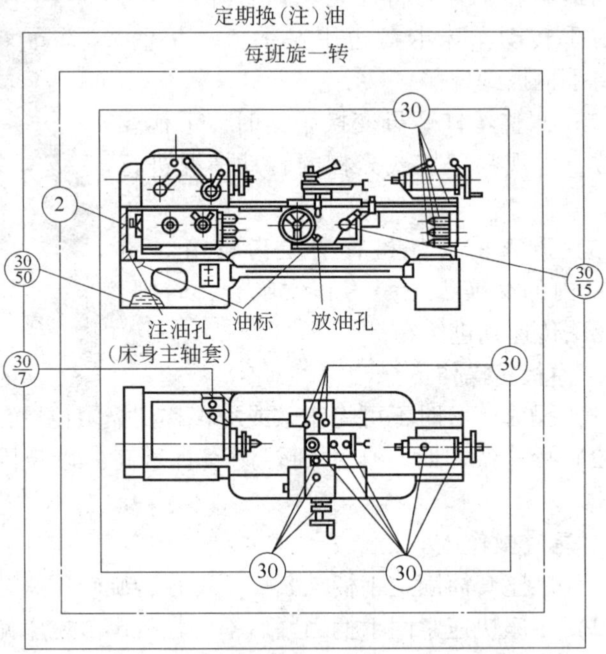 CA6140 型车床润滑系统润滑点的位置 ㉚表示 30 号全损耗系统用油。 ②表示 2 号钙基润滑脂。 ⊖分子数字表示润滑油系列；分母数字表示两班制工作时换（添）油间隔的天数。 $\frac{30}{7}$ $\frac{30}{15}$ $\frac{30}{50}$ 表示油类号为 30 号全损耗系统用油；两班制工作时换（添）油间隔天数分别为 7 天、15 天和 50 天。

	操作要点
训练步骤	**一、车床的润滑** 1. 主轴箱及进给箱采用箱外循环强制润滑。油箱和溜板箱的润滑油在两班制工作的车间应50～60天更换一次，换油时，应先将废油放尽，然后用煤油把箱内冲洗干净，再注入新机油，注油时应用网过滤，且油面不得低于油标中心线。 2. 主轴箱内的零件用油泵循环润滑或飞溅润滑。箱内润滑油一般三个月换一次。主轴箱箱体上有一个油标，若发现油标内无油输出，说明油泵输油系统有故障，应立即停车检查断油原因，待修复后才能启动车床。 3. 进给箱内的齿轮和轴承除了用齿轮飞溅润滑外，在进给箱上部还有用油绳导油润滑的储油槽，每班应给该储油槽加一次油。 4. 刀架和中滑板丝杆用油枪注油。 5. 交换齿轮轴头有一螺塞，每班拧进一次，使轴内的2号钙基润滑脂保证轴与轴套之间的润滑。每7天加一次润滑脂。 6. 尾座套筒和丝杆、螺母的润滑可用油枪每班注油一次。 7. 丝杠、光杠及操纵杆轴颈的润滑通过后托架储油池内的毛线引油，每班注油一次。 8. 床身导轨、滑板导轨在工作前后都要擦净，用油枪注油。 **二、车床的常规保养方法** 为了保证车床的加工精度，延长其使用寿命，保证加工质量，提高生产效率，车工除应能熟练地操作机床外，还必须学会对车床进行合理的维护与保养。 车床的日常维护与保养如下。 1. 每天工作结束后，切断电源，对车床各表面、各罩壳、导轨面、丝杠、光杠、各操纵手柄和操纵杆进行擦拭，确保无油污和切屑，车床外表清洁。 2. 每周要求保养床身导轨面和中、小滑板导轨面及转动部位。要求油眼畅通，油标清晰，清洗油绳和护床油毛毡，保持车床外表清洁和工作场地整洁。 **三、车床的一级保养步骤** 车床运行500 h后需进行一级保养。一级保养工作以操作工人为主，在维修工人的配合下进行。保养时，必须先切断电源，以确保安全，然后按以下内容和顺序进行。 **1. 主轴箱部分** （1）拆下滤油器进行清洗，使滤油器无杂物，然后装复。 （2）检查主轴，其锁紧螺母应无松动现象，紧定螺钉应拧紧。 （3）调整制动器及离合器摩擦片的间隙。 **2. 交换齿轮箱部分** （1）拆下齿轮、轴套、扇形板等进行清洗，然后装复，在润滑脂杯中注入新润滑脂。 （2）调整齿轮啮合间隙。 （3）检查轴套，应无晃动现象。

<table>
<tr><td>训练步骤</td><td>

3. 刀架和滑板部分

（1）拆下刀架进行清洗。

（2）拆下中滑板和小滑板的丝杆、螺母、镶条进行清洗。

（3）拆下床鞍防尘油毛毡，进行清洗、注油和装复。

（4）中滑板的丝杆、螺母、镶条、导轨注油后装复，调整镶条间隙以及丝杆、螺母间隙。

（5）小滑板的丝杆、螺母、镶条、导轨注油后装复，调整镶条间隙以及丝杆、螺母间隙。

（6）擦净刀架底面，涂油、装复、压紧。

4. 尾座部分

（1）拆下尾座套筒和压紧块进行清洗、涂油。

（2）拆下尾座丝杆、螺母进行清洗、注油。

（3）清洗尾座并注油。

（4）装复尾座部分并调整。

5. 润滑系统

（1）清洗冷却泵、滤油器和盛液盘。

（2）检查并保证油路畅通，油孔、油绳、油毡要清洁且无切屑。

（3）检查润滑油，油质要保持良好，油杯要齐全，油标要清晰。

6. 电气部分

（1）清扫电动机、电气箱上的尘屑。

（2）电气装置固定整齐。

7. 车床外表

（1）清洗车床外表面及各罩盖，保持清洁，确保无锈蚀和油污。

（2）清洗丝杠、光杠和操纵杆。

（3）检查并补齐各螺钉、手柄、手柄球。

8. 机床附件

（1）中心架、跟刀架、交换齿轮、卡盘等应齐全、洁净、摆放整齐。

（2）保养工作完成后，对各部件进行必要的润滑。

</td></tr>
<tr><td>注意事项</td><td>

1. 要充分做好准备工作，按步骤进行保养。

2. 初次训练时，只要求对刀架、尾座、中滑板、小滑板部分进行拆装、清洗、调整练习。

3. 临时拆下的机床各部件应成组安放，注意文明操作。

</td></tr>
</table>

课题二　车台阶轴

课 题 名 称	车 台 阶 轴
操作技能要求	1. 能在三爪自定心卡盘上装夹轴类工件。 2. 能正确安装常用轴类工件加工刀具。 3. 能用正确方法控制外圆直径尺寸。 4. 能用正确方法控制台阶长度尺寸。
设备、量具、刃具、工具	CA6140 型车床、0～150 mm 游标卡尺、25～50 mm 千分尺、90°车刀、45°车刀、鸡心夹头和前顶尖、后顶尖

课题图

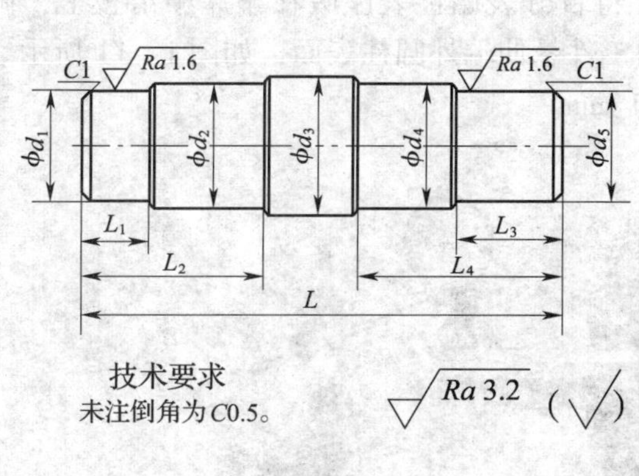

尺寸＼次数	一	二
ϕd_1	$\phi 38^{\ 0}_{-0.05}$	$\phi 36^{\ 0}_{-0.03}$
ϕd_2	$\phi 41^{\ 0}_{-0.05}$	$\phi 39^{\ 0}_{-0.03}$
ϕd_3	$\phi 43^{\ 0}_{-0.05}$	$\phi 41^{\ 0}_{-0.03}$
ϕd_4	$\phi 40^{\ 0}_{-0.05}$	$\phi 38^{\ 0}_{-0.03}$
ϕd_5	$\phi 37^{\ 0}_{-0.05}$	$\phi 35^{\ 0}_{-0.03}$
L	148 ±0.1	147 ±0.1
L_1	$20^{+0.1}_{\ 0}$	$22^{+0.1}_{\ 0}$
L_2	$55^{\ 0}_{-0.1}$	$58^{\ 0}_{-0.1}$
L_3	$30^{+0.1}_{\ 0}$	$32^{+0.1}_{\ 0}$
L_4	$50^{\ 0}_{-0.1}$	$55^{\ 0}_{-0.1}$

注：全书此类表格未注单位均为 mm。

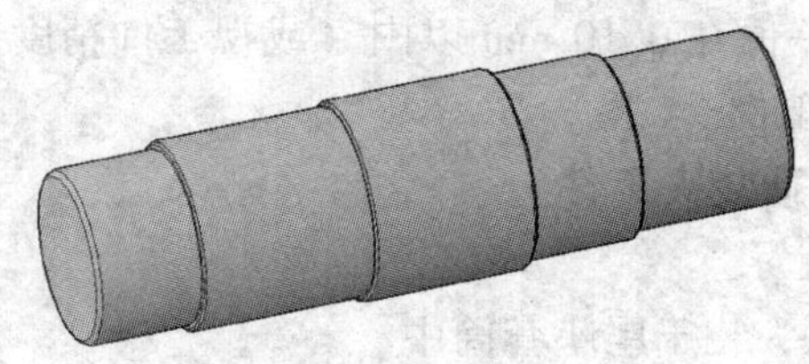

台阶轴

		操作要点

加工步骤

准备过程

一、在三爪自定心卡盘上装夹轴类工件

1. 用划针校正

粗加工时，常用划针校正毛坯表面。

(1) 如图 1 - 10 所示，用卡盘轻轻夹住工件，将划线盘放置在适当位置，将划针尖端接近工件悬伸端外圆柱表面。

(2) 将主轴箱变速手柄置于空挡，用手轻拨卡盘使其缓慢转动，观察划针尖与工件表面间隙情况，并用铜锤轻击工件悬伸端进行校正，直至工件转一周划针与工件表面间隙均匀一致，校正结束。

(3) 夹紧工件。

图 1 - 10　用划针校正

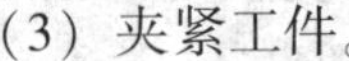

2. 用百分表校正

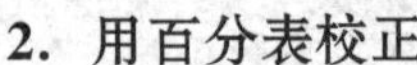

精加工时，精度要求较高，需用百分表校正。

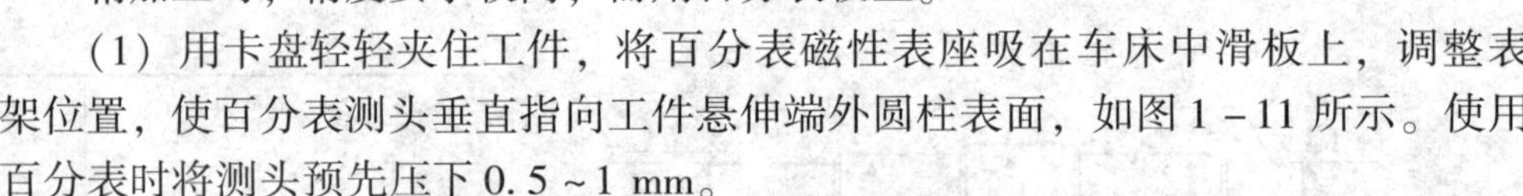

(1) 用卡盘轻轻夹住工件，将百分表磁性表座吸在车床中滑板上，调整表架位置，使百分表测头垂直指向工件悬伸端外圆柱表面，如图 1 - 11 所示。使用百分表时将测头预先压下 0.5 ~ 1 mm。

图 1 - 11　用百分表校正工件外圆

(2) 将主轴箱变速手柄置于空挡，用手轻拨卡盘使其缓慢转动，观察百分表读数变化情况，并用铜锤轻击工件悬伸端进行校正，直至工件转一周百分表读数变化的最大差值在 0.10 mm 以内（或视工件精度要求而定），校正结束。

(3) 夹紧工件。

3. 一夹一顶装夹工件

(1) 钻中心孔

1) 将钻夹头装于尾座套筒中。

2) 松开钻夹头的爪，插入中心钻，用钻夹头钥匙锁紧。

3) 慢慢移动尾座，使中心钻和工件的端面靠近而不相碰，然后将尾座固定于床身上。若尾座移动太快，则中心钻可能会撞到工件的端面，容易折断。

加工步骤

准备过程

4）以中心钻最粗处的直径为根据来确定车床主轴的转速，调节各手柄（高速钢中心钻的切削速度取 20 ~ 30 m/min）。

5）慢慢转动尾座套筒移动手柄，使中心钻的尖端靠近工件端面。

6）中心钻尖端切入工件后，加注切削液，并慢慢地钻入。

7）因中心钻排屑不良，需经常退出中心钻排出切屑。

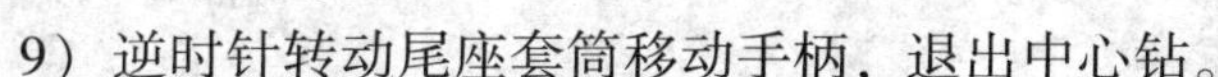

8）中心钻钻至圆锥部的 2/3 左右深度时为止，如图 1 – 12 所示。

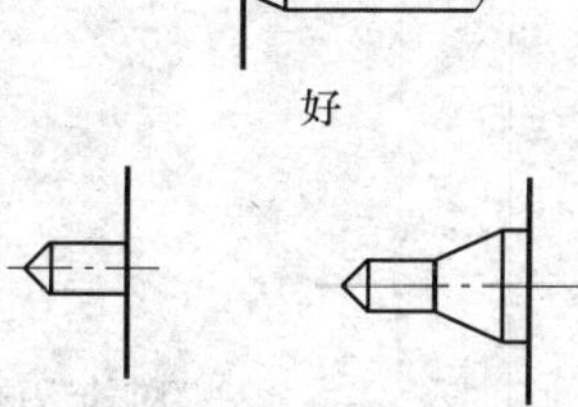

图 1 – 12　中心孔深度

9）逆时针转动尾座套筒移动手柄，退出中心钻。

（2）装夹工件

1）用限位支撑装夹。如图 1 – 13a 所示，在卡盘内装一个轴向限位支撑，以防止在轴向切削力作用下工件发生轴向窜动。

2）用工件的台阶限位装夹。如图 1 – 13b 所示，在工件被夹持部位车削一段 10 ~ 20 mm 长的台阶，作为轴向限位支撑，防止切削中工件发生轴向窜动。

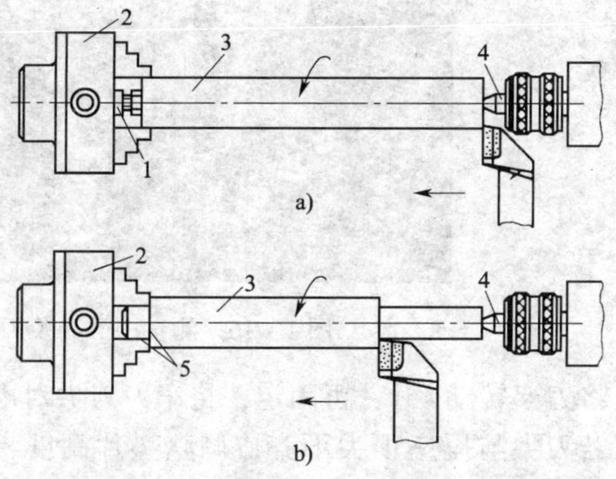

图 1 – 13　一夹一顶

a）用限位支撑　b）用工件的台阶限位

1—限位支撑　2—卡盘　3—工件　4—后顶尖　5—台阶

二、车刀的安装

1. 将车刀置于垫片上

（1）将刀架安装面、车刀及垫片用棉纱擦净。

（2）挑选数块垫片重叠垫于车刀下，使车刀的刀尖达到工件中心高（垫片数量应尽量少），如图 1 – 14 所示。

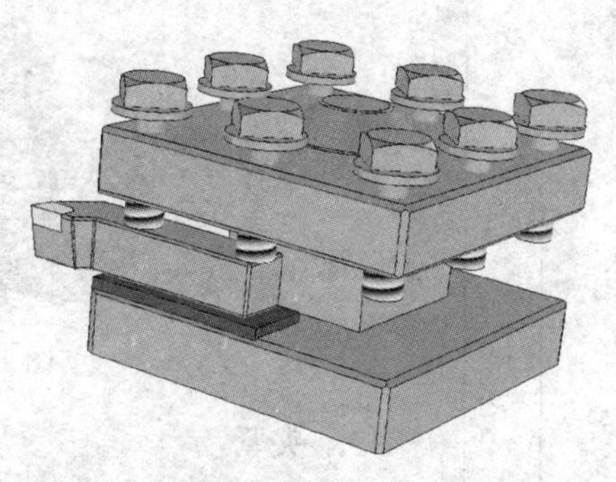

图 1 – 14　车刀的安装

（3）如图 1 – 15 所示，车刀刀柄伸出不能过长，垫片不能太短。

加工步骤

准备过程

a)　　　　b)

图 1－15　错误的装刀方法

a）刀柄伸出太长　b）垫片太短

2. 对准刀尖高度

（1）采用钢直尺测量刀尖高度，如图 1－16 所示，将车刀装于刀架上，用钢直尺测量车刀刀尖到床身导轨水平面之间的距离是否与该车床中心高一致。

图 1－16　测量中心高装刀

（2）将刀架转动 45°，再固定，将车刀刀尖对准尾座顶尖。

（3）若刀尖与尾座顶尖不齐，调整垫片高度，使其刚好对齐。如图 1－17 所示，若刀尖高于工件轴线，则实际上车刀前角变小，切削效果变差；若刀尖低于工件轴线，在切削用量大时，切削刃容易损坏。

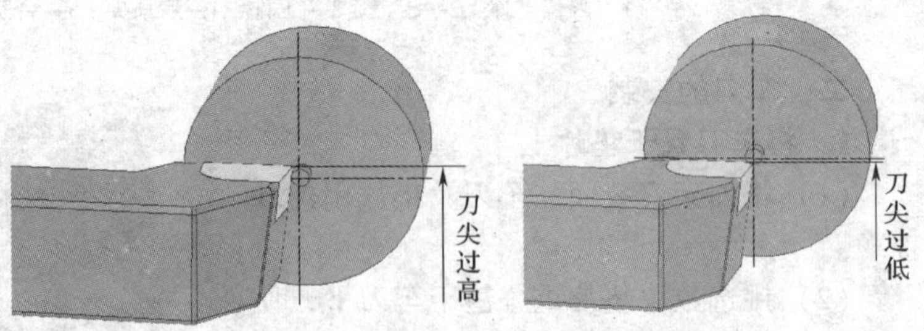

图 1－17　刀尖未对准中心对加工的影响

3. 夹紧

拧紧刀架上的螺钉时，应交替拧紧，不要依次拧紧。拧紧时用力要均匀（若

加工步骤

准备过程

螺钉拧紧方法不对，刀体底面与垫片就不能紧密接触）。

三、车端面

1. 启动车床，主轴带动工件旋转，如图 1 – 18 所示车端面。

2. 移动床鞍或小滑板，控制背吃刀量。

3. 转动中滑板手柄做横向进给，粗车端面。

4. 重复步骤 2、3，精车端面。

四、车外圆

1. 对刀

启动车床，使工件旋转。左手转动床鞍手轮，右手转动中滑板手柄，使车刀刀尖趋近并轻轻接触工件待加工表面，以此作为确定背吃刀量的零点位置。然后反向转动床鞍手轮（此时中滑板手柄不动），使车刀纵向退出，如图 1 – 19 所示。

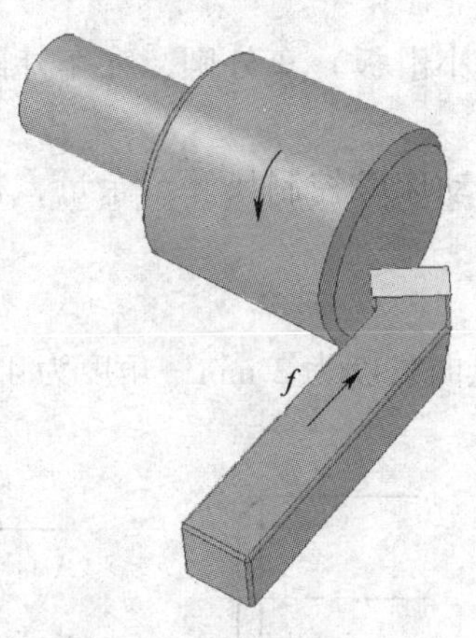

图 1 – 18　车端面

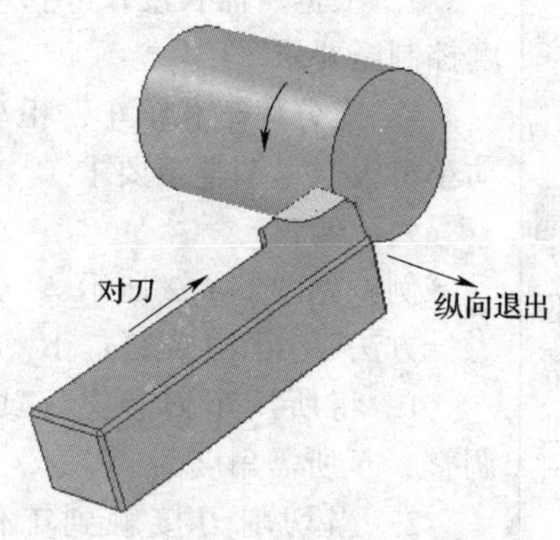

图 1 – 19　对刀

2. 进刀

转动中滑板手柄，使车刀横向进给，进给的量即为背吃刀量，其大小通过中滑板刻度盘进行控制和调整，如图 1 – 20 所示。

3. 试车

试车的目的是控制背吃刀量，保证工件的加工尺寸。车刀在进刀后，纵向进给车削工件 2 mm 左右时，纵向快速退出车刀，停车测量。根据测量结果按背吃刀量再次进刀（或退刀），直至试车测量结果达到要求为止，如图 1 – 21 所示。

4. 车外圆

车刀缓慢、均匀地做纵向进给运动车至所需长度后退刀。

五、控制台阶长度

使用刻线法控制台阶长度时，先用钢直尺或样板量出台阶的长度尺寸，然后用车刀刀尖在台阶的所在位置处车出一圈细线，按线痕车削。

床鞍（小滑板）控制法步骤如下。

1. 用车刀刀尖在端面对刀。

2. 将床鞍刻度盘（或小滑板刻度盘）调至零位（或记录刻度值）。

加工步骤	准备过程	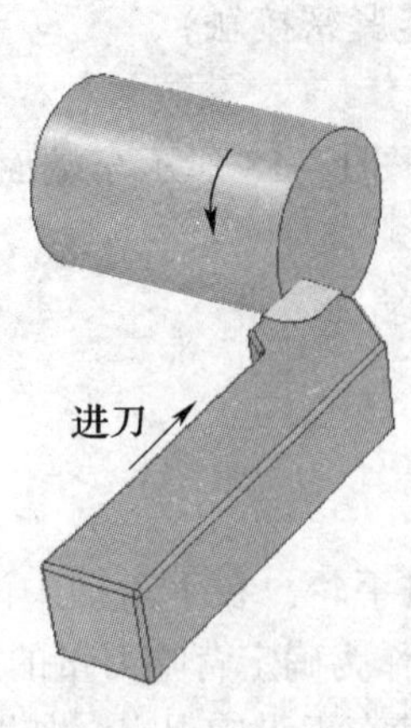 图 1－20　进刀 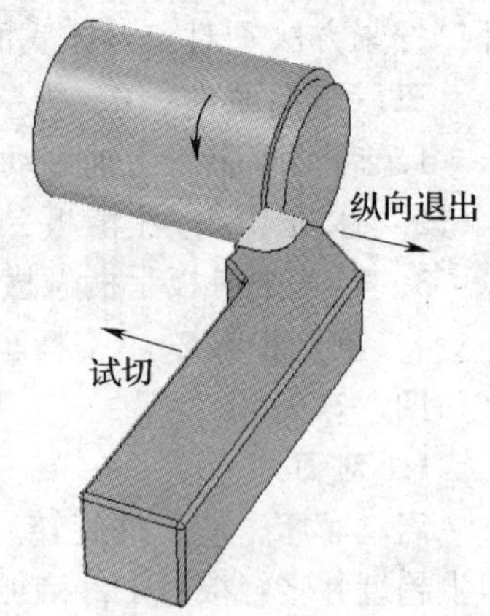 图 1－21　试车 3. 根据所需长度尺寸移动床鞍（或小滑板）车外圆，在车外圆的同时将长度控制至要求。 4. 应分粗车和精车，粗车时通过移动床鞍控制尺寸留余量，精车时通过移动小滑板微量调整至要求。 **六、倒角** 例：如图 1－22 所示，“*C*2”表示纵向长度为 2 mm，角度为 45°。 方法一（图 1－23a、b、c）： 1. 将所用车刀装夹（或旋转刀架调整）至所需角度。 2. 当切削刃接触到工件尖角时，按倒角长度尺寸控制车刀纵向（或横向）进给。 方法二（图 1－23d）： 用双手同时控制床鞍与中滑板（或小滑板与中滑板），使车刀按所需角度做斜向进给。此方法精度较低，但方便、快捷。 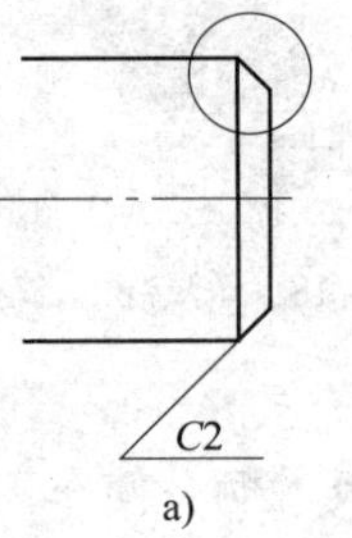 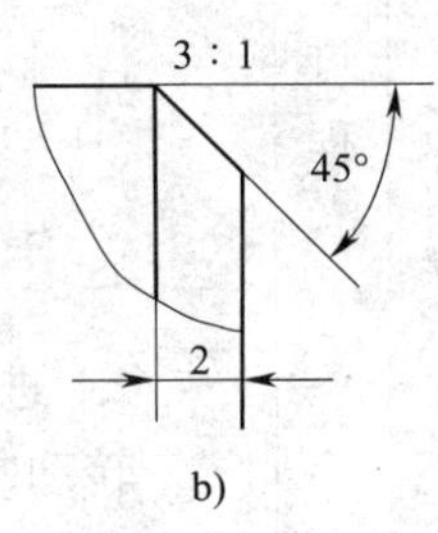 图 1－22　倒角图样 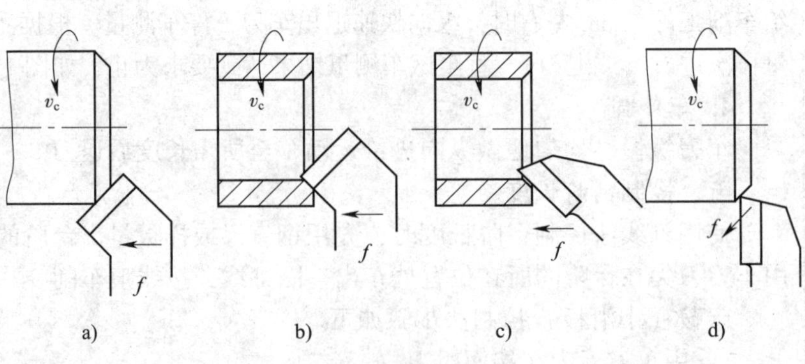 图 1－23　倒角的方法

<table>
<tr>
<td rowspan="4">加工步骤</td>
<td>准备过程</td>
<td colspan="2">

七、工艺分析

1. 检查零件坯料尺寸（ϕ45 mm×150 mm）是否合格。

2. 该零件形状较简单，结构尺寸变化不大，为一般用途轴。

3. 加工时应粗、精车分开，每一端的外圆统一粗车后再统一精车。

4. 粗车外圆时，增大背吃刀量（每刀为 2～5 mm）和进给量（0.20～0.33 mm/r），选择中等转速（400 r/min 左右）。

5. 精车外圆时，减小背吃刀量（每刀为 0.2～0.5 mm）和进给量（0.08～0.15 mm/r），选择较高转速（900 r/min 以上）。

6. 由于工件较长，因此加工时可直接采用一夹一顶装夹。

7. 本课题以外圆尺寸、长度尺寸和表面粗糙度的控制练习为主。

8. 90°车刀、45°车刀同时装夹于刀架上。

9. 检查车床各部位手柄位置是否在空挡，并调整车床中、小滑板镶条间隙。

</td>
</tr>
<tr>
<td rowspan="3">工件加工过程</td>
<td>1. 用三爪自定心卡盘夹住工件外圆，伸出 30 mm 左右长度，找正并夹紧</td>
<td> </td>
</tr>
<tr>
<td>2. 车工艺台阶，长 10～15 mm</td>
<td> </td>
</tr>
<tr>
<td>3. 掉头装夹工件，车平端面，钻中心孔</td>
<td>  </td>
</tr>
</table>

<table>
<tr><td rowspan="3">加工步骤</td><td rowspan="3">工件加工过程</td><td>4. 一夹一顶装夹工件</td><td></td></tr>
<tr><td>5. 粗、精车 ϕd_1、ϕd_2、ϕd_3 处外圆，并控制长度 L_1、L_2 至尺寸要求，倒角 $C1$ mm</td><td>
ϕd_3 ϕd_2 ϕd_1 L_1 L_2</td></tr>
<tr><td>6. 检查质量后取下工件，掉头夹住 ϕd_2 处外圆，车平端面，保证总长，钻中心孔，用顶尖顶住中心孔</td><td>

</td></tr>
</table>

<table>
<tr><td rowspan="2">加工步骤</td><td rowspan="2">工件加工过程</td><td>7. 粗、精车 ϕd_4、ϕd_5 处外圆，并控制长度 L_3、L_4 至尺寸要求，倒角 $C1$ mm</td><td>  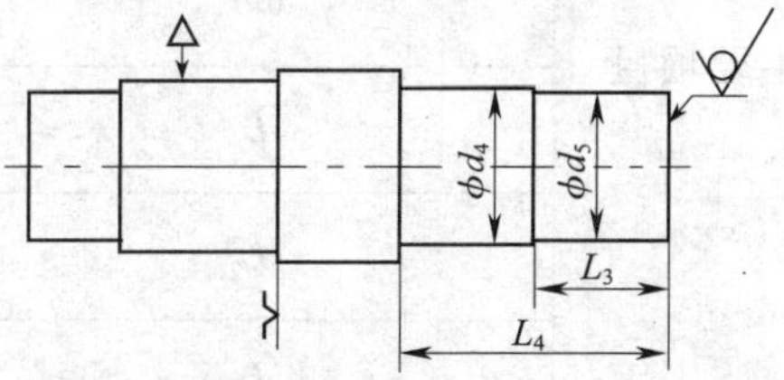</td></tr>
<tr><td>8. 检查质量，合格后取下工件</td><td> </td></tr>
<tr><td>注意事项</td><td colspan="3">1. 车削前，在全行程内左右移动床鞍，观察其有无碰撞现象。
2. 若顶尖支顶太松，工件会产生轴向窜动和径向跳动，切削时易振动，会造成外圆圆度、同轴度超差等缺陷。
3. 随时注意前顶尖是否移位，以防止工件不同轴而造成废品。
4. 工件在顶尖上装夹时，应保持中心孔清洁并防止碰伤。
5. 尾座套筒伸出尾座体的长度应尽量短。
6. 粗车时，往往切削用量大，车刀弯曲变形大，因此，安装车刀时应使刀尖高度比工件中心稍高些，当车刀因切削力的作用而弯曲时，刀尖高度刚好达到工件的中心高度。
7. 垫片要平整，一般都备有多种不同厚度的垫片。
8. 若中心钻在钻孔的过程中折断，可用划针等物将其挖出；若还取不出来，就将工件从卡盘取下，在工件外周用锤子敲打振动，再将折断的中心钻挖出。</td></tr>
</table>

考核项目	考核内容及要求	配分	评 分 标 准
主要项目	ϕd_1	8	每超差 0.01 mm 扣 2 分
	ϕd_2	8	每超差 0.01 mm 扣 2 分
	ϕd_3	8	每超差 0.01 mm 扣 2 分
	ϕd_4	8	每超差 0.01 mm 扣 2 分
	ϕd_5	8	每超差 0.01 mm 扣 2 分
	L_1	6	每超差 0.05 mm 扣 2 分
	L_2	6	每超差 0.05 mm 扣 2 分
	L_3	6	每超差 0.05 mm 扣 2 分
	L_4	6	每超差 0.05 mm 扣 2 分
	L	6	每超差 0.05 mm 扣 2 分
一般项目	$Ra \leqslant 1.6$ μm、$Ra \leqslant 3.2$ μm（共五处）	1/处	每处超差扣 1 分
	$C1$ mm（共六处）	1/处	每处超差扣 1 分
设备及工具、量具、刃具的使用与维护	常用工具、量具、刃具的合理使用与保养	4	使用不当每次扣 2 分；维护及保养不当每次扣 2 分
	正确操作车床并及时发现设备故障	4	操作不当每次扣 2 分
	车床的润滑	2	每少润滑一处扣 0.5 分
	车床的保养工作	2	加工后未按要求保养不得分
安全文明生产	正确执行安全技术操作规程	5	每违反一项规定扣 2 分
	正确穿戴工作服（帽）	2	工作服（帽）穿戴不正确不得分
工时定额	90 min		超 10 min 倒扣 5 分；超 30 min 不得分

课题三　车外直沟槽

课 题 名 称	车外直沟槽
操作技能要求	1. 能用正确方法控制外直沟槽尺寸及形状。 2. 能用正确方法控制外直沟槽位置。
设备、量具、刃具	CA6140 型车床、0 ~ 150 mm 游标卡尺、25 ~ 50 mm 千分尺、90°车刀、车槽刀、45°车刀

课题图

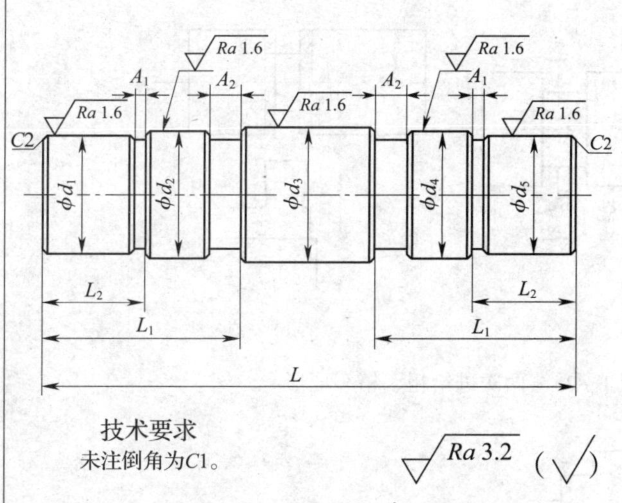

尺寸＼次数	一	二
ϕd_1	$\phi34^{\ 0}_{-0.03}$	$\phi25^{\ 0}_{-0.03}$
ϕd_2	$\phi37^{\ 0}_{-0.03}$	$\phi28^{\ 0}_{-0.03}$
ϕd_3	$\phi39^{\ 0}_{-0.03}$	$\phi35^{\ 0}_{-0.03}$
ϕd_4	$\phi36^{\ 0}_{-0.03}$	$\phi28^{\ 0}_{-0.03}$
ϕd_5	$\phi33^{\ 0}_{-0.03}$	$\phi25^{\ 0}_{-0.03}$
L	146 ±0. 1	145 ±0. 1
L_1	$58^{+0.1}_{\ 0}$	$58^{+0.1}_{\ 0}$
L_2	$30^{\ 0}_{-0.1}$	$31^{\ 0}_{-0.1}$
A_1	5 × 2	6 × 2
A_2	$10\times\phi30^{\ 0}_{-0.05}$	$12\times\phi21^{\ 0}_{-0.05}$

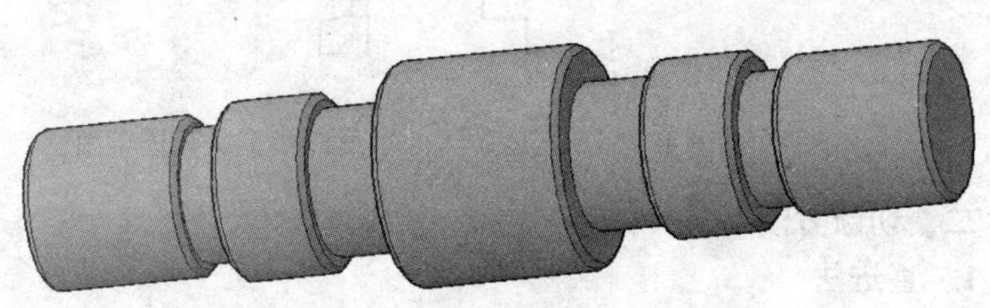

带沟槽轴

	操 作 要 点
加工步骤 准备过程	见下文

一、外直沟槽车削方法

1. 车削精度不高且宽度较窄的矩形沟槽时，可用刀宽等于槽宽的车槽刀，采用直进法一次进给车出，如图 1－24 所示。

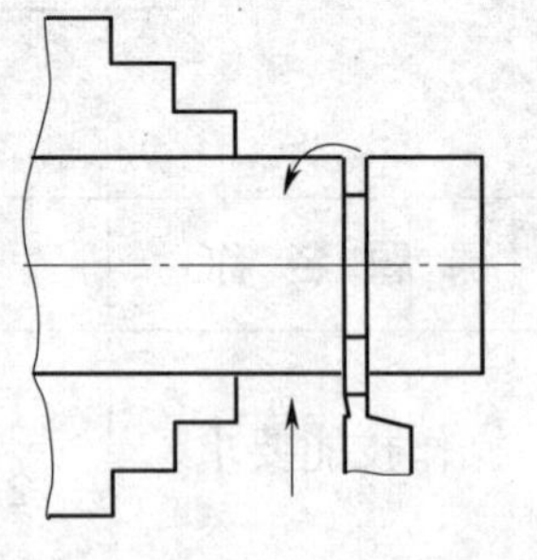

图 1－24　一次车削成形

2. 车削精度要求较高的矩形沟槽时，一般采用两次进给车成。第一次进给时，用较窄的车槽刀直进加工，槽壁两侧留精车余量，第二次进给时用等宽车槽刀修整，如图 1－25 所示。

3. 车削较宽的矩形沟槽时，可用多次直进法车成，并在槽底和槽壁两侧留有精车余量，然后根据槽深和槽宽精车至尺寸要求，如图 1－26 所示。

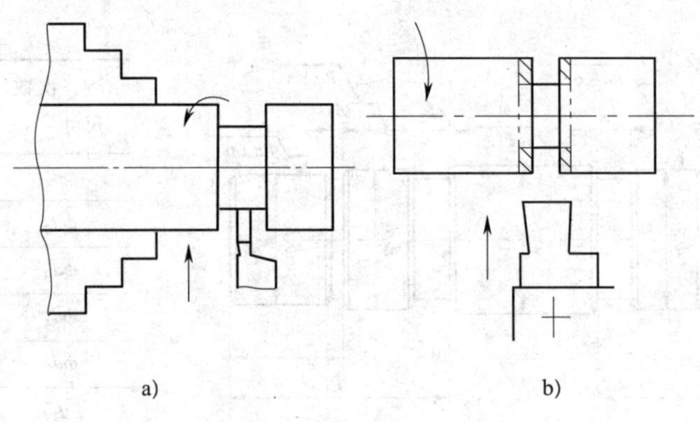

a)　　b)

图 1－25　两次进给粗、精车成形

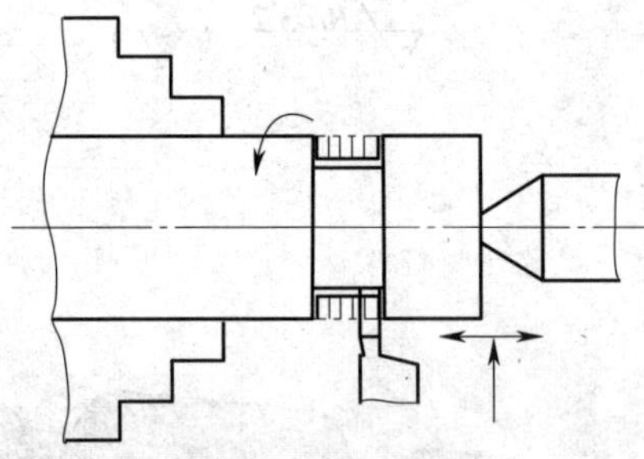

图 1－26　宽度较大的矩形沟槽多次直进车削

二、切断方法

1. 直进法

直进法是指切断刀垂直于工件轴线方向进给切断工件。

直进法切断的效率高，但对车床、切断刀的刃磨和装夹都有较高要求，若达不到要求，容易造成切断刀折断。

<table>
<tr><td rowspan="3">加工步骤</td><td>准备过程</td><td colspan="2">

2. 左右借刀法

左右借刀法是指切断刀在工件轴线方向反复地往返移动，随之两侧径向进给，直至工件被切断。

左右借刀法常在切削系统（刀具、工件、车床）刚度不足的情况下切断工件。

三、工艺分析

1. 检查零件坯料（课题二的台阶轴）尺寸是否合格。

2. 本课题以外直沟槽尺寸的控制练习为主，以复习巩固外圆尺寸、长度尺寸和表面粗糙度的控制练习为辅，该零件形状较简单，结构尺寸变化不大。

3. 加工时每端外圆统一粗、精车，最后统一车槽。

4. 粗车外圆时，增大背吃刀量（每刀为 2 ~ 5 mm）和进给量（0.20 ~ 0.33 mm/r），选择中等转速（400 r/min 左右）。

5. 精车外圆时，减小背吃刀量（每刀为 0.2 ~ 0.5 mm）和进给量（0.08 ~ 0.15 mm/r），选择较高转速（900 r/min 以上）。

6. 车槽时，选择较小的进给量（0.08 ~ 0.15 mm/r）及中等转速（400 r/min 左右）。

7. 由于车槽时横向切削力较大，因此当工件伸出较长时应采用一夹一顶装夹。

8. 可将 90°车刀、45°车刀及车槽刀同时装夹于刀架上。

9. 检查车床各部位手柄位置是否在空挡，并调整车床中、小滑板镶条间隙及中滑板丝杆与螺母间隙，防止在车槽时车刀被拉入工件，出现“扎刀”现象。

</td></tr>
<tr><td rowspan="2">工件加工过程</td><td>1. 用三爪自定心卡盘夹住工件（课题二中“ϕd_2”）外圆，找正后夹紧</td><td>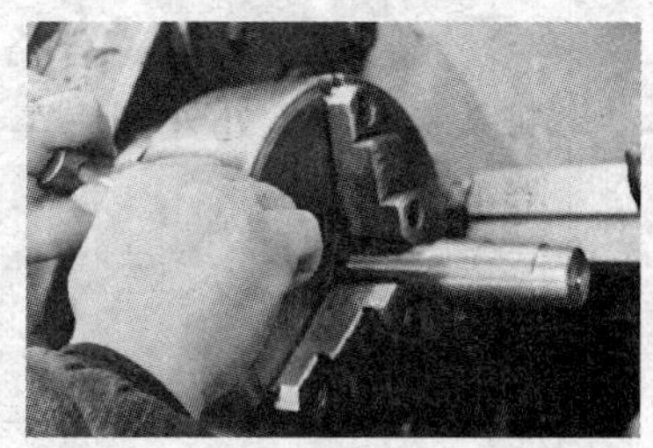</td></tr>
<tr><td>2. 将端面车掉 0.1 ~ 0.3 mm，修磨中心孔，用顶尖顶住中心孔</td><td></td></tr>
</table>

加工步骤	工件加工过程	3. 粗、精车 ϕd_1、ϕd_2、ϕd_3 处外圆至尺寸要求，长度 L_1、L_2 留 0.3 mm 精车余量	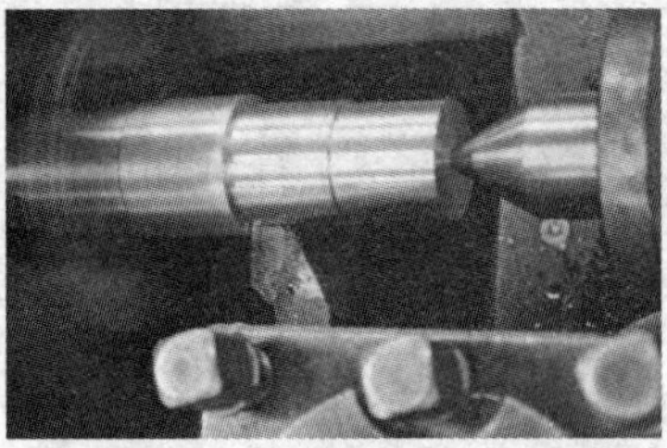
		4. 用车槽刀粗、精加工槽宽 A_1、A_2 及长度 L_1、L_2 至尺寸要求，各处按要求倒角	 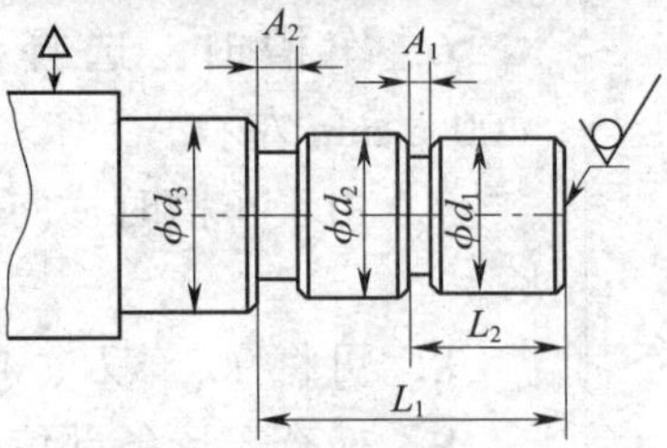
		5. 检查质量，合格后取下工件，掉头夹住 ϕd_3 处外圆，车平端面，保证总长	
		6. 粗、精车 ϕd_4、ϕd_5 处外圆至尺寸要求，长度 L_1、L_2 留 0.3 mm 精车余量	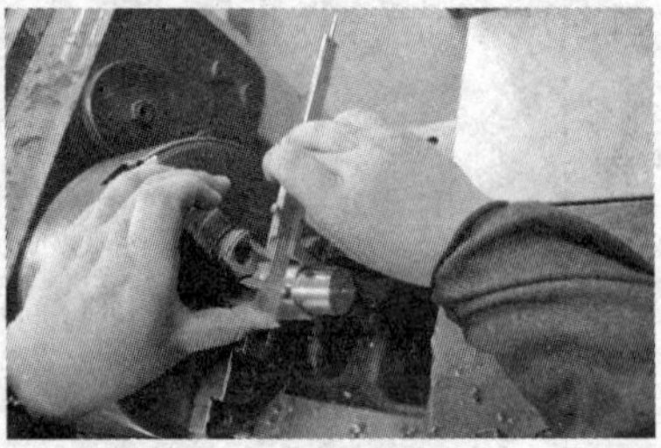

<table>
<tr><td rowspan="2">加工步骤</td><td rowspan="2">工件加工过程</td><td>7. 用车槽刀粗、精加工槽宽 A_1、A_2 及长度 L_1、L_2 至尺寸要求，各处按要求倒角</td><td>  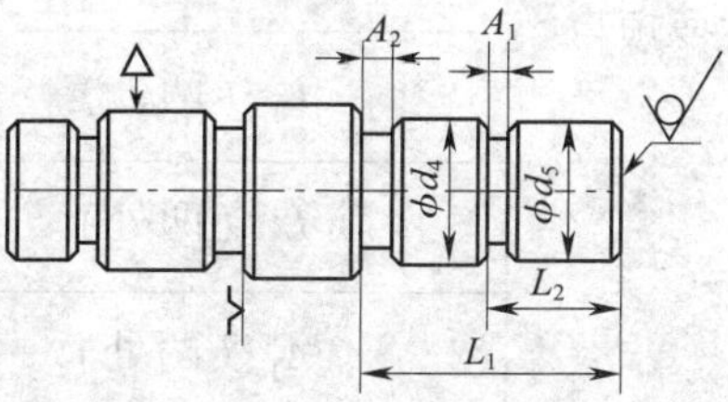</td></tr>
<tr><td>8. 检查质量，合格后取下工件</td><td> </td></tr>
<tr><td>注意事项</td><td colspan="3">1. 加工时，应看清图样，按图样要求进行加工。
2. 工件不仅要达到尺寸精度、表面粗糙度要求，还要达到形状和相对位置精度的要求。
3. 装夹工件时要牢固、可靠，在车削过程中不能移位，但要注意不可夹伤工件的已加工表面而影响其表面质量。
4. 不准用手清除切屑，以防割破手指。
5. 安装车槽刀时，主切削刃与工件轴线要平行；否则，会出现沟槽底一侧直径大、另一侧直径小的缺陷。
6. 车槽刀刃口保持锋利，角度刃磨要正确；否则，会造成槽壁与轴线不垂直，导致内槽狭窄而外口大，呈喇叭形。</td></tr>
</table>

考核项目	考核内容及要求	配分	评分标准
主要项目	ϕd_1	6	每超差 0.01 mm 扣 2 分
	ϕd_2	6	每超差 0.01 mm 扣 2 分
	ϕd_3	6	每超差 0.01 mm 扣 2 分
	ϕd_4	6	每超差 0.01 mm 扣 2 分
	ϕd_5	6	每超差 0.01 mm 扣 2 分
	L_1（两处）	3/处	每处超差 0.05 mm 扣 2 分
	L_2（两处）	3/处	每处超差 0.05 mm 扣 2 分
	A_1（两处）	4/处	每处超差 0.05 mm 扣 2 分
	A_2（两处）	4/处	每处超差 0.05 mm 扣 2 分
	L	4	每超差 0.05 mm 扣 2 分
一般项目	$Ra \leqslant 1.6$ μm、$Ra \leqslant 3.2$ μm（共九处）	1/处	每处超差扣 1 分
	$C2$ mm（共十处）	1/处	每处超差扣 1 分
设备及工具、量具、刃具的使用与维护	常用工具、量具、刃具的合理使用与保养	4	使用不当每次扣 2 分；维护及保养不当每次扣 2 分
	正确操作车床并及时发现设备故障	4	操作不当每次扣 2 分
	车床的润滑	2	每少润滑一处扣 0.5 分
	车床的保养工作	2	加工后未按要求保养不得分
安全文明生产	正确执行安全技术操作规程	5	每违反一项规定扣 2 分
	正确穿戴工作服（帽）	2	工作服（帽）穿戴不正确不得分
工时定额	150 min		超 10 min 倒扣 5 分；超 30 min 不得分

课题四　车外圆锥面

课题名称	车外圆锥面
操作技能要求	1. 能用转动小滑板法控制圆锥角度。 2. 能用床鞍控制圆锥长度。
设备、量具、刃具	CA6140 型车床、0 ~ 150 mm 游标卡尺、0 ~ 25 mm 千分尺、25 ~ 50 mm 千分尺、0° ~ 320°游标万能角度尺、直角尺、90°车刀、45°车刀

课题图

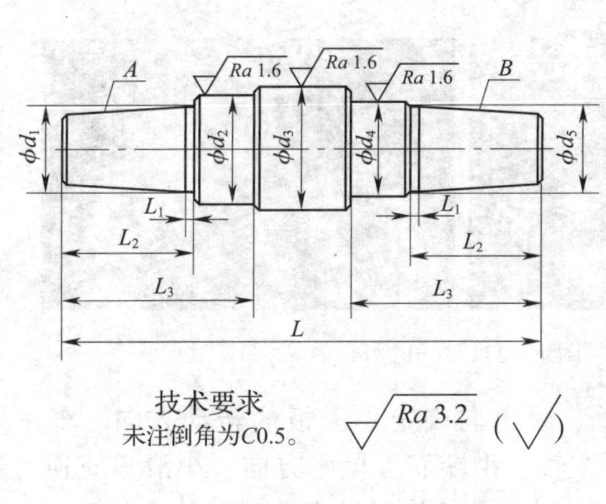

尺寸＼次数	一	二
ϕd_1	$\phi27_{-0.025}^{0}$	$\phi25_{-0.025}^{0}$
ϕd_2	$\phi33_{-0.025}^{0}$	$\phi31_{-0.025}^{0}$
ϕd_3	$\phi37_{-0.025}^{0}$	$\phi35_{-0.025}^{0}$
ϕd_4	$\phi29_{-0.025}^{0}$	$\phi27_{-0.025}^{0}$
ϕd_5	$\phi27_{-0.025}^{0}$	$\phi25_{-0.025}^{0}$
A	1:5 ±4′	1:3 ±2′
B	1:10 ±4′	1:7 ±2′
L_1	3	2
L_2	$32_{0}^{+0.1}$	$33_{0}^{+0.1}$
L_3	58 ±0.1	58 ±0.1
L	144 ±0.1	143 ±0.1

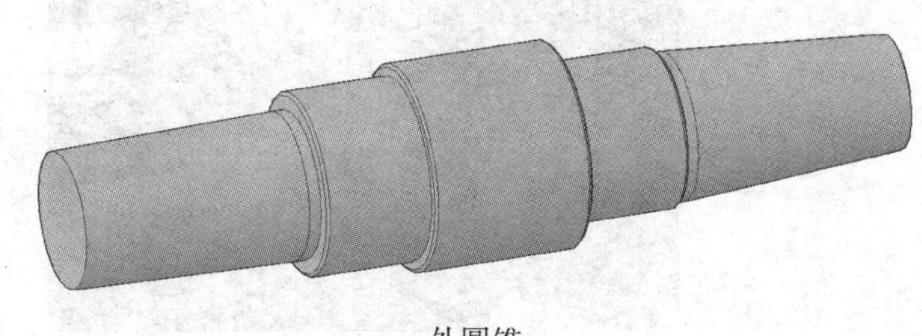

外圆锥

<table>
<tr><th colspan="2"></th><th>操作要点</th></tr>
<tr><td>加工步骤</td><td>准备过程</td><td>

一、转动小滑板法车圆锥

转动小滑板法是指把小滑板按工件的圆锥半角 $\alpha/2$ 要求转动一个相应角度，使车刀的运动轨迹与所要加工的圆锥素线平行。转动小滑板法操作简便，调整范围广，主要适用于单件、小批量生产，特别适用于加工工件长度较短、圆锥角较大的圆锥面。

1. 装夹工件和车刀

车刀刀尖必须严格对准工件的回转中心；否则，车出的圆锥素线将不是直线，而是双曲线。

2. 确定小滑板转动角度

根据工件图样选择相应的公式计算（或查表）得出圆锥半角 $\alpha/2$，圆锥半角 $\alpha/2$ 即为小滑板应转动的角度。

3. 转动小滑板

（1）用扳手将小滑板旋转锁紧螺母松开，如图 1－27 所示。

图 1－27　松开螺母

（2）按工件上外圆锥的倒、顺方向确定小滑板的转动方向。车正外圆锥（又称顺锥），即圆锥大端靠近主轴、小端靠近尾座方向，小滑板应逆时针方向转动；车反外圆锥（又称倒锥），小滑板应顺时针方向转动。

（3）根据确定的转动角度（$\alpha/2$）和转动方向转动小滑板至所需位置，如图 1－28 所示。

图 1－28　转动小滑板至所需位置

</td></tr>
</table>

加工步骤

准备过程

4. 找正圆锥角度的方法

（1）用试车、试量法找正圆锥角度。转动小滑板，使小滑板基准零线与圆锥半角 $\alpha/2$ 刻线对齐，然后锁紧转盘上的螺母。当圆锥半角 $\alpha/2$ 不是整数值时，其小数部分用目测的方法估计，大致对准后再通过多次重复试车、试量逐步找正圆锥角度，如图 1－29 所示。

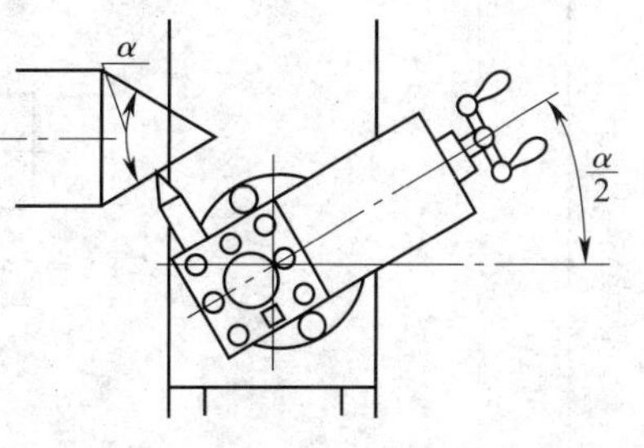

图 1－29　试车、试量

（2）用百分表与样件找正圆锥角度。转动小滑板，使小滑板基准零线与圆锥半角 $\alpha/2$ 刻线对齐，然后锁紧转盘上的螺母。将样件安装在车床上（可采用两顶尖装夹），将百分表固定在小滑板上，然后移动床鞍、中滑板，将百分表测头轻轻压入样件 0.3～0.5 mm，移动小滑板观察百分表读数有无变化，如有变化调整小滑板旋转角度，再次重复上述步骤，直至百分表读数无变化（或变化范围在允许误差值以内）为止，如图 1－30 所示。

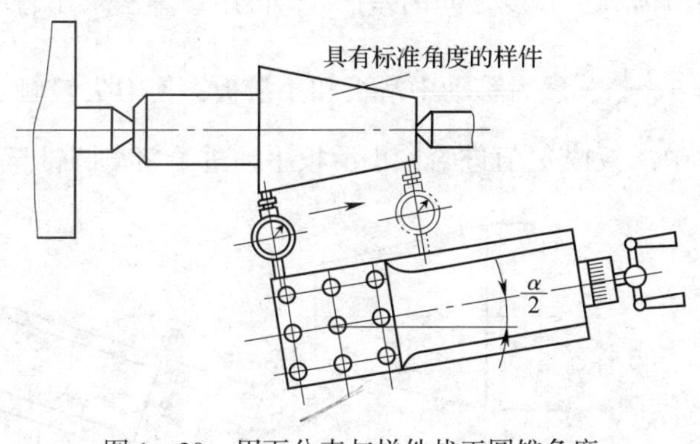

图 1－30　用百分表与样件找正圆锥角度

（3）用百分表直接找正圆锥角度。将工件外圆车至圆锥大径尺寸，转动小滑板，使小滑板基准零线与圆锥半角 $\alpha/2$ 刻线对齐，然后锁紧转盘上的螺母。将百分表固定在小滑板上，然后移动床鞍、中滑板，将百分表测头轻轻压入工件，使读数值大于$\frac{D-d}{2}$，移动小滑板（移动距离为 L），观察百分表读数是否等于$\frac{D-d}{2}$，如有误差调整小滑板旋转角度，再次重复上述步骤，直至百分表读数等于$\frac{D-d}{2}$（或变化范围在允许误差值以内）为止，如图 1－31 所示。

（4）用游标万能角度尺找正圆锥角度。将游标万能角度尺调整至所需测量角度后锁紧各手柄螺母，将游标万能角度尺的基尺与工件圆锥素线重合，观察直尺与工件之间的间隙是否均匀。如果一端有间隙，就表明锥度不正确。大端有间隙，说明圆锥角小；小端有间隙，说明圆锥角大。

加工步骤　准备过程

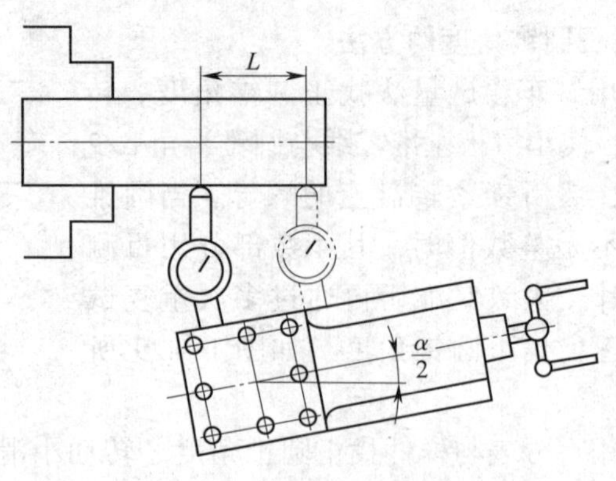

图 1－31　用百分表直接找正圆锥角度

5. 圆锥长度的控制

如粗车时角度已控制正确，精车时则主要控制表面质量与圆锥长度。

（1）计算法车圆锥长度。首先用钢直尺或游标卡尺测量并计算出实际圆锥长度与所需圆锥长度之间的差值 a，再用计算法求出背吃刀量 a_p，$a_p = a \times \tan\dfrac{\alpha}{2}$ 或 $a_p = a \times \dfrac{C}{2}$，然后移动中滑板和小滑板，使刀尖轻触工件圆锥小端外圆表面后退出，中滑板按 a_p 值进给，小滑板手动进给精车圆锥至尺寸，如图 1－32 所示。

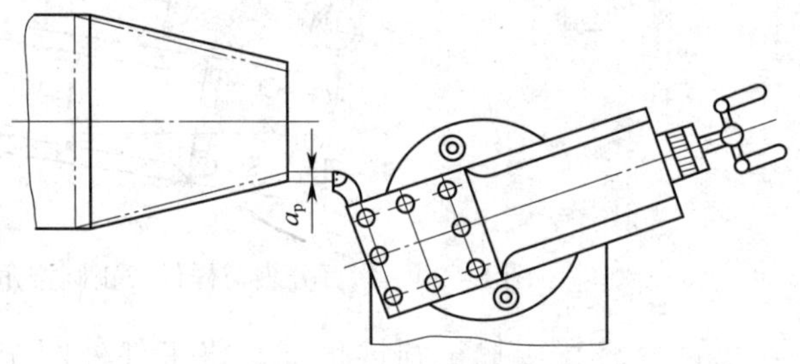

图 1－32　计算法车圆锥长度

（2）移动床鞍法车圆锥长度。通过移动床鞍法确定背吃刀量 a_p，即根据量出的长度，使车刀刀尖接触工件小端端面，移动小滑板，使车刀沿轴向离开工件端面一个 a 值距离（图 1－33a）；然后移动床鞍使车刀同工件小端端面接触（图 1－33b），此时虽然没有移动中滑板，但车刀已经切入了一个所需的深度。

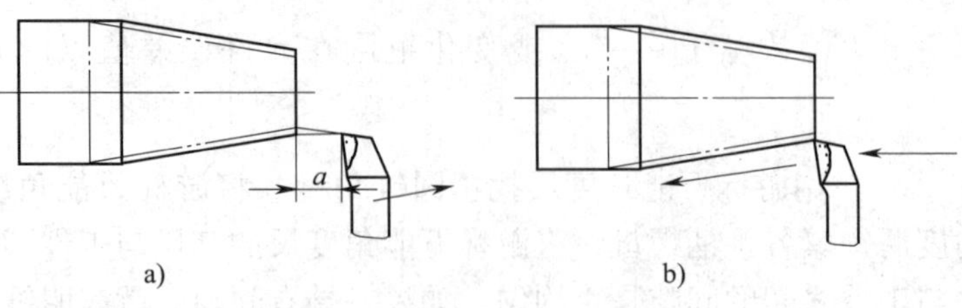

图 1－33　移动床鞍法车圆锥长度

加工步骤　准备过程

（3）平行四边形法车圆锥长度

1）对刀，如图 1－34a 所示。在圆锥的大端对刀，记住中滑板刻度后，中滑板退出；移动小滑板，将车刀退至右端面。

2）中滑板进刀至图 1－34a 中的第“①”步在大端处对刀的刻度值，移动小滑板精车圆锥，如图 1－34b 所示。

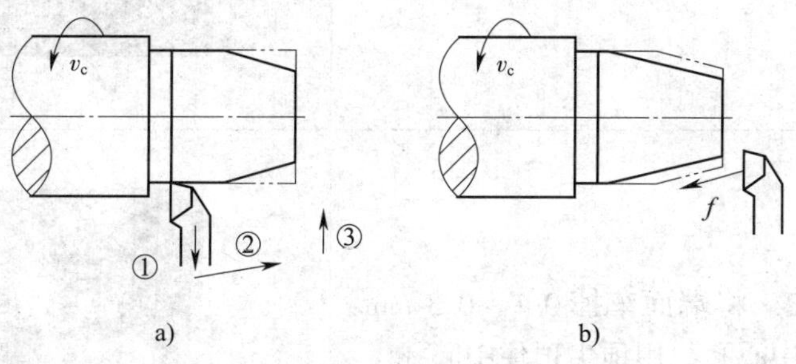

图 1－34　平行四边形法车圆锥长度

（4）左切法车圆锥长度。采用左偏刀在大端所需圆锥长度位置对刀，直接移动小滑板从左向右进给车圆锥，如图 1－35 所示。

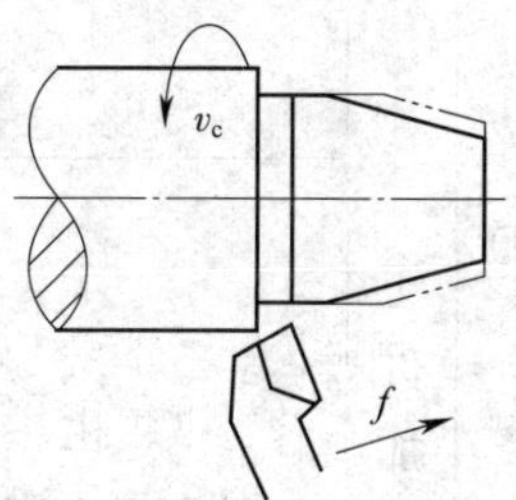

图 1－35　左切法车圆锥长度

二、工艺分析

1. 检查零件坯料（课题二的台阶轴）尺寸是否合格。

2. 本课题以转动小滑板法车圆锥和控制表面粗糙度的练习为主，以复习、巩固外圆尺寸及长度尺寸的控制为辅。

3. 应先加工大端处的外圆尺寸及长度，然后转动小滑板车圆锥，控制圆锥长度及角度。

4. 粗车外圆时，增大背吃刀量（每刀为 2 ~ 5 mm）和进给量（0.20 ~ 0.33 mm/r），选择中等转速（400 r/min 左右）。

5. 精车外圆时，减小背吃刀量（每刀为 0.2 ~ 0.5 mm）和进给量（0.08 ~ 0.15 mm/r），选择较高转速（900 r/min 以上）。

6. 粗车圆锥时，选择较小背吃刀量（每刀为 0.5 ~ 1 mm）和进给量（0.10 ~ 0.20 mm/r），选择中等转速（400 r/min 左右）。

7. 精车圆锥时，应再减小背吃刀量（每刀为 0.3 ~ 0.5 mm）和进给量（0.08 ~ 0.15 mm/r），选择较高转速（900 r/min 以上）。

8. 为提高工件装夹的稳定性，车一端圆锥时需采用一夹一顶装夹，车另一端圆锥时可直接夹外圆。

9. 90°车刀、45°车刀同时装夹于刀架上。

10. 检查车床各部位手柄位置是否在空挡，并调整车床中、小滑板镶条间隙，松紧应当适当（应特别注意小滑板的间隙调整，扳转手柄时应灵活、无停顿）。

加工步骤	工件加工过程	1. 用三爪自定心卡盘夹住工件（课题二中“ϕd_2”）外圆，找正并夹紧	
		2. 将端面车掉 0.1 ~ 0.3 mm，修磨中心孔，用顶尖顶住中心孔	
		3. 粗、精车 ϕd_1、ϕd_2、ϕd_3 处外圆及长度 L_2、L_3 至尺寸要求	
		4. 小滑板逆时针扳转角度 $\alpha/2$，粗、精车圆锥 A 及长度 L_1 至尺寸要求	
		5. 各处按要求倒角	

加工步骤	工件加工过程	6. 掉头夹住 ϕd_3 处外圆，车端面，控制总长 L 至尺寸要求	 
		7. 粗、精车 ϕd_4、ϕd_5 处外圆及长度 L_2、L_3 至尺寸要求	
		8. 小滑板逆时针扳转角度 $\alpha/2$，粗、精车圆锥 B 及长度 L_1 至尺寸要求	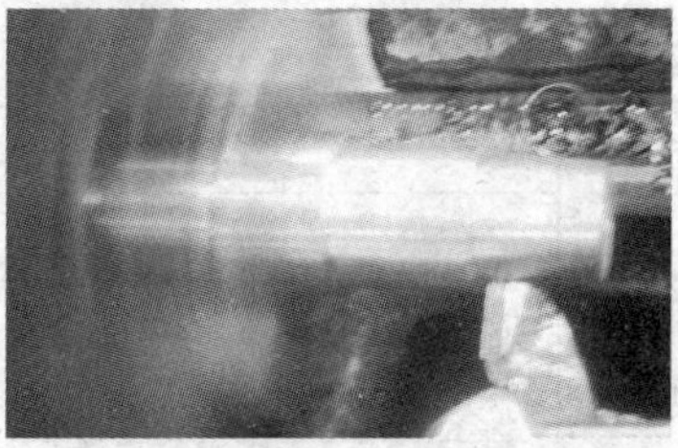
		9. 各处按要求倒角，检查质量，合格后取下工件	 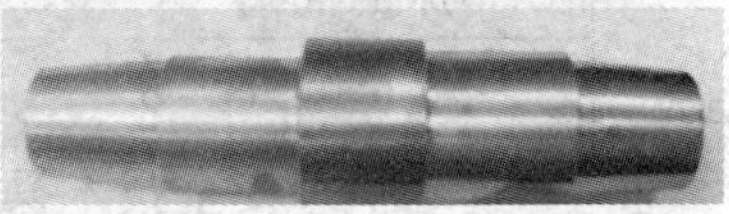
注意事项	1. 车刀应对准工件的中心，以防止母线不直，形成双曲线误差。 2. 粗车时，进刀不宜过深，应先找正锥度，以防止将工件车小而报废。 3. 检测圆锥角度时，游标万能角度尺应与圆锥轴线平行且在工件圆周方向的最高处，否则容易出现视觉误差。		

<table>
<tr><td>注意事项</td><td colspan="4">4. 精加工圆锥面时，背吃刀量和进给量都不能太大，双手缓慢、均匀进给；否则会影响圆锥面加工质量。
5. 车圆锥前应调整好小滑板导轨与镶条间的配合间隙。如果调得过紧，手动进给时费力，移动不均匀；调得过松，造成小滑板间隙太大，两者均会使车出的圆锥面表面粗糙度值较大且圆锥素线不平直。另外，车削前还应根据工件圆锥面长度确定小滑板的行程长度是否足够。
6. 通常先按圆锥大端直径和圆锥面长度车成圆柱体，然后再车圆锥面。
7. 精车外圆锥时，车刀必须锋利、耐磨，按精加工要求选择好切削用量。</td></tr>
<tr><td colspan="2">考核项目</td><td>考核内容及要求</td><td>配分</td><td>评分标准</td></tr>
<tr><td colspan="2" rowspan="11">主要项目</td><td>ϕd_1</td><td>6</td><td>每超差 0.01 mm 扣 2 分</td></tr>
<tr><td>ϕd_2</td><td>6</td><td>每超差 0.01 mm 扣 2 分</td></tr>
<tr><td>ϕd_3</td><td>6</td><td>每超差 0.01 mm 扣 2 分</td></tr>
<tr><td>ϕd_4</td><td>6</td><td>每超差 0.01 mm 扣 2 分</td></tr>
<tr><td>ϕd_5</td><td>6</td><td>每超差 0.01 mm 扣 2 分</td></tr>
<tr><td>L_1（两处）</td><td>3/处</td><td>每处超差 0.05 mm 扣 2 分</td></tr>
<tr><td>L_2（两处）</td><td>3/处</td><td>每处超差 0.05 mm 扣 2 分</td></tr>
<tr><td>L_3（两处）</td><td>3/处</td><td>每处超差 0.05 mm 扣 2 分</td></tr>
<tr><td>A</td><td>8</td><td>每超差 0.05 mm 扣 2 分</td></tr>
<tr><td>B</td><td>8</td><td>每超差 0.05 mm 扣 2 分</td></tr>
<tr><td>L</td><td>4</td><td>每超差 0.05 mm 扣 2 分</td></tr>
<tr><td colspan="2" rowspan="2">一般项目</td><td>$Ra \leqslant 1.6\ \mu m$、$Ra \leqslant 3.2\ \mu m$（共七处）</td><td>1/处</td><td>每处超差扣 1 分</td></tr>
<tr><td>$C0.5$ mm（共六处）</td><td>1/处</td><td>每处超差扣 1 分</td></tr>
<tr><td colspan="2" rowspan="4">设备及工具、量具、刃具的使用与维护</td><td>常用工具、量具、刃具的合理使用与保养</td><td>4</td><td>使用不当每次扣 2 分；维护及保养不当每次扣 2 分</td></tr>
<tr><td>正确操作车床并及时发现设备故障</td><td>4</td><td>操作不当每次扣 2 分</td></tr>
<tr><td>车床的润滑</td><td>2</td><td>每少润滑一处扣 0.5 分</td></tr>
<tr><td>车床的保养工作</td><td>2</td><td>加工后未按要求保养不得分</td></tr>
<tr><td colspan="2" rowspan="2">安全文明生产</td><td>正确执行安全技术操作规程</td><td>5</td><td>每违反一项规定扣 2 分</td></tr>
<tr><td>正确穿戴工作服（帽）</td><td>2</td><td>工作服（帽）穿戴不正确不得分</td></tr>
<tr><td colspan="2">工时定额</td><td>150 min</td><td></td><td>超 10 min 倒扣 5 分；超 30 min 不得分</td></tr>
</table>

课题五　车普通三角形外螺纹

课 题 名 称	车普通三角形外螺纹
操作技能要求	1. 能在车普通螺纹时正确调整车床交换齿轮和进给箱手柄。 2. 能正确装夹普通螺纹车刀。 3. 能正确车普通螺纹。
设备、量具、刃具	CA6140 型车床、0 ~ 150 mm 游标卡尺、25 ~ 50 mm 千分尺、角度样板、螺纹千分尺、螺纹环规、90°车刀、45°车刀、车槽刀、60°三角形外螺纹车刀

课题图

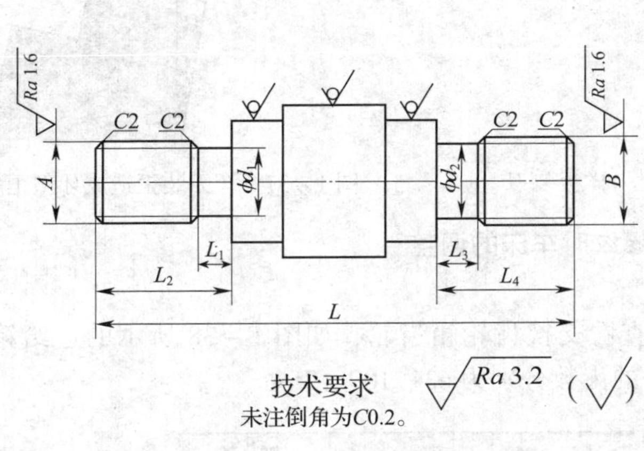

尺寸＼次数	一	二
A	M24 × 1.5	M20
B	M26 × 1.5	M22 × 2
ϕd_1	$\phi20_{-0.1}^{\ 0}$	$\phi16_{-0.1}^{\ 0}$
ϕd_2	$\phi22 \pm 0.05$	$\phi18 \pm 0.05$
L_1	$10_{\ 0}^{+0.1}$	$12_{\ 0}^{+0.1}$
L_2	$40_{\ 0}^{+0.1}$	$40_{\ 0}^{+0.1}$
L_3	$12_{\ 0}^{+0.1}$	$14_{\ 0}^{+0.1}$
L_4	$40_{-0.1}^{\ 0}$	$40_{-0.1}^{\ 0}$
L	142 ± 0.1	141 ± 0.1

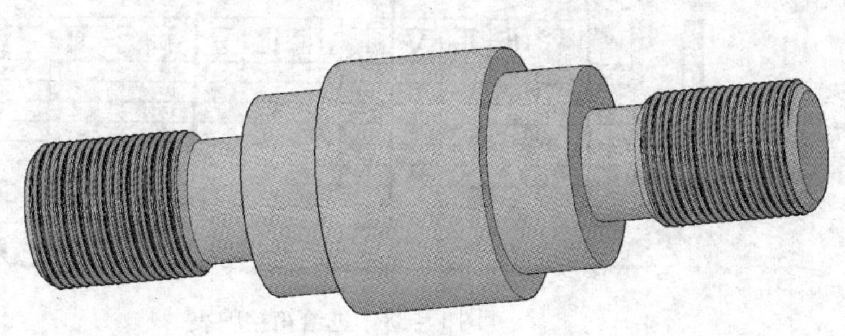

三角形外螺纹

加工步骤	准备过程	操作要点

一、车刀的安装

1．螺纹车刀刀尖应与车床主轴轴线等高，一般可根据插入尾座中的顶尖高度调整和检查。

2．螺纹车刀刀尖角的平分线应与工件轴线垂直，装刀时可用对刀样板调整，如图 1－36 所示。如果把车刀装歪，会使车出的螺纹两牙型半角不相等，产生如图 1－37 所示的歪斜牙型（俗称“倒牙”）。

3．螺纹车刀不宜伸出刀架过长。一般伸出长度为刀柄厚度的 1.5 倍。

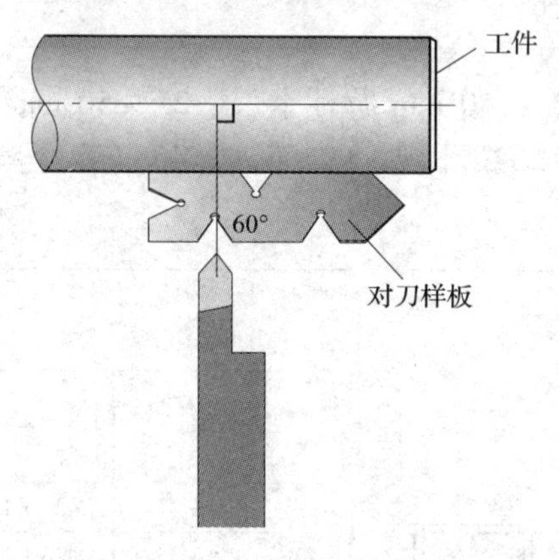

图 1－36　用螺纹对刀样板装刀

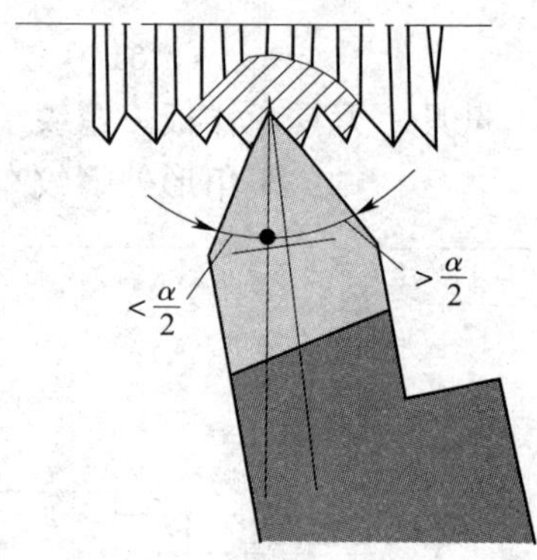

图 1－37　车刀装歪造成牙型歪斜

二、车螺距 1.5 mm 螺纹时车床的调整

1．交换齿轮的搭配

根据米制螺纹要求，查看交换齿轮箱齿轮，如图 1－38 所示的进给箱铭牌表，取交换齿轮 *A*、*B*、*C* 的齿数分别为 63、100、75。

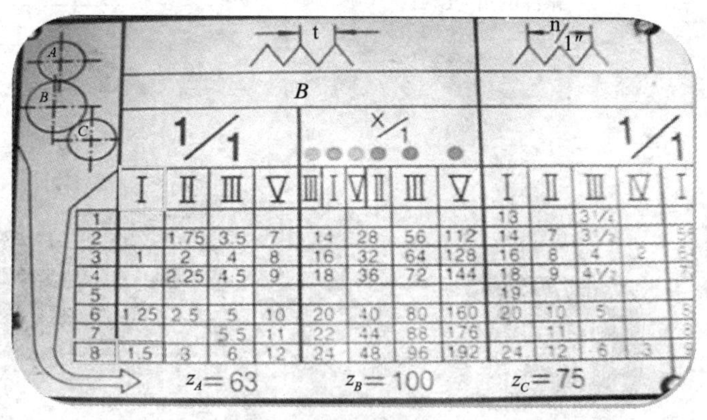

	t 1/1				t X/1				n/1″ 1/1			
	Ⅰ	Ⅱ	Ⅲ	Ⅴ	Ⅲ Ⅰ	Ⅴ Ⅱ	Ⅲ	Ⅴ	Ⅰ	Ⅱ	Ⅲ	Ⅳ
1									13		3¼	
2		1.75	3.5	7	14	28	56	112	14	7	3½	
3	1	2	4	8	16	32	64	128	16	8	4	2
4		2.25	4.5	9	18	36	72	144	18	9	4½	
5									19			
6	1.25	2.5	5	10	20	40	80	160	20	10	5	
7			5.5	11	22	44	88	176		11		
8	1.5	3	6	12	24	48	96	192	24	12	6	3

图 1－38　进给箱铭牌表

2．手柄位置的调整

（1）CA6140 型车床进给箱上手柄的位置如图 1－39 所示。

加工步骤

准备过程

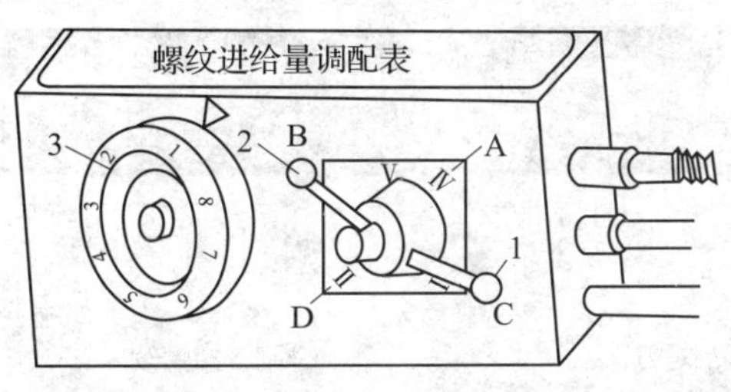

图 1－39　CA6140 型车床进给箱上手柄的位置

（2）按工件被加工螺纹的螺距（如 1.5 mm），在车床进给箱的铭牌上查找到相应手柄的位置参数，把手柄拨到所需的位置上。

（3）将调整手柄 2 扳到 Ⅰ 位置，将螺距变换手轮 3 拨到 8 的位置，插入 U 形缺口内，如图 1－40 所示。

图 1－40　进给箱手柄位置

（4）将调整手柄 1 扳到 B 位置，合闸（按下开合螺母手柄），如图 1－41 所示。

图 1－41　进给箱手柄与开合螺母手柄位置

三、螺纹车削方法

1. 正反车法车螺纹（图 1－42）

（1）先启动车床，压下开合螺母手柄，后提起操纵杆手柄，车床正转车螺纹。

（2）车到螺纹退刀槽时，转动中滑板手柄，使车刀退出退刀槽，压下操纵杆手柄，车床反转。

（3）退至螺纹端面处停车。

（4）移动中滑板进刀，提起操纵杆手柄，车床正转车螺纹。

（5）往复循环上述步骤直至车削完毕。

加工步骤	准备过程	

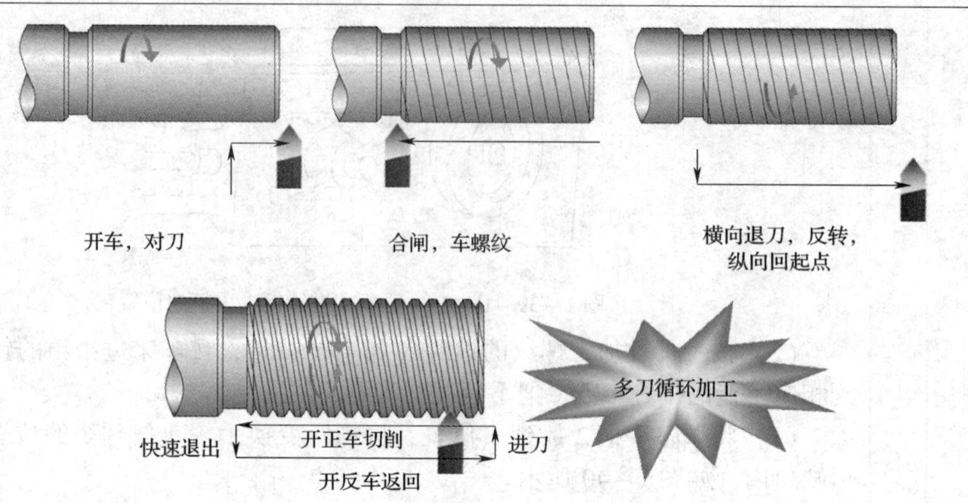

图 1－42　正反车法车螺纹

2. 抬闸法车螺纹

（1）先启动车床，提起操纵杆手柄，车床正转，后压下开合螺母手柄车螺纹。

（2）车到螺纹退刀槽时，抬起开合螺母手柄，如图 1－43 所示。

（3）移动中滑板和床鞍退刀，退至螺纹端面处停车。

（4）移动中滑板进刀，压下开合螺母手柄车螺纹，循环往复上述步骤直至车削完毕。

图 1－43　开合螺母手柄位置

	正反车法	抬闸法
退刀方式	利用丝杠的反转纵向返回起点	手动纵向返回起点
适用范围	适用于任何螺距的加工	只适用于工件螺距（导程）能被丝杠螺距整除的场合

四、工艺分析

1. 检查零件坯料（课题四的外圆锥面）尺寸是否合格。

2. 本课题以车普通三角形外螺纹练习为主。

<table>
<tr><td rowspan="4">加工步骤</td><td>准备过程</td><td colspan="2">3. 应先加工好各处的外圆尺寸、长度及外沟槽，然后车普通三角形外螺纹。
4. 粗车外圆时，增大背吃刀量（每刀为 2 ~ 5 mm）和进给量（0. 20 ~ 0. 33 mm/r），选择中等转速（400 r/min 左右）。
5. 精车外圆时，减小背吃刀量（每刀为 0. 2 ~ 0. 5 mm）和进给量（0. 08 ~ 0. 15 mm/r），选择较高转速（900 r/min 以上）。
6. 车槽时，背吃刀量等于刀头宽度，选择较小的进给量（0. 08 ~ 0. 15 mm/r）及中等转速（400 r/min 左右）。
7. 粗车三角形螺纹时，选择较大的背吃刀量（每刀为 0. 5 mm 左右，然后逐渐减小），选择中等偏低转速（150 r/min 以下）。
8. 精车三角形螺纹时，应再减小背吃刀量（每刀为 0. 05 ~ 0. 1 mm，有时甚至不进刀），选择较低转速（10 ~ 60 r/min）。
9. 该工件无须一夹一顶装夹，可直接夹住毛坯外圆。
10. 90°车刀、45°车刀、车槽刀及三角形螺纹车刀同时装夹于刀架上。
11. 检查车床各部位手柄位置是否在空挡，并调整车床中、小滑板镶条间隙（扳转手柄时应灵活、无停顿）；调整正、反转摩擦片松紧程度及制动器的灵敏程度；调整中滑板丝杆与螺母间隙，防止车普通三角形螺纹时车刀被拉入工件，出现“扎刀”现象。</td></tr>
<tr><td rowspan="3">工件加工过程</td><td>1. 用三爪自定心卡盘夹住工件（课题四中“ϕd_3”）外圆，找正并夹紧</td><td></td></tr>
<tr><td>2. 将端面车掉 0. 1 ~ 0. 3 mm，修磨中心孔，用顶尖顶住中心孔（如刚度足够，可不用顶尖支撑，直接用三爪自定心卡盘夹住即可）</td><td> </td></tr>
<tr><td>3. 粗、精车螺纹 A 外圆及长度 L_2 至尺寸要求</td><td> 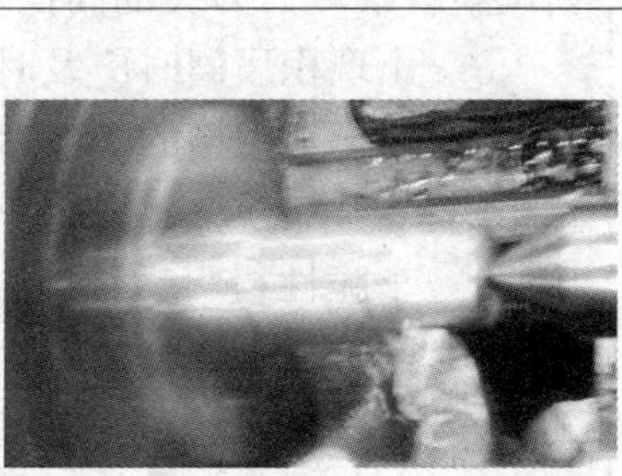</td></tr>
</table>

<table>
<tr><td rowspan="3">加工步骤</td><td rowspan="3">工件加工过程</td><td>4. 用车槽刀粗、精加工 $\phi d_1 \times L_1$ 的槽至尺寸要求，各处按要求倒角</td><td> </td></tr>
<tr><td>5. 粗、精车螺纹 A 至尺寸要求，检查质量，合格后取下工件</td><td> </td></tr>
<tr><td>6. 另一端按相同的方法车削</td><td> </td></tr>
<tr><td>注意事项</td><td colspan="3">1. 车螺纹前应先调整好床鞍、中滑板、小滑板的松紧程度及开合螺母间隙。
2. 车螺纹时精力要集中，特别是初学者在开始练习时，主轴转速不宜过高，待操作熟练后再逐步提高主轴转速，最终达到能高速车三角形螺纹的目的。
3. 车螺纹时，应注意不可将中滑板手柄多摇进一圈；否则会造成车刀崩刃或损坏工件。
4. 车螺纹过程中，不准用手摸或用棉纱擦螺纹，以免伤手或造成事故。
5. 车螺纹时，应始终保持螺纹车刀锋利。中途换刀或刃磨后重新装刀，必须重新调整螺纹车刀刀尖的高低及对刀（对刀应先停车后对刀，否则会“乱牙”）。
6. 出现积屑瘤时应及时清除。
7. 车无退刀槽的螺纹时，应保证每次收尾均在 $P/2$ 圈左右，且每次退刀位置大致相同；否则容易损坏螺纹车刀刀尖。
8. 车脆性材料螺纹时，背吃刀量不宜过大；否则，会使螺纹牙尖爆裂，变成废品。
9. 低速精车螺纹时，最后几刀采取微量进给或无进给车削，以车光螺纹侧面。</td></tr>
</table>

考核项目	考核内容及要求	配分	评分标准
主要项目	ϕd_1	7	每超差 0.01 mm 扣 2 分
	ϕd_2	7	每超差 0.01 mm 扣 2 分
	L_1	7	每超差 0.05 mm 扣 2 分
	L_2	7	每超差 0.05 mm 扣 2 分
	L_3	7	每超差 0.05 mm 扣 2 分
	L_4	7	每超差 0.05 mm 扣 2 分
	L	7	每超差 0.05 mm 扣 2 分
	A	10	根据螺纹量规旋合情况酌情扣分
	B	10	根据螺纹量规旋合情况酌情扣分
一般项目	$Ra \leqslant 1.6\ \mu m$、$Ra \leqslant 3.2\ \mu m$（共六处）	1/处	每处超差扣 1 分
	$C2$ mm、$C0.2$ mm（共六处）	1/处	每处超差扣 1 分
设备及工具、量具、刃具的使用与维护	常用工具、量具、刃具的合理使用与保养	4	使用不当每次扣 2 分；维护及保养不当每次扣 2 分
	正确操作车床并及时发现设备故障	4	操作不当每次扣 2 分
	车床的润滑	2	每少润滑一处扣 0.5 分
	车床的保养工作	2	加工后未按要求保养不得分
安全文明生产	正确执行安全技术操作规程	5	每违反一项规定扣 2 分
	正确穿戴工作服（帽）	2	工作服（帽）穿戴不正确不得分
工时定额	150 min		超 10 min 倒扣 5 分；超 30 min 不得分

课题六　综合练习

课 题 名 称	综 合 练 习
操作技能要求	能正确车削简单轴类零件。
设备、量具、刃具	CA6140 型车床、0 ~ 150 mm 游标卡尺、0 ~ 25 mm 和 25 ~ 50 mm 千分尺、角度样板、螺纹量规（或螺纹千分尺）、90°车刀、45°车刀、车槽刀、三角形螺纹车刀、中心钻
课题图	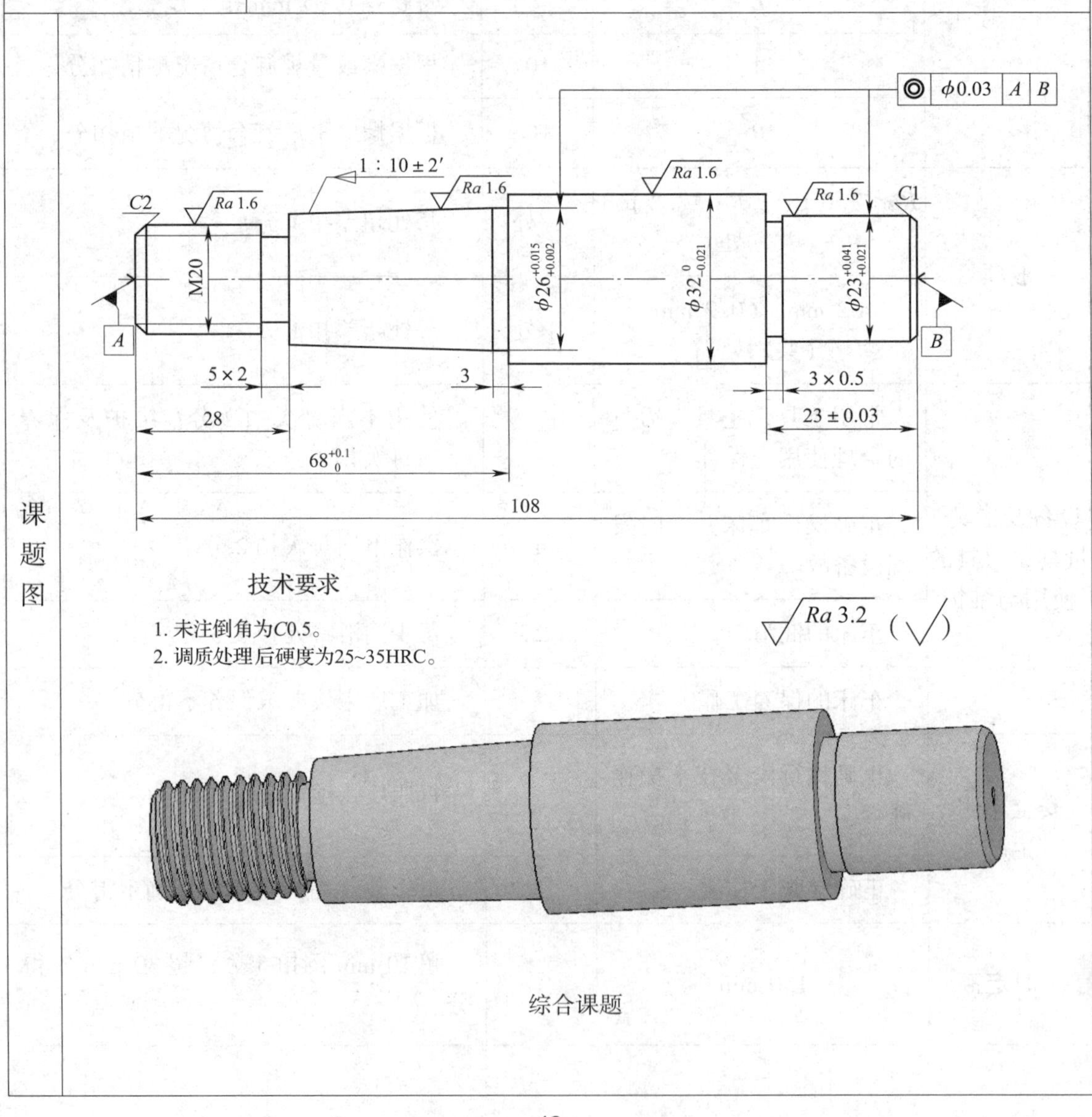 综合课题

<table>
<tr><td></td><td colspan="3">操作要点</td></tr>
<tr><td></td><td>准备过程</td><td colspan="2">1．检查零件坯料尺寸 $\phi35$ mm × 110 mm 是否合格。
2．本课题所含内容较多，以巩固和复习前面所学课题为主，并通过本次练习来提高工艺安排能力。
3．本课题切削用量的选择可参考前面所学课题中所用的切削用量。
4．该工件考虑到圆锥右端外圆处轴线有同轴度的要求，精车时应采用两顶尖装夹。
5．90°车刀、45°车刀、车槽刀及普通三角形螺纹车刀同时装夹于刀架上；用两顶尖装夹加工外圆、圆锥时，把普通三角形螺纹车刀卸下。
6．检查车床各部位手柄位置是否在空挡，并调整车床中、小滑板镶条间隙（扳转手柄时应灵活、无停顿）；调整正、反转摩擦片松紧程度及制动器的灵敏程度；调整中滑板丝杆与螺母间隙，防止车普通三角形螺纹时车刀被拉入工件，出现“扎刀”现象。</td></tr>
<tr><td rowspan="5">加工步骤</td><td rowspan="5">工件加工过程</td><td colspan="2">1．用三爪自定心卡盘夹住毛坯外圆，找正并夹紧</td></tr>
<tr><td>2．车工艺台阶 $\phi32$ mm × 8 mm</td><td></td></tr>
<tr><td colspan="2">3．掉头，用三爪自定心卡盘夹住毛坯外圆，找正并夹紧</td></tr>
<tr><td>4．车端面，钻中心孔</td><td></td></tr>
<tr><td>5．夹工艺台阶，用后顶尖顶中心孔，一夹一顶装夹工件</td><td></td></tr>
</table>

加工步骤	工件加工过程	6. 粗车外圆 $\phi32_{-0.021}^{0}$ mm、$\phi26_{+0.002}^{+0.015}$ mm 及长度 $68_{0}^{+0.1}$ mm，各留余量0.5 mm，粗、精车 M20 螺纹大径至尺寸要求，长度 28 mm 留余量 0.5 mm	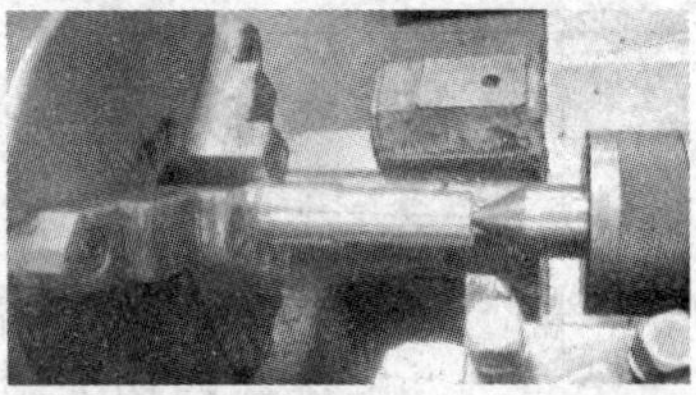
		7. 粗、精车外沟槽 5 mm × 2 mm 及长度 28 mm 至尺寸要求，各处按要求倒角	
		8. 利用角度样板安装螺纹车刀，粗、精车 M20 螺纹各处至尺寸要求	 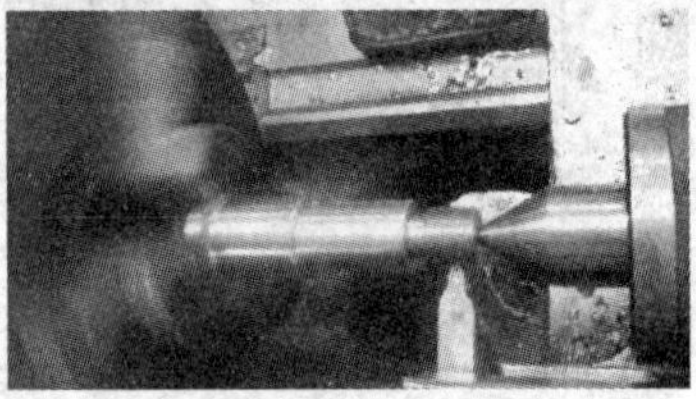
		9. 掉头，用三爪自定心卡盘夹住 $\phi32_{-0.021}^{0}$ mm 处外圆，找正并夹紧 车端面，取总长 108 mm 至尺寸要求，钻中心孔，粗车外圆 $\phi23_{+0.021}^{+0.041}$ mm 及长度（23 ± 0.03）mm，各留余量 0.5 mm	
		10. 用鸡心夹头夹住 $\phi26_{+0.002}^{+0.015}$ mm 处外圆，用两顶尖装夹工件	

加工步骤	工件加工过程		
		11. 精车外圆 $\phi32_{-0.021}^{0}$ mm、$\phi23_{+0.021}^{+0.041}$ mm 至尺寸要求，精车外沟槽 3 mm × 0.5 mm 及长度 (23 ±0.03) mm 至尺寸要求，各处按要求倒角	
		12. 掉头，用鸡心夹头夹住 $\phi23_{+0.021}^{+0.041}$ mm 处外圆（用铜皮包裹保护），用两顶尖装夹工件	
		13. 精车外圆 $\phi26_{+0.002}^{+0.015}$ mm 及长度 $68_{0}^{+0.1}$ mm 至尺寸要求	
		14. 粗、精车 1∶10 ± 2′圆锥及长度 3 mm 至尺寸要求，各处按要求倒角	 
		15. 检查质量，合格后取下工件	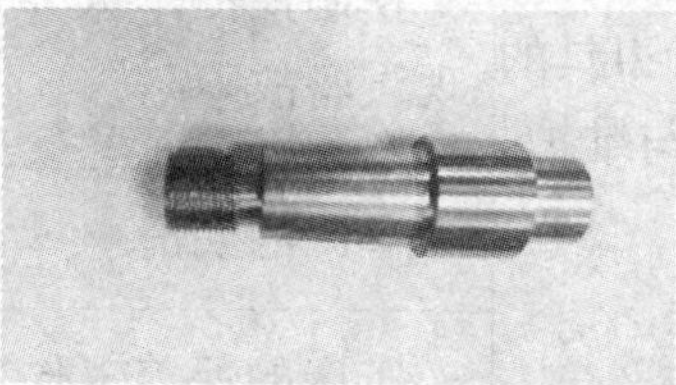

<table>
<tr><td>注意事项</td><td>1. 要养成按图样和工艺进行加工的习惯。
2. 要养成重视零件质量的习惯。工件不仅要达到尺寸精度、表面粗糙度和几何精度的要求，还要保证外表美观，无损伤。
3. 注意培养在批量生产时合理安排工作位置的能力。
4. 车床摩擦离合器松紧要调整适当，正反车操纵灵敏、可靠。
5. 粗车螺纹时，应将小滑板调紧一些，以防止车刀移位而产生乱牙。
6. 车螺纹时，为防止因溜板箱手轮转动时的不平衡而使床鞍发生窜动，可在手轮上安装平衡块，最好采用手轮脱离装置。</td></tr>
</table>

考核项目	考核内容及要求	配分	评分标准
主要项目	$\phi32_{-0.021}^{0}$ mm	7	每超差 0.01 mm 扣 2 分
	$\phi23_{+0.021}^{+0.041}$ mm	7	每超差 0.01 mm 扣 2 分
	$\phi26_{+0.002}^{+0.015}$ mm	7	每超差 0.01 mm 扣 2 分
	1∶10 ±2′	10	每超差 2′扣 5 分
	M20	10	根据螺纹量规旋合情况酌情扣分
	◎ ϕ0.03 A B（两处）	9	每处超差扣 5 分
	（23 ±0.03）mm	4	每超差 0.05 mm 扣 2 分
	$68_{0}^{+0.1}$ mm	4	每超差 0.05 mm 扣 2 分
一般项目	3 mm ×0.5 mm	4	宽度、深度每处超差扣 2 分
	5 mm ×2 mm	4	宽度、深度每处超差扣 2 分
	28 mm、3 mm、108 mm	1/处	每处超差扣 1 分
	Ra≤1.6 μm、Ra≤3.2 μm（共六处）	1/处	每处超差扣 1 分
	倒角（共七处）	1/处	每处超差扣 1 分
设备及工具、量具、刃具的使用与维护	常用工具、量具、刃具的合理使用与保养	4	使用不当每次扣 2 分；维护及保养不当每次扣 2 分
	正确操作车床并及时发现设备故障	4	操作不当每次扣 2 分
	车床的润滑	2	每少润滑一处扣 0.5 分
	车床的保养工作	2	加工后未按要求保养不得分

考核项目	考核内容及要求	配分	评分标准
安全文明生产	正确执行安全技术操作规程	4	每违反一项规定扣 2 分
	正确穿戴工作服（帽）	2	工作服（帽）穿戴不正确不得分
工时定额	210 min		超 10 min 倒扣 5 分；超 30 min 不得分

第二单元

铣　　削

课题一　X6132型铣床的基本操作

课 题 名 称		**X6132 型铣床的基本操作**
操作技能要求		能正确操作 X6132 型铣床。
设备		X6132 型万能升降台铣床
课题图		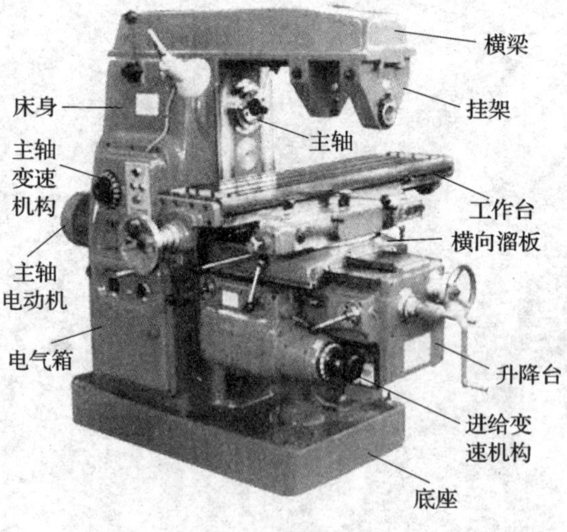 a)

课题图

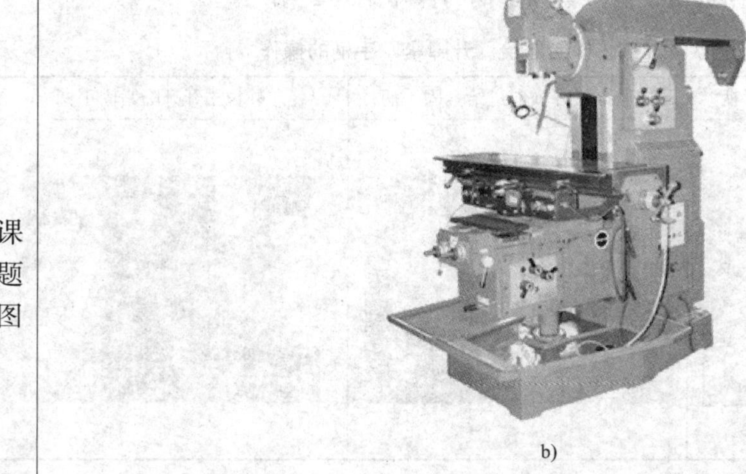

b)

X6132 型万能升降台铣床

a）X6132 型万能升降台铣床　b）带有立铣头的 X6132 型万能升降台铣床

操 作 要 点

训练步骤

1. 工作台纵向进给、横向进给和升降的手动操纵

要掌握铣床的操纵方法，先要了解各手柄的名称、工作位置及作用，并熟悉它们的使用方法和操作步骤。在工作台纵向进给、横向进给和升降的手动操纵练习前，应先关闭机床电源，松开各向紧固手柄，再分别进行各向进给的手动练习。

将某一方向手动操纵手柄（图 2 – 1）插入，接通该向手动进给离合器。摇动进给手柄，就能带动工作台做相应方向上的手动进给运动。顺时针摇动手柄，可使工作台前进（或上升）；逆时针摇动手柄，则工作台后退（或下降）。

图 2 – 1　X6132 型铣床操纵手柄

训练步骤

松开纵向进给、横向进给、升降紧固手柄的操作见表 2－1。

表 2－1　　松开纵向进给、横向进给、升降紧固手柄的操作

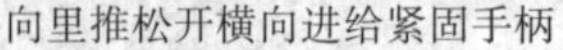

逆时针松开纵向进给紧固手柄	向里推松开横向进给紧固手柄	向外拉松开升降紧固手柄
		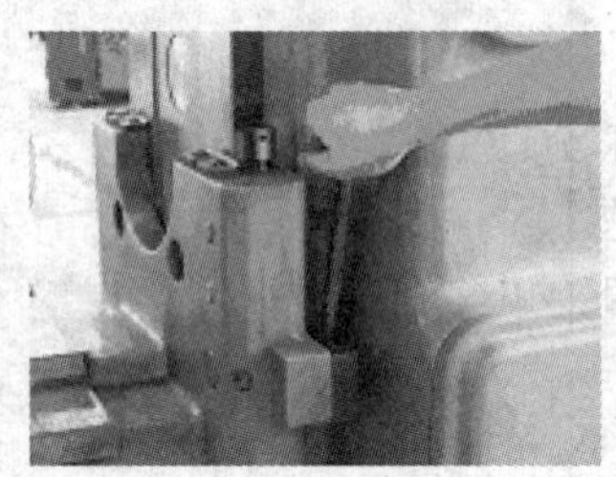

练习时，先进行工作台各方向的手动匀速进给练习，再进行定距移动练习。定距移动练习要使工作台在纵向、横向和垂直方向移动规定的格数、规定的距离，并能消除因丝杆间隙形成的空行程对工作台移动的影响。

X6132 型铣床纵向进给、横向进给、升降手柄的定距移动见表 2－2。

表 2－2　　X6132 型铣床纵向进给、横向进给、升降手柄的定距移动

纵向进给	横向进给	升降

训练步骤

提示：

（1）纵向、横向刻度盘的圆周刻线为 120 格，每转一转，工作台移动 6 mm，因此，每转过一格工作台移动 0.05 mm（练习时，可以做使工作台在纵向、横向分别移动 3.5 mm 和 6 mm 的操作）。

（2）垂直方向刻度盘的圆周刻线为 40 格，每转一转，工作台移动 2 mm，因此，每转过一格工作台升（降）也是 0.05 mm（练习时，可以做使工作台垂直方向移动 7 mm 的操作）。

（3）移动规定距离中若手柄转过了刻度，不能直接转回。必须将其退回 1 转后，再重新转到要求的刻度位置。

（4）不使用手动进给时必须将各向手柄与离合器脱开，以免伤人。

2. X6132 型铣床主轴的变速操作

变换 X6132 型铣床主轴转速时，必须先接通电源，停车后再按以下步骤进行，X6132 型铣床主轴变速操作步骤及图示见表 2－3。

表 2－3　X6132 型铣床主轴变速操作步骤及图示

主轴变速操作步骤	主轴变速操作图示
（1）手握变速手柄球部向下压，使手柄的定位榫块从固定环的槽 1 中脱出 （2）将手柄向外拉，顺时针转动手柄使其定位榫块嵌入固定环的槽 2 内。手柄处于脱开的位置 Ⅰ （3）转动主轴变速盘，将所选择的转速对准指针 （4）压下手柄，并快速推至位置Ⅱ，即可接合手柄。此时，冲动开关瞬时接通，电动机转动，带动变速齿轮转动，使齿轮啮合。随后，手柄继续向右至位置Ⅲ，并将其榫块送入固定环的槽 1 内。电动机失电。主轴箱内齿轮停止转动 （5）主轴变速操作完毕，此时再按启动按钮，主轴即按选定的转速回转	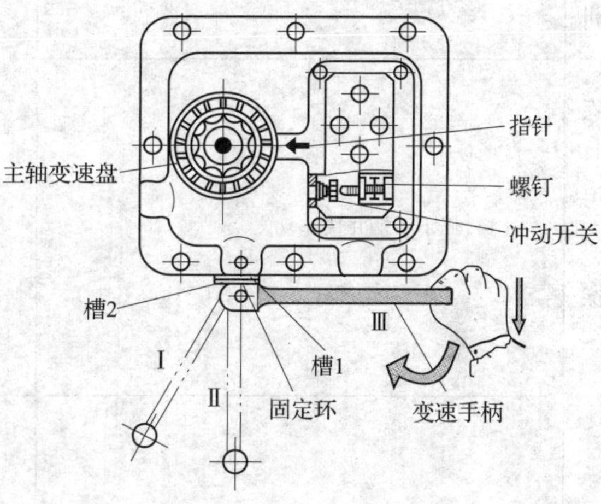

X6132 型铣床主轴变速动作要领及图示见表 2－4。

表 2－4　X6132 型铣床主轴变速动作要领及图示

主轴变速动作要领	图　示
（1）压下手柄，使定位榫块从固定环的槽中脱出	

续表

主轴变速动作要领	图　示
（2）向外拉手柄，顺时针转动手柄，使榫块嵌入固定环的另一槽内	
（3）调整主轴变速盘，将所选择的转速对准指针	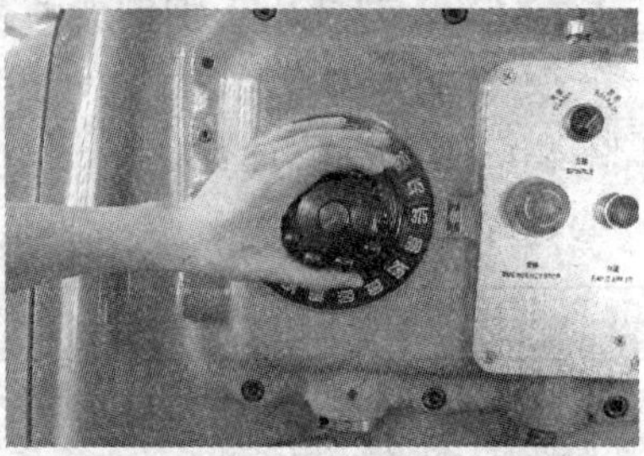
（4）压下手柄并快速复位	
（5）按下启动按钮（工作台正面与床身左侧各有一套控制按钮），启动主轴。检查油窗是否甩油	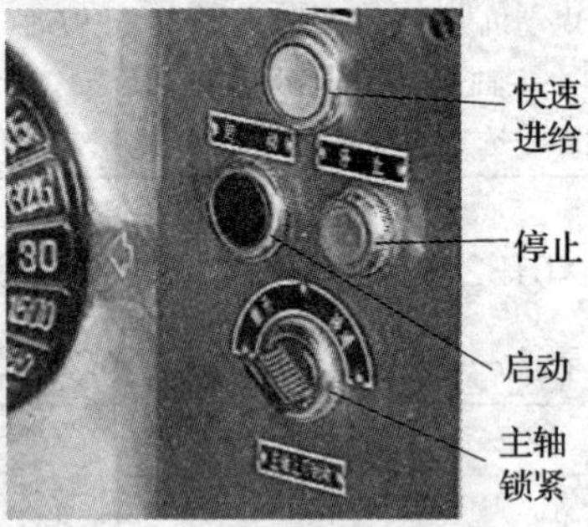

训练步骤

提示：

在 X6132 型铣床的床身左侧和工作台正面各有一套控制按钮，分别为停止、启动、快速进给按钮，床身左侧控制板上还有主轴锁紧开关。

由于电动机启动电流很大，主轴变速时连续变速应不超过 3 次，否则易烧毁电动机电路。若必须变速，中间的间隔时间应不少于 5 min。

训练步骤

3. 进给变速操作

铣床上的进给变速操作须在停止自动进给的情况下进行，进给变速操作动作要领及图示见表 2 – 5。

表 2 – 5　　进给变速操作动作要领及图示

进给变速操作动作要领	图　示
（1）向外拉出进给变速手柄 （2）转动进给变速手柄，带动进给速度盘转动。将进给速度盘上选择好的进给速度值对准指针所指位置 （3）再将进给变速手柄推回原位，即可完成进给变速的操作	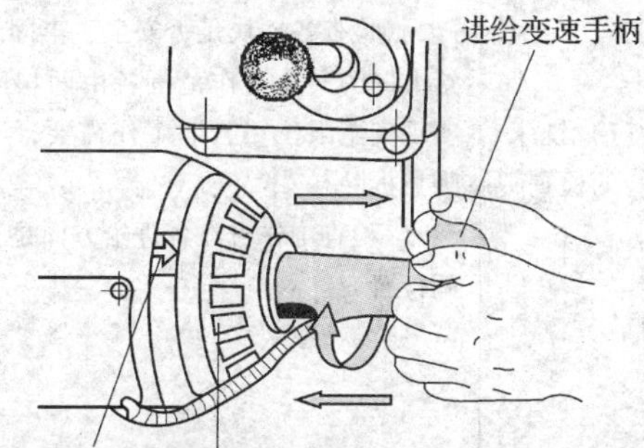 

4. 工作台纵向、横向和垂直方向的机动进给操纵

X6132 型铣床各方向的机动进给手柄都有两副，是联动的复式操纵机构，使操作更加便利。进行机动进给练习前，应先检查各手动手柄是否与离合器脱开（特别是升降手柄），以免手柄转动伤人。

X6132 型铣床机动进给的操纵在打开电源开关后进行，具体步骤及图示见表 2 – 6。

表 2 – 6　　X6132 型铣床机动进给的操纵步骤及图示

操纵步骤		图　示
（1）铣床的检查	1）检查各进给方向的紧固螺钉、紧固手柄是否松开	

续表

	操纵步骤		图　示
训练步骤	（1）铣床的检查	2）检查各挡块是否安全、牢固。三个进给方向的安全工作范围各由两块限位挡块实现安全限位。若非工作需要，不得将其随意拆除 3）检查工作台在各进给方向是否处于中间位置	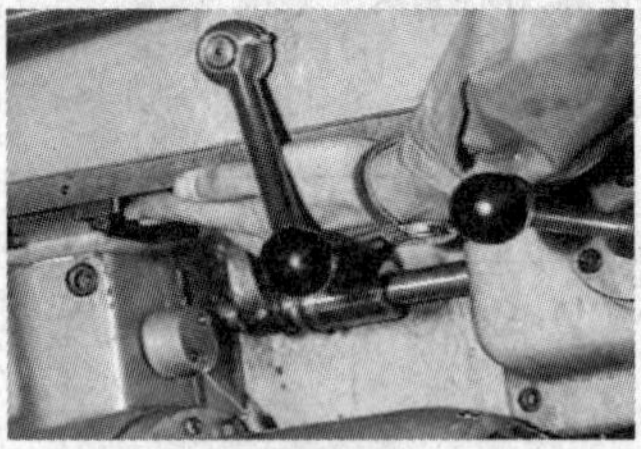 
	（2）机动进给操纵练习	1）按主轴启动按钮，使主轴回转（在X6132型铣床的床身左侧和工作台正面各有一套控制按钮，分别为停止、启动、快速进给按钮，床身左侧控制板上还有主轴锁紧开关）	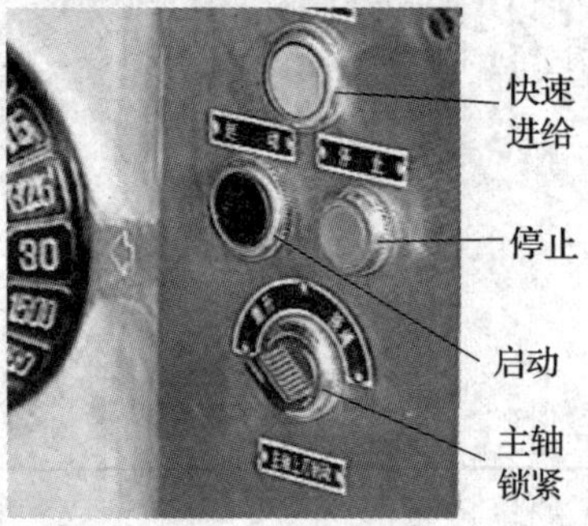
		2）扳动纵向机动进给手柄，使工作台做纵向机动进给，检查进给箱油窗是否甩油（纵向机动进给手柄有三个位置，即“向左进给”“向右进给”和“停止”）	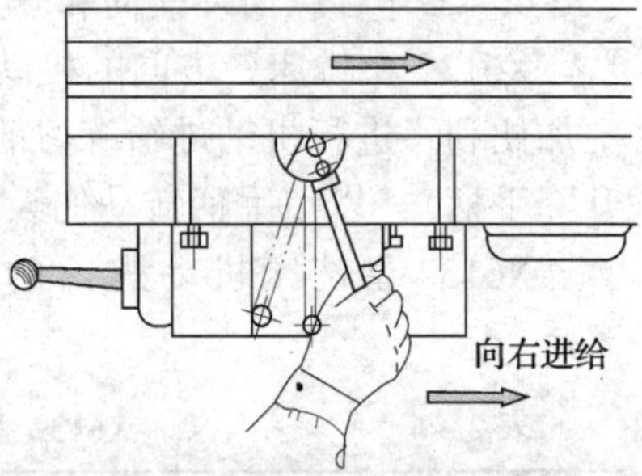 

训练步骤

续表

操纵步骤		图示
（2）机动进给操纵练习	3）扳动横向与垂直方向机动进给手柄，使工作台分别做横向和垂直方向的机动进给。横向和垂直方向机动进给手柄有五个位置，即“向里进给”“向外进给”“向上进给”“向下进给”和“停止”	
	4）停止工作台进给，再停止主轴回转	
	5）重复以上练习	

提示：

机动进给手柄的设置使操作非常形象化。当机动进给手柄与进给方向处于垂直状态时，机动进给是停止的。若机动进给手柄处于倾斜状态时，机动进给被接通。在主轴转动时，手柄向哪个方向倾斜，就向哪个方向进行机动进给（也就是说，使工作台分别做纵向、横向、垂直方向的机动进给时，只要按所需进给的方向扳动相应的手柄，工作台即可按所需的方向移动）。如果同时按下快速移动按钮，工作台即向该进给方向进行快速移动。

做进给速度变换练习时，应将主轴转速控制在 300 r/min 以下，进给速度选择低速（如 30 m/min、60 m/min 和 118 m/min 等）。

5. 铣床的润滑

机油是机床的“血液”。没有了机油的冷却、润滑，铣床内部的零件就无法正常工作，铣床的精度和使用寿命都会受到很大的影响，所以，对铣床进行润滑是每天必做的一项重要工作，X6132 型铣床润滑要求如图 2－2 所示。

铣床日常润滑的内容、方法和图示见表 2－7。

图 2－2　X6132 型铣床润滑要求

训练步骤

表 2－7　　铣床日常润滑的内容、方法和图示

铣床日常润滑的内容和方法	图　示
（1）班前、班后采用手拉油泵对工作台纵向丝杆和螺母、导轨面、横向溜板导轨等注油润滑	
（2）机床启动后，应检查油窗是否甩油，铣床的主轴箱和进给箱均采用自动润滑，即可通过流油指示器（油窗或油标）显示润滑情况。若油位显示缺油，应立即注油	
（3）工作结束后，擦净机床，然后对工作台纵向丝杆两端轴承、垂直导轨面、挂架轴承等采用油枪注油润滑	

注意事项	1．严格遵守安全操作规程。 2．不准做与以上训练无关的其他操作。 3．操作必须按照规定步骤和要求进行，不得频繁启动主轴。 4．进行机动进给练习时，不得同时接通两个方向的进给。 5．练习完毕，认真擦拭机床。使工作台在各进给方向处于中间位置，各手柄恢复原来位置，关闭机床电源开关。

课题二 铣平面

课题名称	铣 平 面
操作技能要求	能正确铣平面（以加工 6 个平面的方铁为例）。
设备、工具、量具、刃具及材料	X6132 型铣床、铣刀、0 ~ 150 mm/0. 02 mm 的游标卡尺、25 ~ 50 mm/0. 01 mm 的千分尺、百分表及磁性表座、工件毛坯等
课题图	⊥ 0.05 A // 0.05 B Ra 3.2 A $40^{0}_{-0.10}$ $80^{0}_{-0.20}$ 1 $35^{0}_{-0.063}$ B Ra 3.2 // 0.05 A Ra 6.3 （√） 6 1 2 5 4 3 方铁

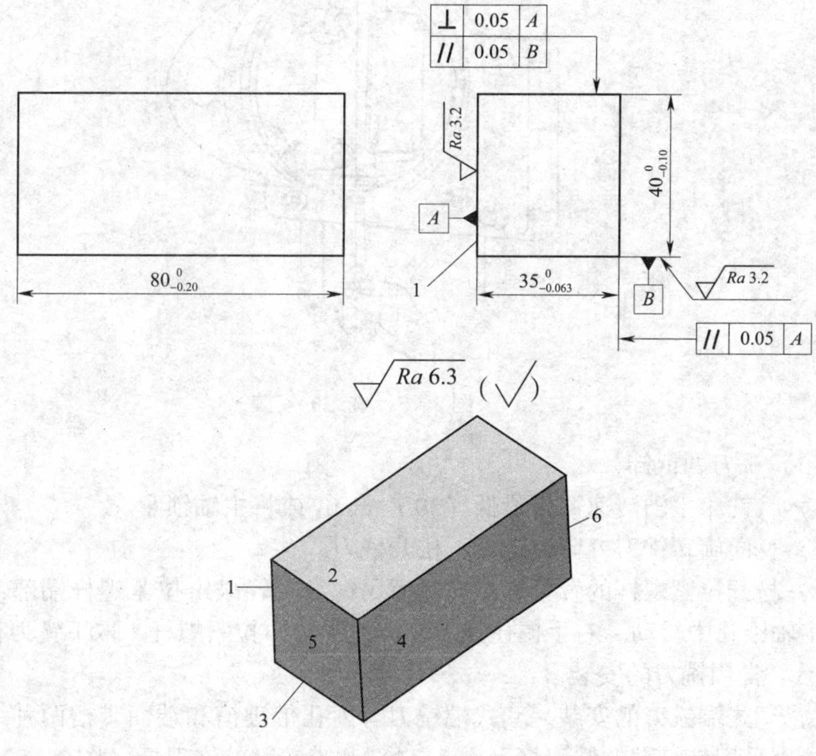

<table>
<tr><th colspan="2">操作要点</th></tr>
<tr><td>工艺分析</td><td>该工件形状较简单，是由6个平面组成的六面体。平面之间有一定的位置精度和尺寸精度要求，如上表面与底面、前面与后面间都有平行度要求，上表面与后面有垂直度要求，长、宽、高尺寸都有公差要求等。显然，底面是加工其他各面的第一基准面，应首先加工，并以此为依据确定加工顺序及选择合理的装夹、加工方法进行铣削加工。</td></tr>
<tr><td>加工方法</td><td>

1. 加工刀具

（1）铣刀的安装

1）擦净铣床主轴锥孔和铣刀杆的锥柄，以免因污物影响铣刀杆的安装精度。

2）将铣床主轴转速调整到最低（30 r/min）或将主轴锁紧。

3）安装铣刀杆。右手将铣刀杆的锥柄装入主轴锥孔。

如图2－3所示，安装时铣刀杆凸缘上的缺口（槽）应对准主轴端部的凸键；左手顺时针（由主轴后端观察）转动主轴孔中的拉紧螺杆，使拉紧螺杆前端的螺纹部分旋入铣刀杆的螺纹孔6～7圈，然后用专用的拉杆扳手旋紧拉紧螺杆上的背紧螺母，将铣刀杆拉紧在主轴锥孔内。

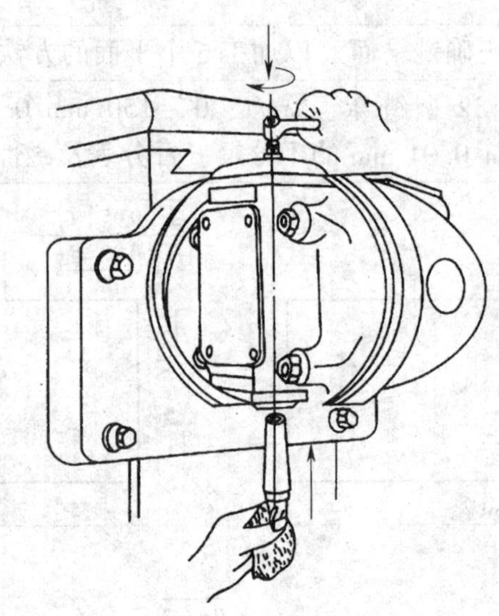

图2－3　铣刀的安装

（2）铣刀的拆卸

1）将铣床主轴转速调到最低（30 r/min）或将主轴锁紧。

2）反向旋转铣刀杆紧刀螺母，松开铣刀。

3）松开拉紧螺杆的背紧螺母，然后用锤子轻轻敲击拉紧螺杆端部，使铣刀杆锥柄从主轴锥孔中松动。右手握住铣刀杆，左手旋出拉紧螺杆，取下铣刀杆。

（3）常用铣刀的安装

1）套式端铣刀的安装。套式端铣刀有内孔带键槽和端面带槽两种结构形式。安装时分别采用带纵键的铣刀杆（图2－4）和带端键的铣刀杆（图2－5）。

</td></tr>
</table>

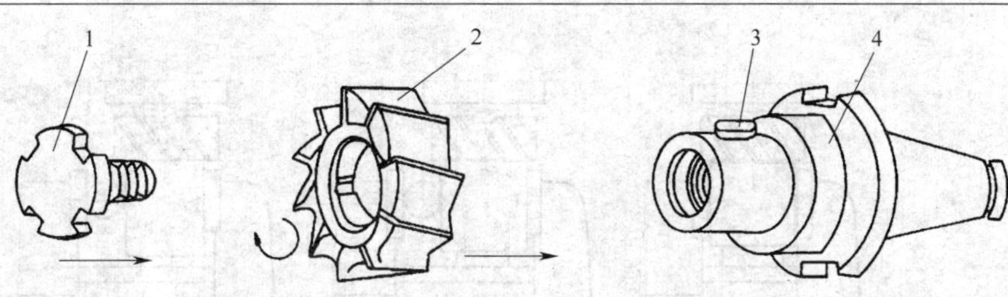

图 2－4　内孔带键槽的套式端铣刀的安装

1—紧刀螺钉　2—铣刀　3—键　4—铣刀杆

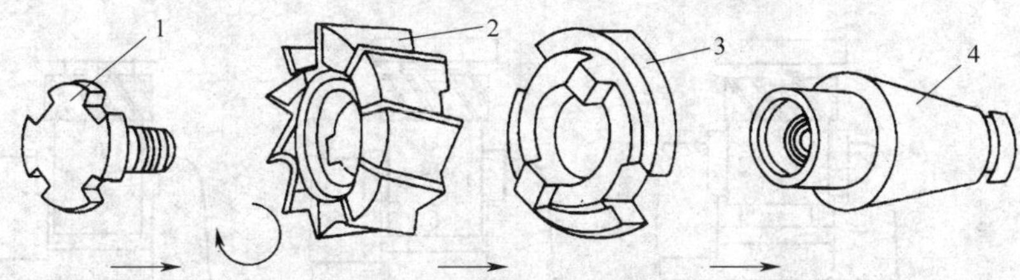

图 2－5　端面带槽的套式端铣刀的安装

1—紧刀螺钉　2—铣刀　3—凸缘　4—铣刀杆

加工方法

铣刀杆的安装方法与前面相同。安装铣刀时，擦净铣刀内孔、端面和铣刀杆圆柱面，使铣刀内孔的键槽对准铣刀杆的键或使铣刀端面上的槽对准铣刀杆上凸缘端面上的凸键，装入铣刀，然后旋入紧刀螺钉，并用叉形扳手将铣刀紧固。

2）直柄铣刀的安装。直柄铣刀一般通过钻夹头或弹簧夹头安装在主轴锥孔内，如图 2－6 和图 2－7 所示。

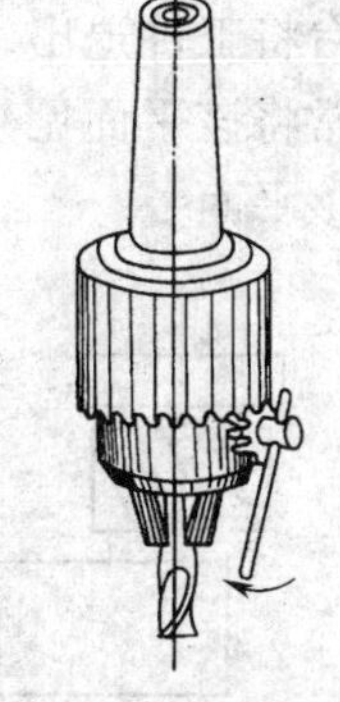

图 2－6　用钻夹头安装直柄铣刀

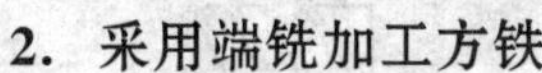

2. 采用端铣加工方铁

铣方铁的步骤如图 2－8 所示。

3. 对刀铣削

对刀步骤如图 2－9 所示。先手动调整工件至铣刀下方，然后使工作台上升，让铣刀轻轻擦着工件，再纵向移动工作

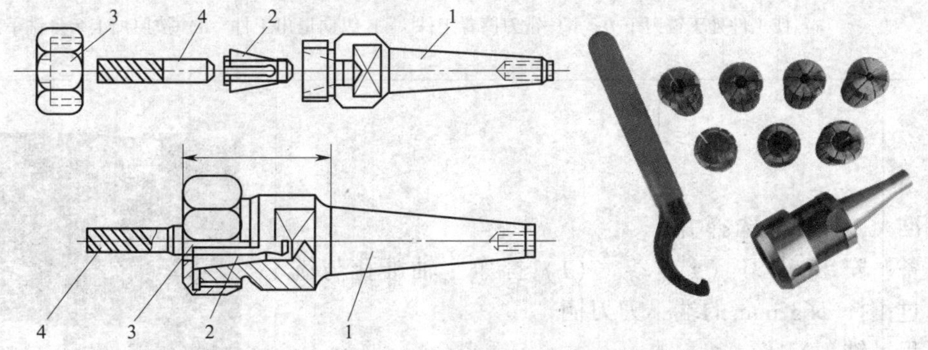

图 2－7　用弹簧夹头安装直柄铣刀

1—弹簧夹头锥柄　2—卡簧　3—螺母　4—铣刀

<table>
<tr>
<td>加工方法</td>
<td colspan="3">
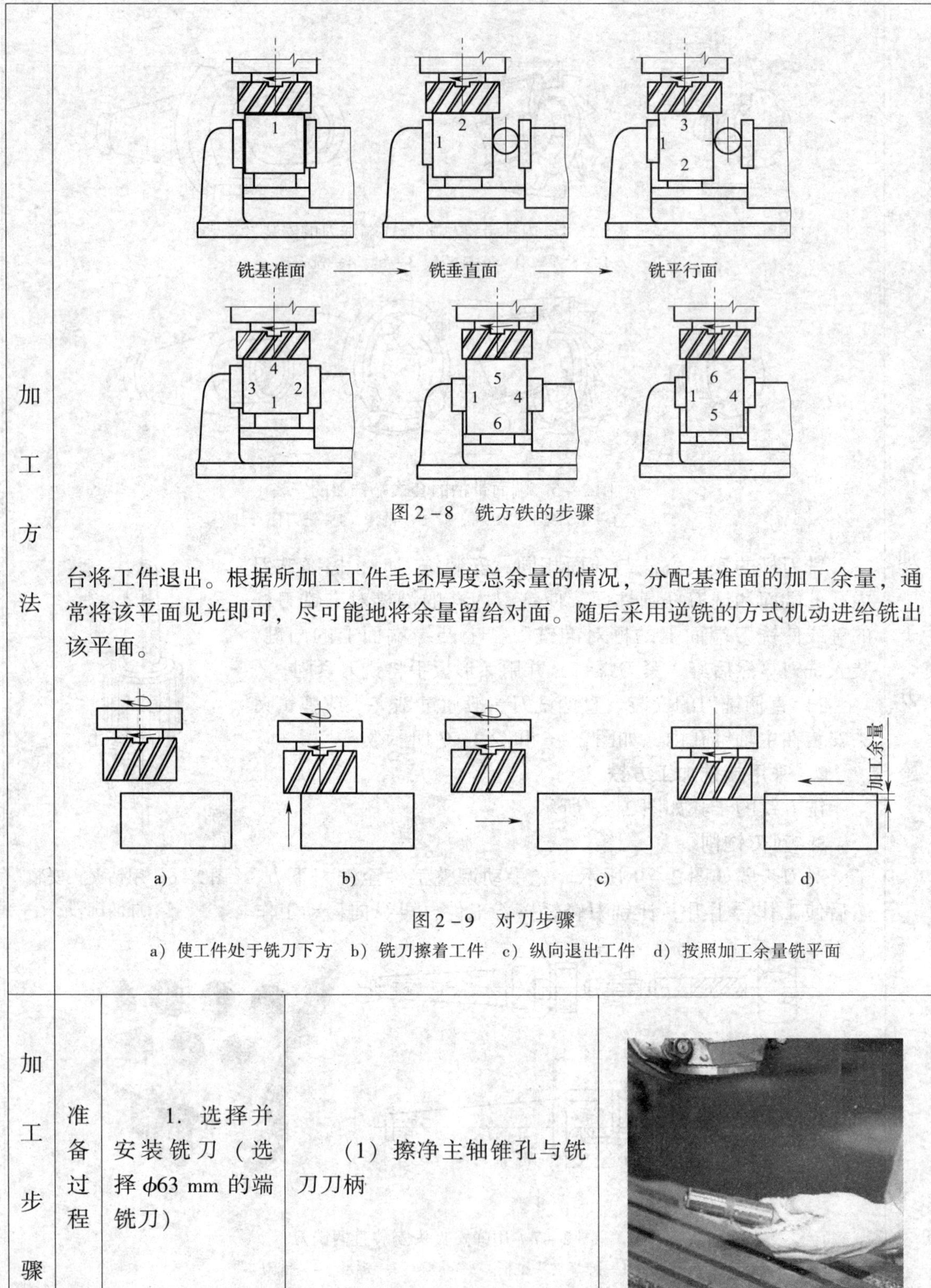

图 2-8　铣方铁的步骤

台将工件退出。根据所加工工件毛坯厚度总余量的情况，分配基准面的加工余量，通常将该平面见光即可，尽可能地将余量留给对面。随后采用逆铣的方式机动进给铣出该平面。

图 2-9　对刀步骤

a）使工件处于铣刀下方　b）铣刀擦着工件　c）纵向退出工件　d）按照加工余量铣平面
</td>
</tr>
<tr>
<td>加工步骤</td>
<td>准备过程</td>
<td>1. 选择并安装铣刀（选择 ϕ63 mm 的端铣刀）</td>
<td>（1）擦净主轴锥孔与铣刀刀柄</td>
</tr>
</table>

加工步骤	准备过程	1. 选择并安装铣刀（选择 ϕ63 mm 的端铣刀）	（2）将锥柄直接放入主轴锥孔内	
			（3）然后旋入拉紧螺杆，用专用的拉杆扳手将其旋紧即可	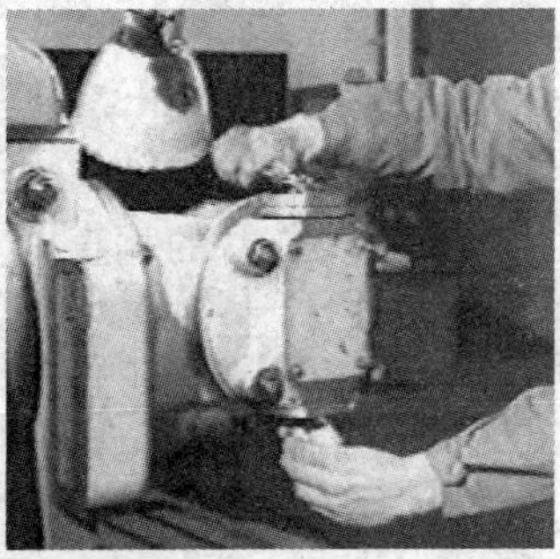
		2. 安装机床用平口虎钳（以下简称机用虎钳）	（1）机用虎钳的安装非常方便，先擦净机用虎钳底面和铣床工作台面	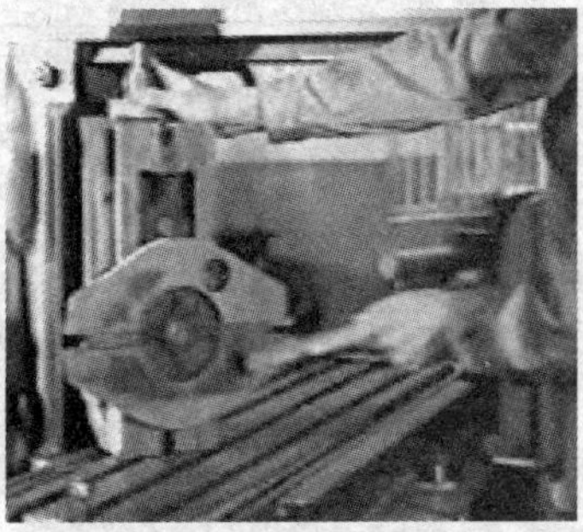
			（2）将底座上的定位键放入工作台中央的 T 形槽内	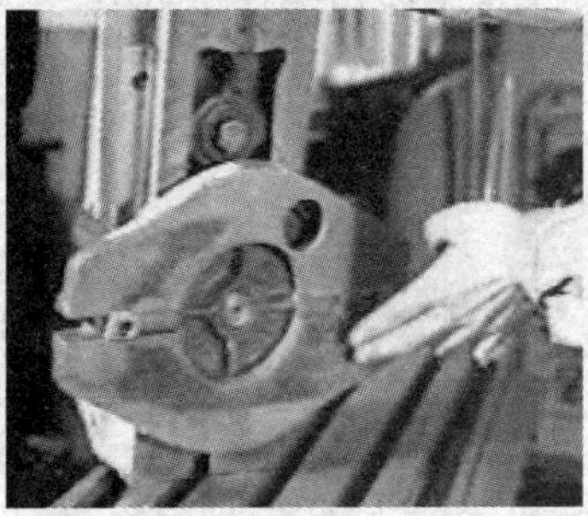

<table>
<tr><td rowspan="4">加工步骤</td><td rowspan="2">准备过程</td><td>2. 安装机床用平口虎钳（以下简称机用虎钳）</td><td>（3）将机用虎钳固定后夹紧</td><td></td></tr>
<tr><td>3. 校正立式铣床主轴轴线与工作台的垂直度（立铣头“零位”）</td><td>校正时，将角形表杆固定在立铣头主轴锥孔内，百分表安装在角形表杆上，百分表的测杆应与工作台面垂直。然后使百分表的测头与工作台面接触，测杆被压缩 0.3～0.5 mm，记下百分表的读数；接着将立铣头主轴扳转 180°，再次记下读数。两次读数的差值在 300 mm 长度上应不大于 0.02 mm；否则，应微调立铣头，直至达到要求为止</td><td>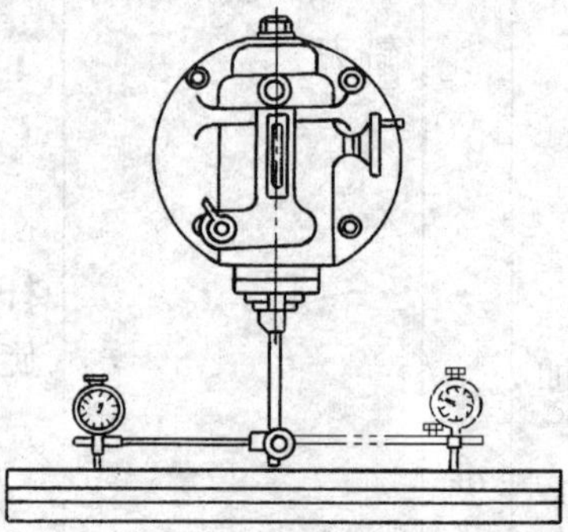</td></tr>
<tr><td rowspan="2">工件加工过程</td><td rowspan="2">1. 用机用虎钳装夹工件</td><td>选择毛坯上一个大而平整的毛坯面作为粗基准，将其靠在固定钳口面上。最好在钳口与工件之间垫上铜皮，以防损伤钳口</td><td></td></tr>
<tr><td>用划线盘校正毛坯上平面位置，符合要求后夹紧工件。校正时，工件不宜夹得太紧</td><td>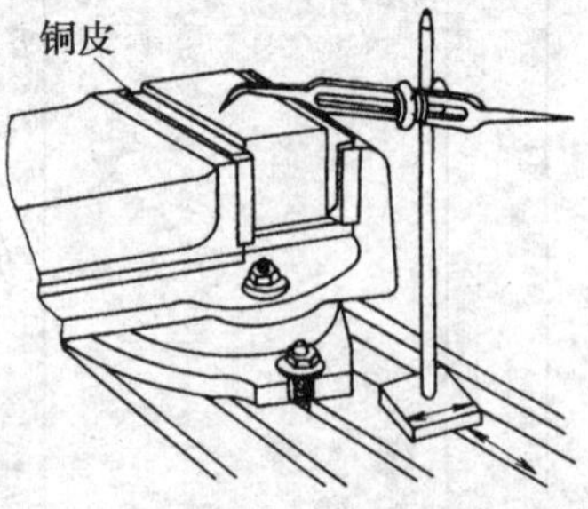
</td></tr>
</table>

加工步骤	工件加工过程	1. 用机用虎钳装夹工件		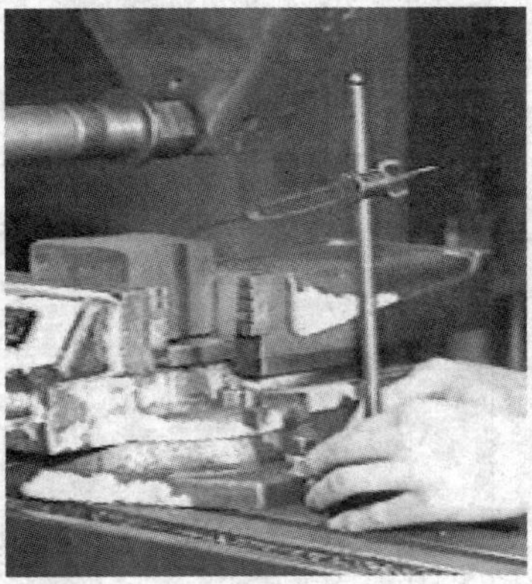
			以机用虎钳固定钳口面作为定位基准时，将工件的基准面靠向固定钳口面，并在其活动钳口与工件间放置一圆棒。圆棒要与钳口的上平面平行，其位置应在工件被夹持部分高度的中间偏上。通过圆棒夹紧工件，能保证工件的基准面与固定钳口面贴合	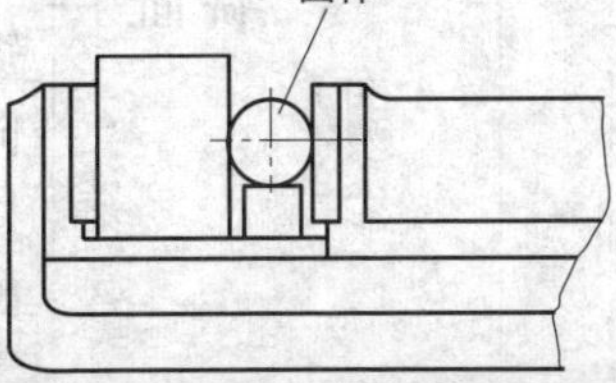  圆棒
			以钳体导轨平面作为定位基准时，将工件的基准面面向钳体导轨面。在工件与导轨面之间有时要加垫平行垫铁（视工件大小和高度而定）。为了使工件基准面与导轨面平行，工件夹紧后，可用木锤或纯铜棒轻击工件上平面，并用手试移垫铁。当垫铁不再松动时，表明垫铁与工件、水平导轨面三者密合较好	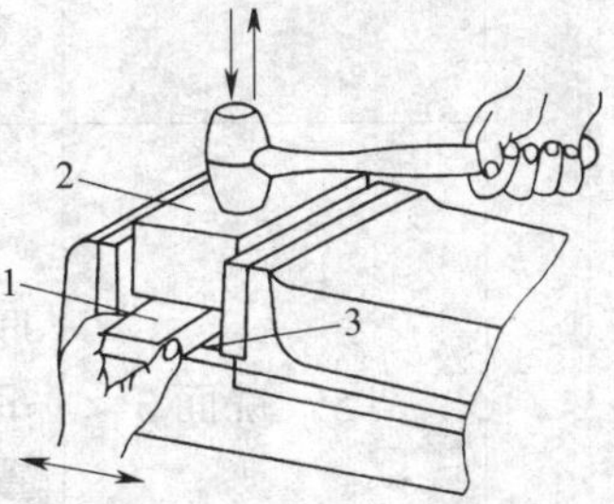 1—垫铁　2—工件上平面　3—钳体导轨面 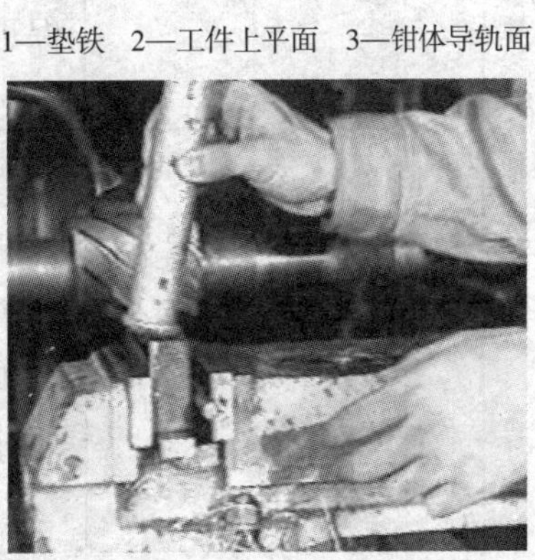

<table>
<tr><td rowspan="5">加工步骤</td><td rowspan="5">工件加工过程</td><td>2. 确定切削用量</td><td colspan="2">转速：粗加工 $n=190$ r/min，精加工 $n=375$ r/min
进给量：粗加工 $f=60$ mm/min，精加工 $f=30$ mm/min
背吃刀量：粗加工 $a_p=1.5\sim2$ mm，精加工 $a_p=0.1\sim0.5$ mm</td></tr>
<tr><td>3. 铣面 1（A 面）</td><td>固定钳口与工作台纵向进给方向平行安装，在工件与钳体导轨面间放入平行垫铁，以面 2 作为粗基准，靠向固定钳口，两钳口间垫铜皮装夹工件，铣面 1，见光即可</td><td> 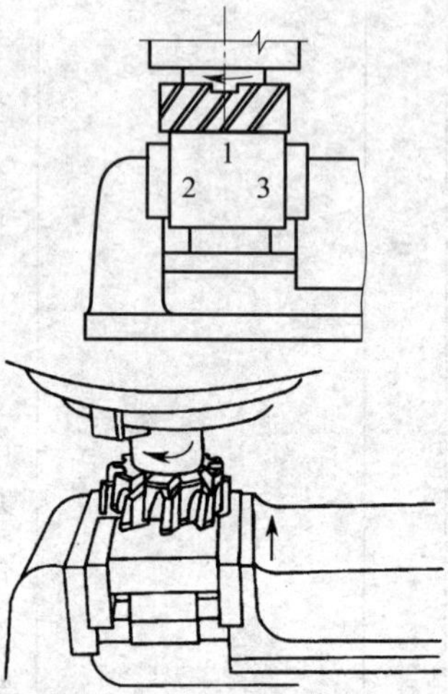1 2 3</td></tr>
<tr><td>4. 铣面 2</td><td>以面 1 为精基准靠向固定钳口，在活动钳口与工件间放置圆棒装夹工件，铣面 2，见光即可</td><td> 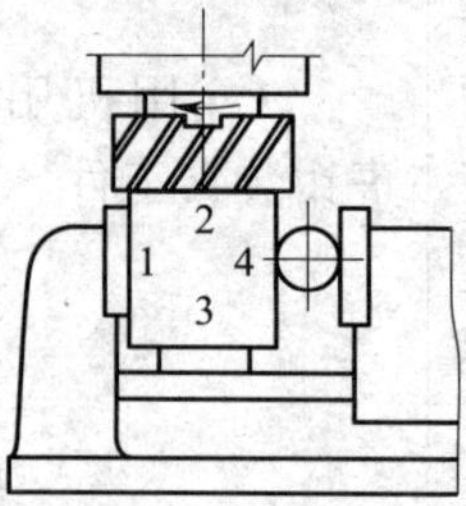2 1 4 3</td></tr>
<tr><td>5. 铣面 3</td><td>将工件翻转 180°，仍以面 1 为基准，面 2 为辅助基准，在活动钳口与工件间放置圆棒装夹工件，铣面 3，保证高度尺寸 $40_{-0.10}^{0}$ mm</td><td> 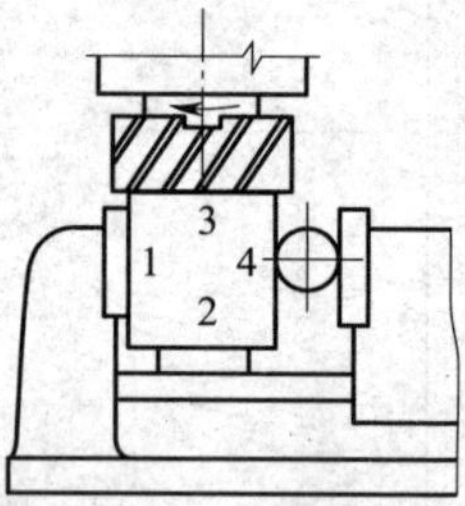3 1 4 2</td></tr>
<tr><td>6. 铣面 4</td><td>面 1 靠向平行垫铁，面 3 靠向固定钳口装夹工件，铣面 4，保证宽度尺寸 $35_{-0.063}^{0}$ mm</td><td> 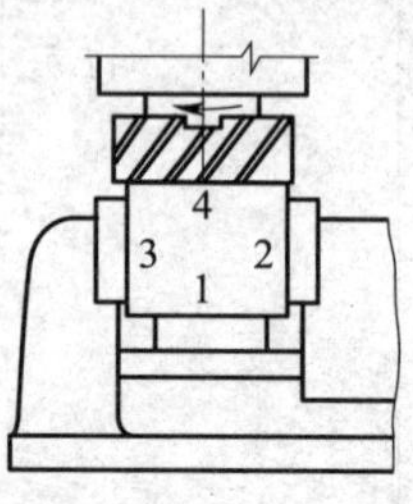4 3 2 1</td></tr>
</table>

<table>
<tr><td rowspan="5">加工步骤</td><td rowspan="5">工件加工过程</td><td rowspan="2">7. 铣面 5</td><td>面 1 靠向固定钳口，用直角尺校正面 2 与钳体导轨面（或与钳体导轨面贴合的平行垫铁）垂直，装夹工件</td><td> 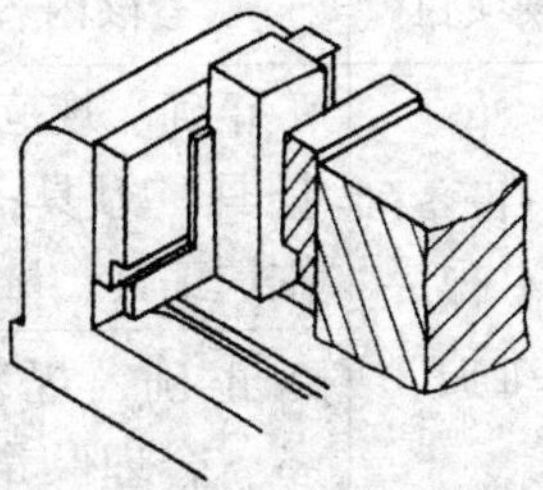</td></tr>
<tr><td>铣出端面 5，见光即可</td><td> 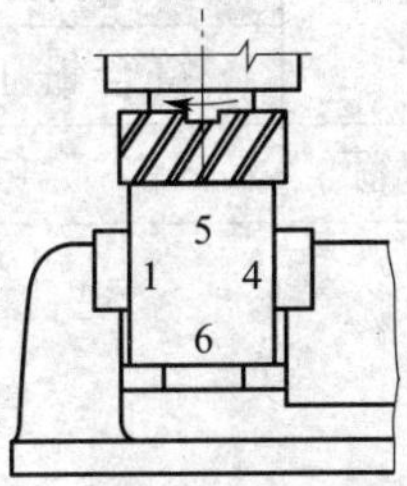5
1 4
6</td></tr>
<tr><td>8. 铣面 6</td><td>将工件翻转 180°，面 1 靠向固定钳口，面 5 靠向平行垫铁，用百分表校正面 2 与钳体导轨面垂直，装夹工件，铣出端面 6，保证总长度尺寸为 $80_{-0.20}^{0}$ mm</td><td> 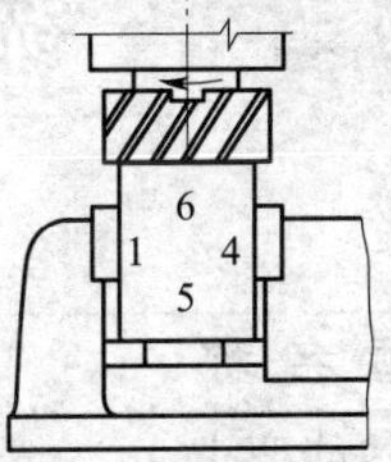6
1 4
5</td></tr>
<tr><td colspan="3">9. 按要求倒角或去毛刺（不方便的位置可卸下后加工）</td></tr>
<tr><td colspan="3">10. 测量各处尺寸，检验尺寸精度、表面粗糙度是否达到要求（不方便的位置可卸下测量）</td></tr>
<tr><td></td><td></td><td colspan="3">11. 卸下工件、刀具及夹具</td></tr>
</table>

考核项目	考核内容及要求	配分	评分标准
主要项目	$80_{-0.20}^{0}$ mm	17	每处超差扣该项配分
	$35_{-0.063}^{0}$ mm	17	
	$40_{-0.10}^{0}$ mm	17	
	// 0.05 B	5	
	// 0.05 A	5	
	⊥ 0.05 A	5	
一般项目	$Ra \leqslant 3.2$ μm（两处）	3/处	每处超差扣 3 分
	$Ra \leqslant 6.3$ μm（四处）	2/处	每处超差扣 2 分

考核项目	考核内容及要求	配分	评分标准
工具、设备的使用、保养与维护	正确、规范地使用工具、量具、刃具；合理保养、维护工具、量具、刃具	5	不符合要求酌情扣分
	正确、规范地使用设备，合理保养、维护设备	5	不符合要求酌情扣分
安全文明生产	操作姿势正确，动作规范	5	不符合要求酌情扣分
	符合铣工安全操作规程	5	不符合要求酌情扣分
工时定额	120 min		超时酌情倒扣分

课题三　铣台阶

课题名称	铣　台　阶
操作技能要求	能正确铣含有台阶的工件（以定位键为例）。
设备、工具、量具、刃具及材料	X6132 型铣床、铣刀、0～150 mm/0.02 mm 的游标卡尺、25～50 mm/0.01 mm 的千分尺、直角尺、工件毛坯等
课题图	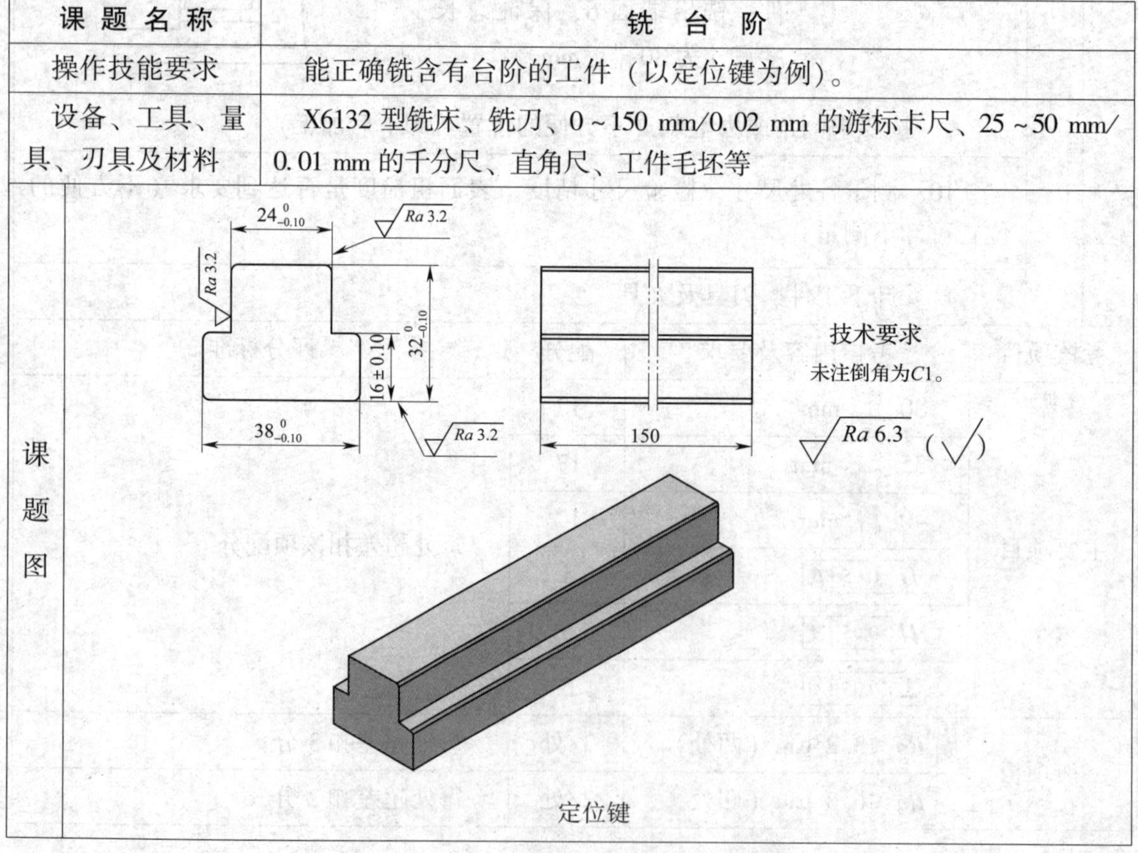 定位键

	操作要点
工艺分析	该定位键含有台阶，主要由平面组成。这些平面具有较高的平面度精度和较小的表面粗糙度值，对于与其他零件相配合的台阶的两侧平面，除了应达到更高的平面度精度和更小的表面粗糙度值（$Ra \leqslant 3.2\ \mu m$）要求外，宽、高方向还须有较高的尺寸精度（如课题图中标注）、较高的位置精度（如平行度、垂直度、对称度和倾斜度等）。

加工方法

如图 2－10 所示的定位键为常见的带台阶的零件。

台阶是由两个互相垂直的平面构成的，铣台阶时，用同一把铣刀不同部位的切削刃同时进行铣削。零件上的台阶通常可在立式铣床上用端铣刀或立铣刀进行加工。由于铣削时采用同一定位基准，因此，可满足台阶较高的尺寸精度、形状精度和位置精度要求。常用的铣台阶的方法如下：

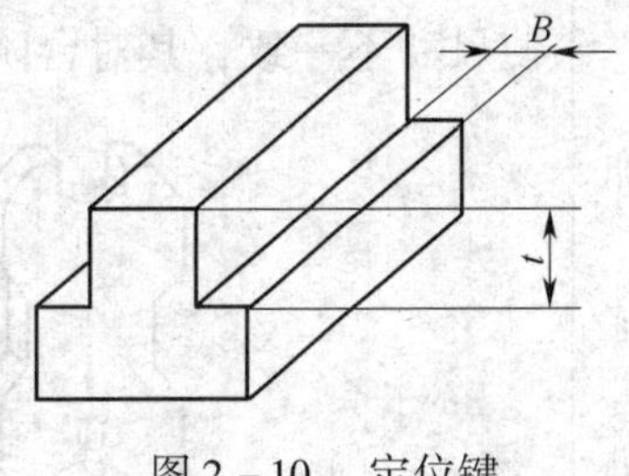

图 2－10　定位键

1. 用端铣刀铣台阶

宽度较宽而深度较浅的台阶常使用端铣刀在立式铣床上加工，如图 2－11 所示。端铣刀刀杆刚度高，铣削时切削厚度变化小，切削平稳，加工表面质量好，生产效率高。铣台阶所用端铣刀的直径应大于台阶的宽度，一般可按 $D=(1.4\sim1.6)B$ 选取。

2. 用立铣刀铣台阶

对于深度较深的台阶或多级台阶，可用立铣刀在立式铣床上加工，尤其适合于铣内台阶，如图 2－12 所示。铣削时，立铣刀的圆周刃起主要切削作用，端面刃起修光作用。由于立铣刀刚度低，悬伸长，受径向抗力容易偏让，造成铣刀折断并影响加工质量，因此应选用较小的铣削用量。一般可分数次粗铣出台阶宽度，最后将台阶的宽度和深度精铣至要求。在条件允许的情形下，应选用直径较大的立铣刀铣台阶，以提高铣削效率。

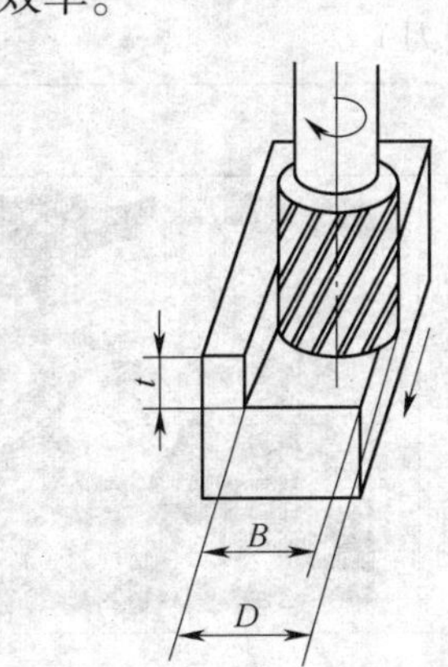

图 2－11　用端铣刀铣台阶

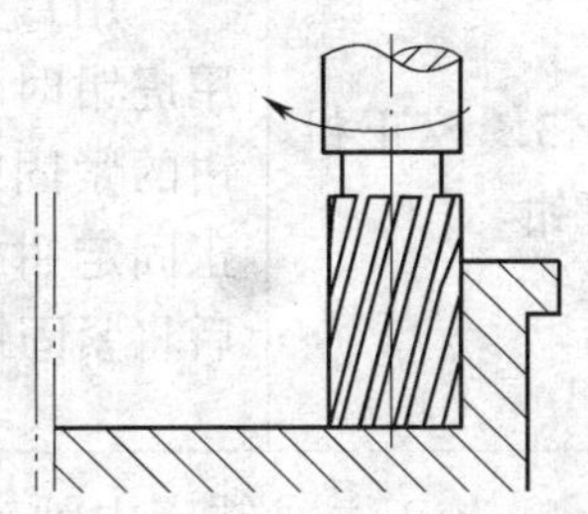
图 2－12　用立铣刀铣台阶

<table>
<tr><td>加工方法</td><td colspan="3">

3. 台阶的检测

台阶的检测较为简单，台阶的宽度和深度可用游标卡尺、深度游标卡尺检测。对于双面台阶的凸台宽度，当台阶深度较深时，可用千分尺检测，台阶深度较浅不便使用千分尺检测时，可用极限量规检测。如图 2－13 所示为用极限量规检测台阶凸台的宽度。

4. 质量分析

（1）影响台阶尺寸的因素。手动移动工作台调整尺寸不准；测量不准；铣削时，铣刀受力不均匀出现“让刀”现象；铣刀端面圆跳动误差（俗称摆差或偏摆）大；工作台“零位”不准，用三面刃铣刀铣台阶时，会使台阶产生上窄下宽的现象，致使尺寸不一致，其对台阶质量的影响如图 2－14 所示。

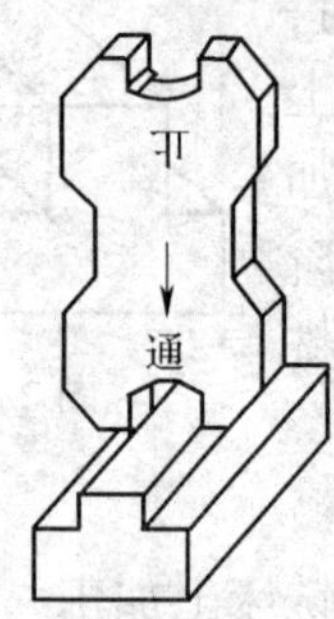

图 2－13　用极限量规检测台阶凸台的宽度

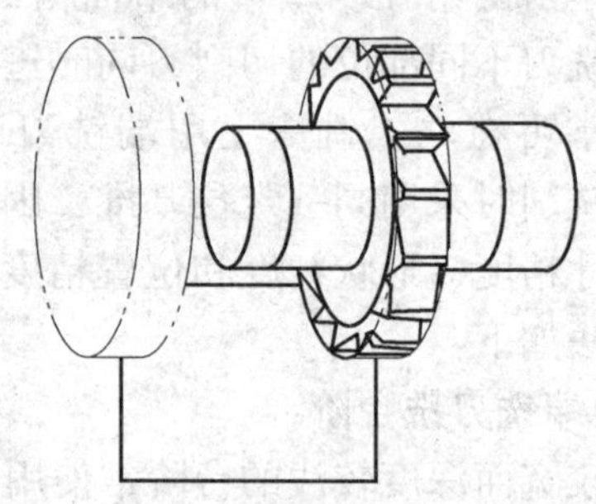

图 2－14　工作台“零位”不准对台阶质量的影响

（2）影响台阶形状、位置精度的因素。机用虎钳固定钳口未校正，或用压板装夹时工件位置未校正，铣出的台阶产生歪斜；工作台“零位”不准，用三面刃铣刀铣台阶时，不仅台阶上窄下宽，而且台阶侧面被铣成凹面；立铣头“零位”不准，用立铣刀采用纵向进给铣台阶时，台阶底面产生凹面。

（3）影响台阶表面质量的因素。铣刀因磨损而变钝；铣刀摆差大；铣削用量选择不当，尤其是进给量过大；铣钢件时没有使用切削液或切削液使用不当；铣削时振动大，未使用的进给机构没有紧固，工作台产生窜动现象。

</td></tr>
<tr><td rowspan="4">加工步骤</td><td rowspan="4">准备过程</td><td colspan="2">1. 选择并安装铣刀（选择 ϕ63 mm 的端铣刀）</td></tr>
<tr><td colspan="2">2. 安装机用虎钳</td></tr>
<tr><td>3. 校正机用虎钳</td><td>用百分表校正。校正机用虎钳时，应先松开机用虎钳的紧固螺母，用百分表校正固定钳口与进给方向平行后将紧固螺母旋紧</td><td></td></tr>
<tr><td colspan="3">4. 校正立式铣床主轴轴线与工作台纵向进给方向的垂直度（立铣头“零位”）</td></tr>
</table>

<table>
<tr><td rowspan="8">加工步骤</td><td rowspan="2">准备过程</td><td colspan="3">5. 用前面学的铣平面的方法铣长方体 150 mm × $38_{-0.10}^{0}$ mm × $32_{-0.10}^{0}$ mm 至尺寸要求</td></tr>
<tr><td colspan="3">6. 按要求倒角或去毛刺</td></tr>
<tr><td rowspan="6">工件加工过程</td><td colspan="3">1. 用机用虎钳装夹工件</td></tr>
<tr><td colspan="3">2. 选择并安装铣刀（选择 ϕ16 mm 的立铣刀）</td></tr>
<tr><td>3. 确定切削用量</td><td colspan="2">转速：粗加工 n = 300 r/min，精加工 n = 600 r/min
进给量：粗加工 f = 47.5 mm/min，精加工 f = 23.5 mm/min
背吃刀量：粗加工 a_p = 2.5 ~ 4 mm，精加工 a_p = 0.1 ~ 0.5 mm</td></tr>
<tr><td rowspan="3">4. 铣一侧台阶</td><td>（1）手摇铣床各操纵手柄，使回转中的铣刀侧面切削刃轻擦工件台阶处侧面（如需要可在工件上贴纸，然后在移动距离时加上贴纸的厚度，这样可以避免损伤已加工表面，这种对刀方法俗称贴纸法）</td><td> 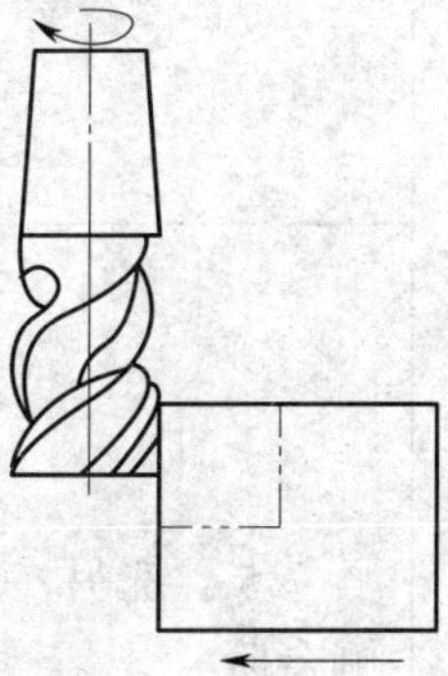</td></tr>
<tr><td>（2）垂直降落工作台</td><td> 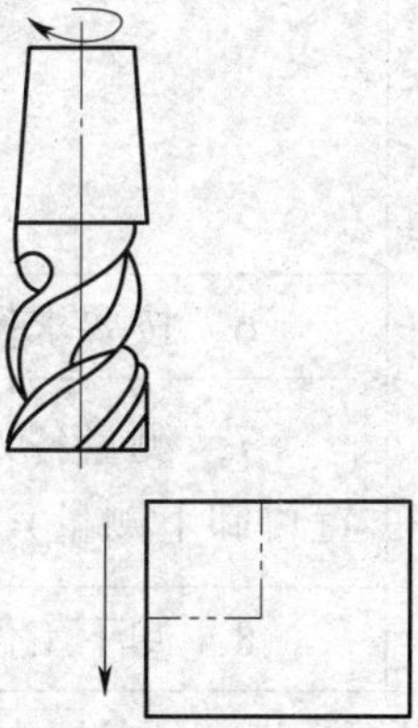</td></tr>
<tr><td>（3）横向移动工作台一个台阶宽度的距离（7 mm），并紧固横向溜板，上升工作台，使铣刀的端面切削刃轻擦工件上表面（如需要也可采用贴纸法）</td><td> 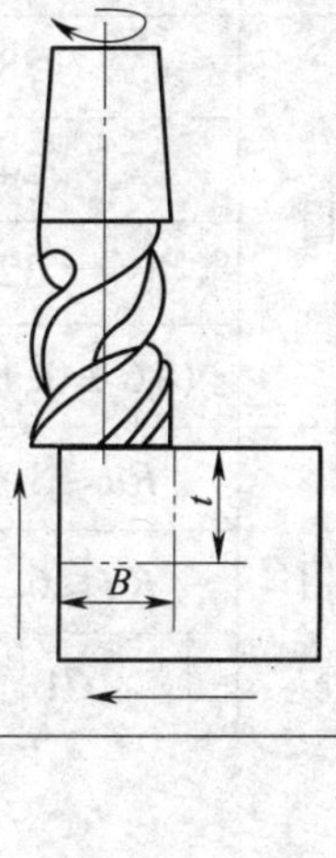</td></tr>
</table>

<table>
<tr><td rowspan="5">加工步骤</td><td rowspan="5">工件加工过程</td><td>4. 铣一侧台阶</td><td>(4) 手摇工作台纵向进给手柄，退出工件，上升工作台一个台阶深度 t（分层上升，每次上升一个 a_p），摇动纵向进给手柄使工件接近铣刀，手动或机动进给铣出台阶。注意在铣台阶深度的同时及时测量台阶宽度是否正确，并根据尺寸进行调整。侧面可留下精加工余量（0.1～0.5 mm），深度达到后再精加工台阶宽度</td><td> 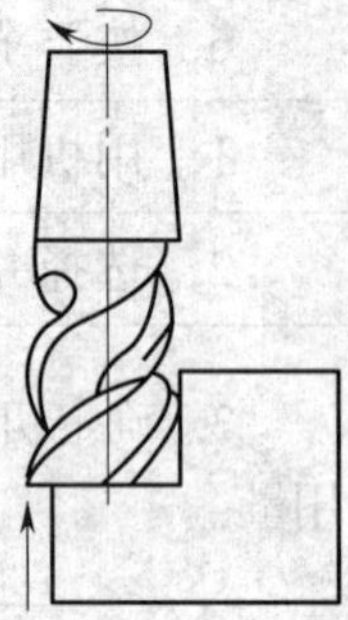</td></tr>
<tr><td>5. 铣另一侧台阶</td><td>一边台阶铣好后，移动距离 A，继续按照上一步控制台阶宽度与深度的方法铣另一侧台阶，控制中间凸台尺寸 C（$24_{-0.10}^{\ 0}$ mm）</td><td> 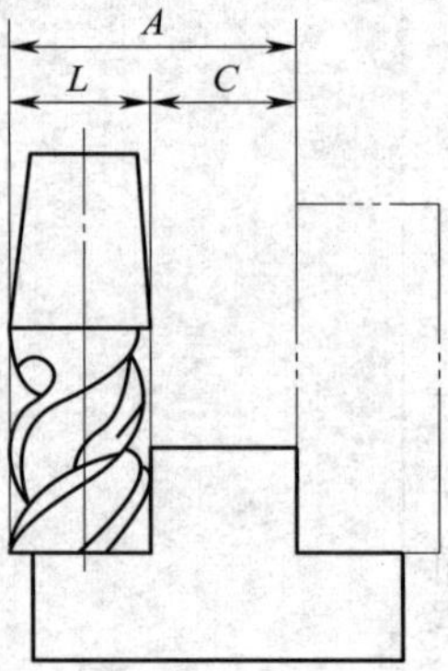A
L C</td></tr>
<tr><td colspan="3">6. 按要求倒角或去毛刺（不方便的位置可卸下后加工）</td></tr>
<tr><td colspan="3">7. 测量各处尺寸，检验尺寸精度、表面粗糙度是否达到要求（不方便的位置可卸下测量）</td></tr>
<tr><td colspan="3">8. 卸下工件、刀具及夹具</td></tr>
</table>

<table>
<tr><th>考核项目</th><th>考核内容及要求</th><th>配分</th><th>评分标准</th></tr>
<tr><td rowspan="4">主要项目</td><td>$38_{-0.10}^{\ 0}$ mm</td><td>12</td><td rowspan="4">每处超差扣该项配分</td></tr>
<tr><td>$24_{-0.10}^{\ 0}$ mm</td><td>12</td></tr>
<tr><td>$32_{-0.10}^{\ 0}$ mm</td><td>12</td></tr>
<tr><td>(16 ±0.10) mm（两处）</td><td>12/处</td></tr>
<tr><td rowspan="3">一般项目</td><td>Ra≤3.2 μm（三处）</td><td>3/处</td><td>每处超差扣 3 分</td></tr>
<tr><td>Ra≤6.3 μm（五处）</td><td>1/处</td><td>每处超差扣 1 分</td></tr>
<tr><td>$C1$ mm（六处）</td><td>1/处</td><td>每处超差扣 1 分</td></tr>
</table>

考核项目	考核内容及要求	配分	评分标准
工具、设备的使用、保养与维护	正确、规范地使用工具、量具、刃具；合理保养、维护工具、量具、刃具	5	不符合要求酌情扣分
	正确、规范地使用设备，合理保养、维护设备	5	不符合要求酌情扣分
安全文明生产	操作姿势正确，动作规范	5	不符合要求酌情扣分
	符合铣工安全操作规程	5	不符合要求酌情扣分
工时定额	120 min		超时酌情倒扣分

课题四 铣直角沟槽

课题名称	铣直角沟槽
操作技能要求	能正确铣削直角沟槽。
工具、量具、刃具及材料	X6132 型铣床、铣刀、0 ~ 150 mm/0.02 mm 的游标卡尺、25 ~ 50 mm/0.01 mm 的千分尺、直角尺、工件毛坯等
课题图	$20^{+0.10}_{0}$　Ra 6.3　$20^{+0.10}_{0}$　Ra 6.3　60 ± 0.05　30 ± 0.05　$10^{+0.20}_{0}$　60 ± 0.05　60　Ra 6.3　$12^{+0.20}_{0}$　$24^{+0.10}_{0}$　120　30

<table>
<tr><td>课题图</td><td colspan="4"> 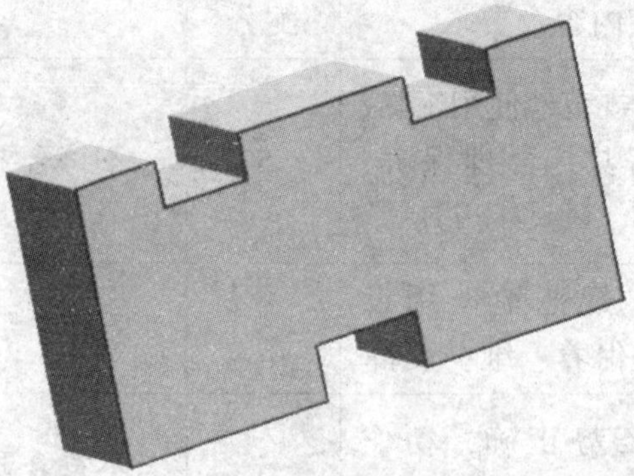带直角槽的方铁</td></tr>
<tr><td colspan="5">操作要点</td></tr>
<tr><td rowspan="9">加工步骤</td><td rowspan="5">准备过程</td><td colspan="3">1. 选择并安装铣刀（选择 ϕ63 mm 的端铣刀）</td></tr>
<tr><td colspan="3">2. 安装并校正机用虎钳</td></tr>
<tr><td colspan="3">3. 校正立式铣床主轴轴线与工作台纵向进给方向的垂直度（立铣头“零位”）</td></tr>
<tr><td colspan="3">4. 用前面学的铣平面的方法铣长方体 120 mm × 30 mm × 60 mm 至尺寸要求</td></tr>
<tr><td colspan="3">5. 按要求倒角或去毛刺</td></tr>
<tr><td rowspan="4">工件加工过程</td><td colspan="3">1. 用机用虎钳装夹工件</td></tr>
<tr><td colspan="3">2. 选择并安装铣刀（选择 ϕ16 mm 的立铣刀）</td></tr>
<tr><td>3. 确定切削用量</td><td colspan="2">转速：粗加工 $n = 300$ r/min，精加工 $n = 600$ r/min
进给量：粗加工 $f = 47.5$ mm/min，精加工 $f = 23.5$ mm/min
背吃刀量：粗加工 $a_p = 2.5 \sim 4$ mm，精加工 $a_p = 0.1 \sim 0.5$ mm</td></tr>
<tr><td>4. 用侧面对刀法铣沟槽</td><td>对于直角通槽平行于侧面的工件，使回转中立铣刀的圆周刃轻擦工件侧面的贴纸（贴纸法）。垂直降落工作台，再横向移动工作台，移动距离 A 等于铣刀宽度 L 加上工件侧面到槽侧面距离 C（$A = L + C$），将横向溜板紧固后，调整好铣削深度 a_e（即槽深 12 mm），铣出直角通槽的一个侧面。侧面可留下精加工余量（0.1 ~ 0.5 mm），深度达到后再精加工槽的侧边至尺寸 C（48 mm）要求</td><td> 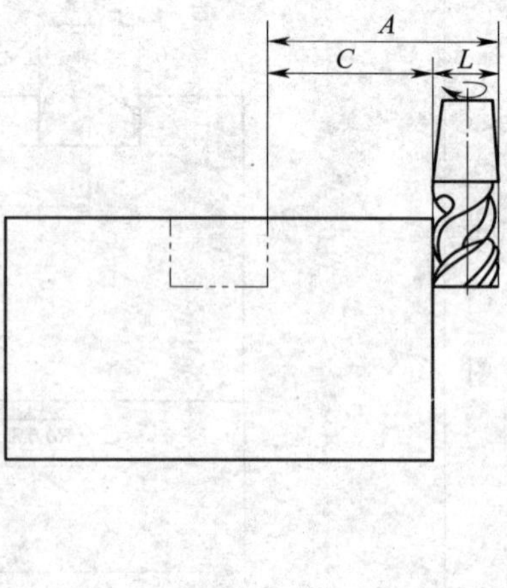</td></tr>
</table>

<table>
<tr><td rowspan="8">加工步骤</td><td rowspan="8">工件加工过程</td><td>5. 铣槽的另一侧</td><td>一边侧面铣好后，深度不变，移动一个槽宽减刀宽的距离，继续铣槽的另一侧，控制槽宽尺寸（$24^{+0.10}_{0}$ mm）</td><td> 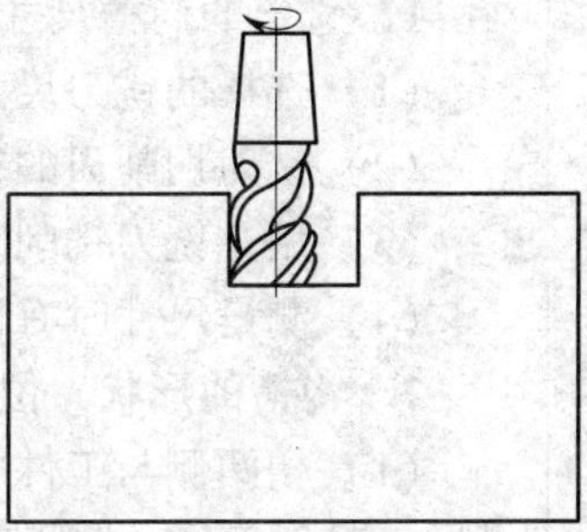</td></tr>
<tr><td colspan="3">6. 按要求倒角或去毛刺（不方便的位置可卸下后加工）</td></tr>
<tr><td colspan="3">7. 测量各处尺寸，检验尺寸精度、表面粗糙度是否达到要求（不方便的位置可卸下测量）</td></tr>
<tr><td rowspan="2">8. 铣其他两个沟槽</td><td rowspan="2">将工件垂直翻转 180°装夹，按照第一个沟槽的铣削方法，逐步铣另外两个沟槽。注意：一定是铣好一个沟槽后才能铣下一个沟槽，不能两个沟槽同时铣削</td><td> 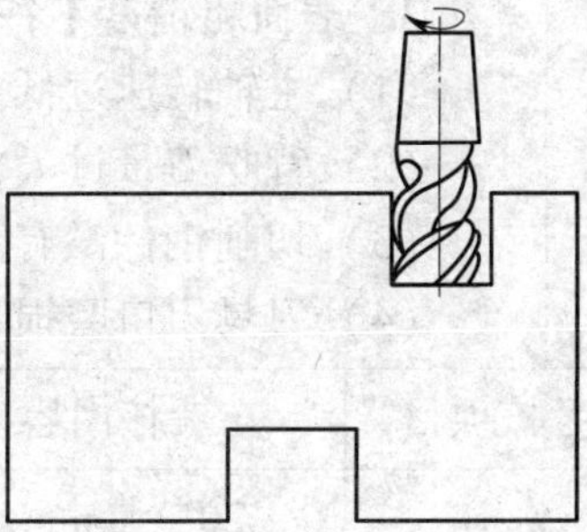</td></tr>
<tr><td> 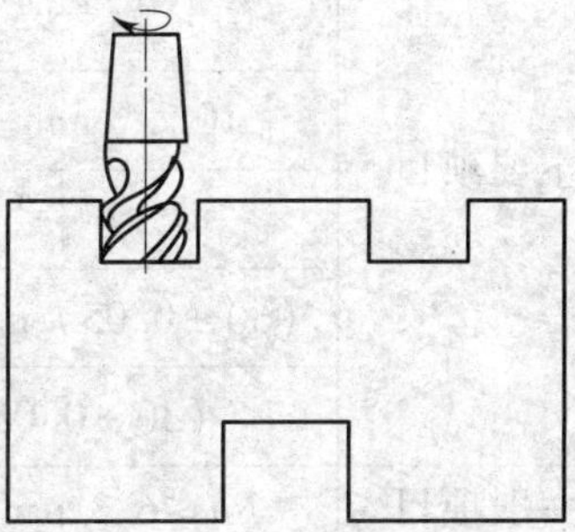</td></tr>
<tr><td colspan="3">9. 按要求倒角或去毛刺（不方便的位置可卸下后加工）</td></tr>
<tr><td colspan="3">10. 测量各处尺寸，检验尺寸精度、表面粗糙度是否达到要求（不方便的位置可卸下测量）</td></tr>
<tr><td colspan="3">11. 卸下工件、刀具及夹具</td></tr>
<tr><td>注意事项</td><td colspan="4">1. 使用直柄立铣刀加工工件时，铣刀应装夹牢固，以免铣削中松动。
2. 使用直径较小的立铣刀加工工件时，工作台进给不能过大，以免产生严重的“让刀”现象而造成废品。
3. 清除切屑时应用小毛刷。</td></tr>
</table>

质量分析

1. 铣出的沟槽尺寸不符合图样要求的原因

（1）选择的铣刀尺寸不正确，造成槽的尺寸误差。

（2）铣刀切削刃的径向圆跳动和端面圆跳动误差过大，使槽尺寸铣大。

（3）用立铣刀铣削时产生“让刀”现象，或来回数次进给铣削工件，将槽铣宽。

（4）测量尺寸时有误，或摇错刻度盘数值，使槽宽尺寸铣大。

2. 沟槽的形状、位置精度不符合图样要求的原因

（1）槽两侧与工件中心不对称。原因是对刀时对偏；扩铣两侧时将槽铣偏；测量尺寸时不正确，按测量的数值铣削，将槽铣偏。

（2）槽侧面与工件侧面不平行，槽底面与工件底面不平行。原因是机用虎钳的固定钳口没有校正好；选择的垫铁不平行；装夹工件时没有校正好。

（3）槽的两侧出现凹面。原因是工作台“零位”不准，用三面刃铣刀铣削时，沟槽两侧出现凹面，两侧不平行。

3. 表面粗糙度不符合图样要求的原因

（1）主轴转速过低或进给量过大。

（2）背吃刀量过大，铣刀切削时不平稳。

（3）切削钢件没有加注切削液。

（4）刀具刃口磨损、变钝。

考核项目	考核内容及要求	配分	评分标准
主要项目	$20^{+0.10}_{0}$ mm（两处）	10/处	每处超差扣该项配分
	$24^{+0.10}_{0}$ mm	10	
	$10^{+0.20}_{0}$ mm（两处）	6/处	
	$12^{+0.20}_{0}$ mm	6	
	（60 ± 0.05）mm（两处）	8/处	
	（30 ± 0.05）mm	7	
一般项目	$Ra \leqslant 6.3$ μm（九处）	1/处	每处超差扣 1 分
工具、设备的使用、保养与维护	正确、规范地使用工具、量具、刃具；合理保养、维护工具、量具、刃具	5	不符合要求酌情扣分
	正确、规范地使用设备，合理保养、维护设备	5	不符合要求酌情扣分
安全文明生产	操作姿势正确，动作规范	5	不符合要求酌情扣分
	符合铣工安全操作规程	5	不符合要求酌情扣分
工时定额	120 min		超时酌情倒扣分

课题五 孔加工

课题名称	孔　加　工
操作技能要求	能在铣床上进行孔加工。
工具、量具、刃具及材料	X6132 或 X5032 型铣床、铣刀、钻头、铰刀、镗孔刀、0～150 mm/0. 02 mm 的游标卡尺、25～50 mm/0. 01 mm 的千分尺、直角尺、工件毛坯等
课题图	技术要求 1. 全部锐边倒角为C0.2。 2. 未注尺寸公差按GB/T 1804—m。 孔板

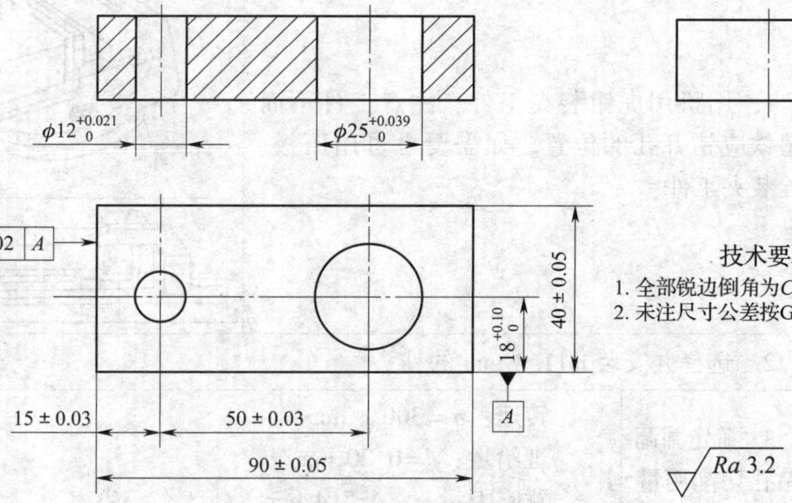

<table>
<tr><th colspan="5">操 作 要 点</th></tr>
<tr><td>工艺分析</td><td colspan="4">该孔板形状为长方体，主要由平面组成。这些平面具有较高的位置精度和较小的表面粗糙度值，较难加工的是零件上的孔结构，除了应达到更高的尺寸精度要求外，长、高方向还须有较高的位置精度（如课题图中标注）</td></tr>
<tr><td rowspan="11">加工步骤</td><td rowspan="5">准备过程</td><td colspan="3">1. 选择并安装铣刀（选择 ϕ63 mm 的端铣刀）</td></tr>
<tr><td colspan="3">2. 安装并校正机用虎钳</td></tr>
<tr><td colspan="3">3. 校正立式铣床主轴轴线与工作台纵向进给方向的垂直度（立铣头“零位”）</td></tr>
<tr><td colspan="3">4. 用前面学的铣平面的方法铣长方体（90 ± 0.05）mm ×（40 ± 0.05）mm ×（20 ± 0.05）mm 至尺寸要求</td></tr>
<tr><td colspan="3">5. 按要求倒角或去毛刺</td></tr>
<tr><td rowspan="6">工件加工过程</td><td colspan="2" rowspan="2">1. 用机用虎钳装夹工件。注意工件下面的垫铁应错开孔的位置。如需要也可用压板、螺栓装夹工件</td><td>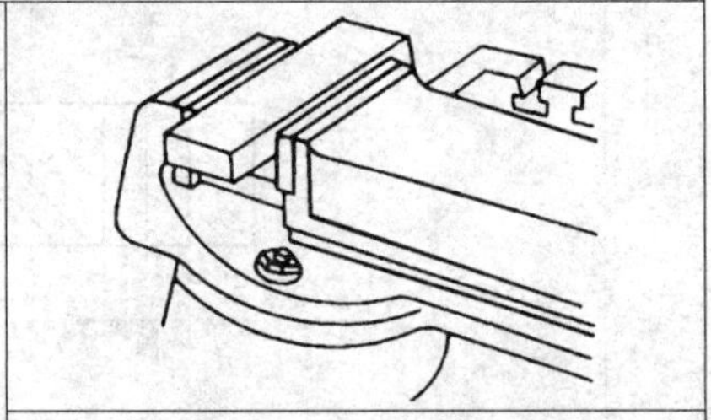</td></tr>
<tr><td>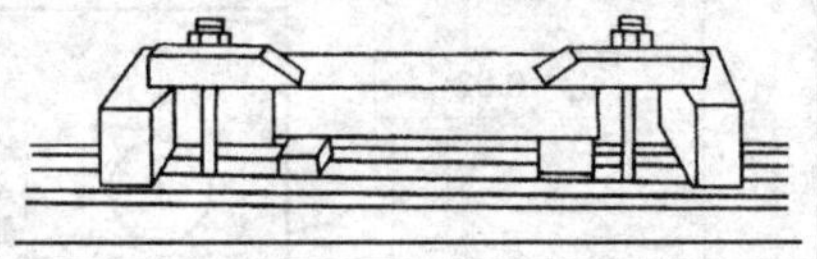</td></tr>
<tr><td colspan="3">2. 选择并安装 ϕ11.8 mm 的钻头</td></tr>
<tr><td>3. 确定并调整钻孔切削用量</td><td colspan="2">转速：$n = 300$ r/min
进给量：$f = 0.20$ mm/r
背吃刀量：$a_p = 5.4$ mm</td></tr>
<tr><td>4. 对刀找中心</td><td>当孔对基准的孔距尺寸精度要求较高时，用划线法钻孔不易控制，此时可利用铣床的纵向、横向手轮刻度，采用靠刀法对刀。将标准圆棒或中心钻装夹在钻夹头中，使标准圆棒外圆与工件一基准刚好靠到后，摇进距离 S_1（11.8/2 + 18 = 23.9 mm），再靠另一基准后摇进距离 S（11.8/2 + 15 = 20.9 mm），即已对好第一个孔的中心位置</td><td>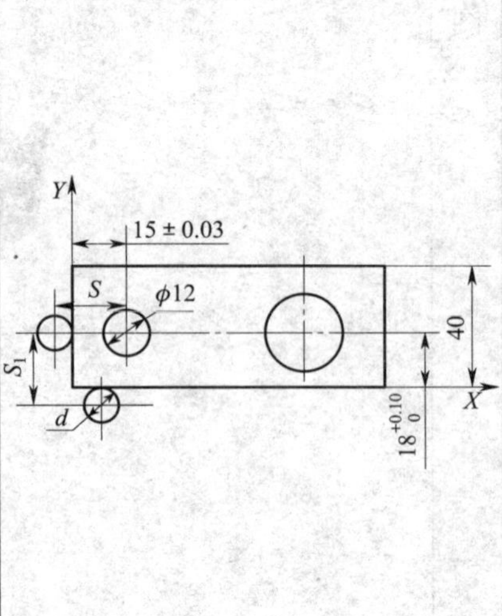
</td></tr>
</table>

<table>
<tr><td rowspan="5">加工步骤</td><td rowspan="5">工件加工过程</td><td rowspan="2">5. 钻孔</td><td>如直接用麻花钻钻孔，会因钻头横刃较长或顶角对称性不好而定心不准，将孔钻偏，使孔距公差难以保证。为了保证孔距公差，可先用中心钻钻出锥坑，经检查定位正确后，再用麻花钻钻孔就不会产生偏移。中心钻的切削速度不宜太低，否则容易损坏。例如，直径为 3.15 mm 的中心钻，主轴转速可调到 950 r/min 左右</td><td></td></tr>
<tr><td>用钻头为 ϕ11.8 mm 的麻花钻钻孔</td><td></td></tr>
<tr><td colspan="3">6. 拆卸钻头并安装 ϕ12 mm 的铰刀</td></tr>
<tr><td>7. 确定并调整铰孔切削用量</td><td>转速：$n=23.5$ r/min
进给量：$f=0.10$ mm/r
背吃刀量：$a_p=0.1$ mm</td><td></td></tr>
<tr><td>8. 铰孔</td><td>（1）在铣床上装夹铰刀时，有浮动连接和固定连接两种方法，本次用固定连接法，与钻头、铣刀的装夹方法一样，直接装夹铰刀
（2）退出工件时不能停车，要等铰刀退离出工件后再停车
（3）铰刀是精加工刀具，用完后要擦净、注油，放置时要防止碰坏切削刃</td><td> 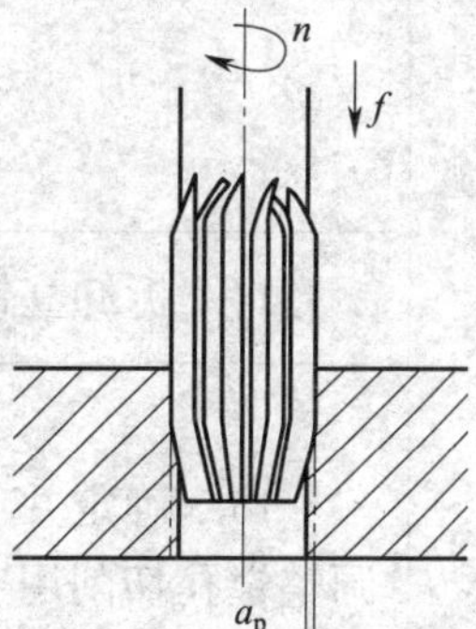n
f
a_p</td></tr>
</table>

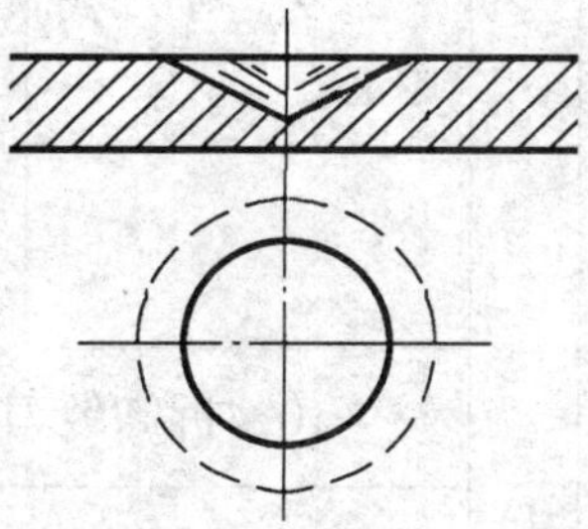

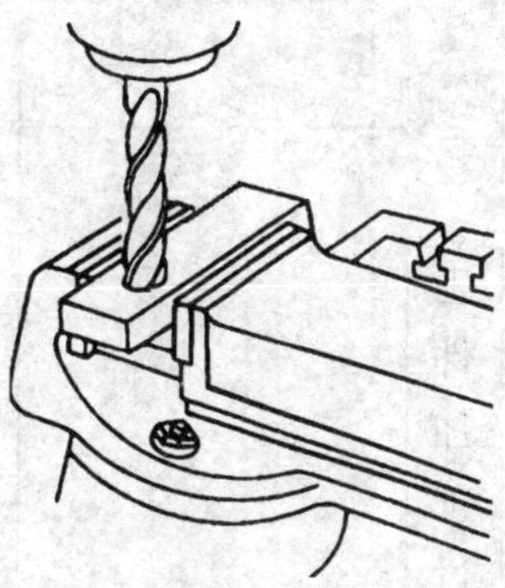

加工步骤	工件加工过程	9. 对刀找中心	横向（Y）不动，纵向（X）移动一个孔距 50 mm	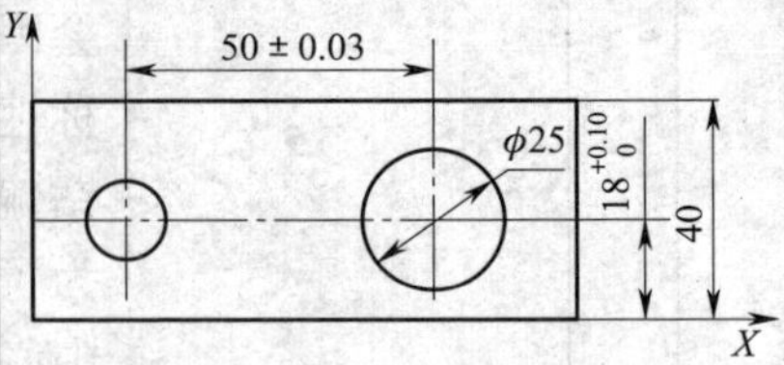
		10. 拆卸铰刀并安装 ϕ11. 8 mm 的钻头，钻孔		
		11. 拆卸钻头并安装 ϕ20 mm 的立铣刀		
		12. 确定并调整扩孔切削用量	转速：n = 23. 5 r/min 进给量：f = 0. 10 mm/r 背吃刀量：a_p = 4. 1 mm	
		13. 扩孔	用 ϕ20 mm 的立铣刀扩孔。由于用立铣刀扩孔，径向没有定位且扩孔余量较小，因此，进给量不能过大，防止刀具被拉入工件而产生“扎刀”现象	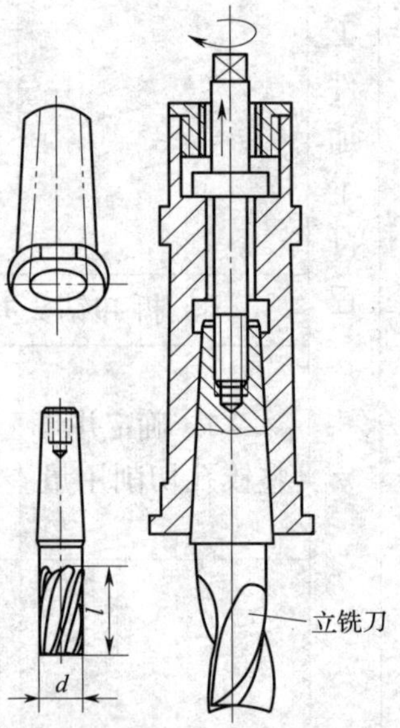
		14. 拆卸立铣刀并安装镗孔刀		
		15. 确定并调整镗孔切削用量	转速：粗加工 n = 300 r/min，精加工 n = 600 r/min 进给量：粗加工 f = 30 mm/min，精加工 f = 23. 5 mm/min 背吃刀量：粗加工 a_p = 1. 5 ~ 2 mm，精加工 a_p = 0. 1 ~ 0. 5 mm	

<table>
<tr><td rowspan="5">加工步骤</td><td rowspan="5">工件加工过程</td><td>16. 孔径控制方法</td><td>用简易式镗刀杆镗孔时，孔径尺寸一般都用敲刀法来控制。敲出的量大多凭手感经验判断；也可借助游标卡尺（本课题粗加工时采用）、百分表（本课题精加工时采用）来控制敲出量
用敲刀法调整时，需经几次试镗才能获得准确的尺寸。试镗时，一般只在孔口镗深 1 mm 左右，经测量尺寸符合要求后再正式镗孔</td><td>用游标卡尺测量敲出量
用百分表测量敲出量</td></tr>
<tr><td>17. 镗孔</td><td>在镗刀与工件相对位置调整好后，应把铣床的纵向与横向运动锁紧，然后开始镗孔。镗孔分粗镗与精镗，粗镗时，单边留 0.1 ~ 0.5 mm 的精镗余量，粗镗结束后，换上调整好的精镗刀杆，精镗至尺寸要求
精镗后退刀时，应使镗刀刀尖指向操作者，即与床身相反，这样在退刀时，可利用工作台下降时的外倾，不至于在孔壁上拉出刀痕，以免影响孔的表面质量</td><td></td></tr>
<tr><td colspan="3">18. 按要求倒角或去毛刺（不方便的位置可卸下后加工）</td></tr>
<tr><td colspan="3">19. 测量各处尺寸，检验尺寸精度、表面粗糙度是否达到要求（不方便的位置可卸下测量）</td></tr>
<tr><td colspan="3">20. 卸下工件、刀具及夹具</td></tr>
</table>

考核项目	考核内容及要求	配分	评分标准
主要项目	$\phi 12^{+0.021}_{0}$ mm	10	每处超差扣该项配分
	$\phi 25^{+0.039}_{0}$ mm	10	
	(15 ±0.03) mm	10	
	(50 ±0.03) mm	10	
一般项目	$18^{+0.10}_{0}$ mm	10	
	⊥ 0.02 A	10	
	(20 ±0.05) mm	4	
	(40 ±0.05) mm	4	
	(90 ±0.05) mm	4	
	Ra≤3.2 μm（八处）	1/处	每处超差扣1分
工具、设备的使用、保养与维护	正确、规范地使用工具、量具、刃具；合理保养、维护工具、量具、刃具	5	不符合要求酌情扣分
	正确、规范地使用设备，合理保养、维护设备	5	不符合要求酌情扣分
安全文明生产	操作姿势正确，动作规范	5	不符合要求酌情扣分
	符合铣工安全操作规程	5	不符合要求酌情扣分
工时定额	120 min		超时酌情倒扣分

课题六　综合练习

课 题 名 称	综 合 练 习
操作技能要求	1. 能正确操作常用铣床。 2. 能熟练使用正确的装夹方式装夹工件。 3. 能正确选择铣刀及铣削用量。 4. 能正确铣平面、平行面、垂直面、台阶及直角沟槽。 5. 能正确测量零件并进行质量分析。

工具、量具、刃具及材料	X6132 型铣床、铣刀、0 ~ 300 mm/0.02 mm 的游标卡尺、直角尺、工件毛坯等
课题图	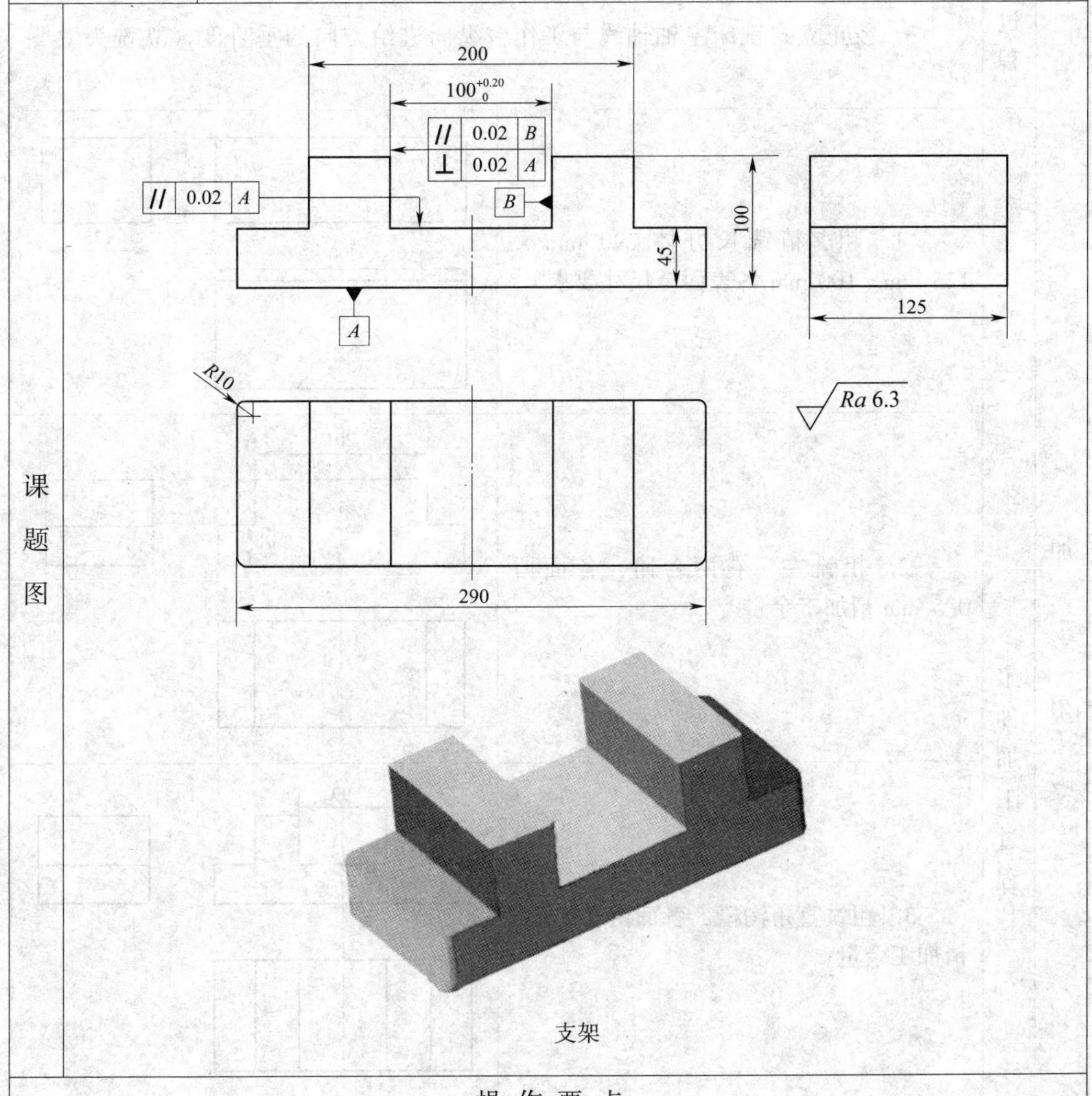 支架
操作要点	
工艺分析	该支架由多个平面、台阶面、直角沟槽组成。底面要平整而光洁，表面质量有较高的要求，表面粗糙度 $Ra \leqslant 6.3$ μm，底面也是直角沟槽（简称凹槽）两侧面需与之垂直的基准。中部 100 mm 长的凹槽面有尺寸精度要求，凹槽两侧有平行度要求，表面质量也有较高的要求，表面粗糙度 $Ra \leqslant 6.3$ μm，凹槽两面与底面有垂直度要求。 要完成该课题零件的加工有一定的难度，要熟悉平面、台阶面、直角沟槽的加工和检测方法，还要会合理选用刀具及工具、量具和夹具等，并能正确使用，最后还需有一定的铣削操作技能。

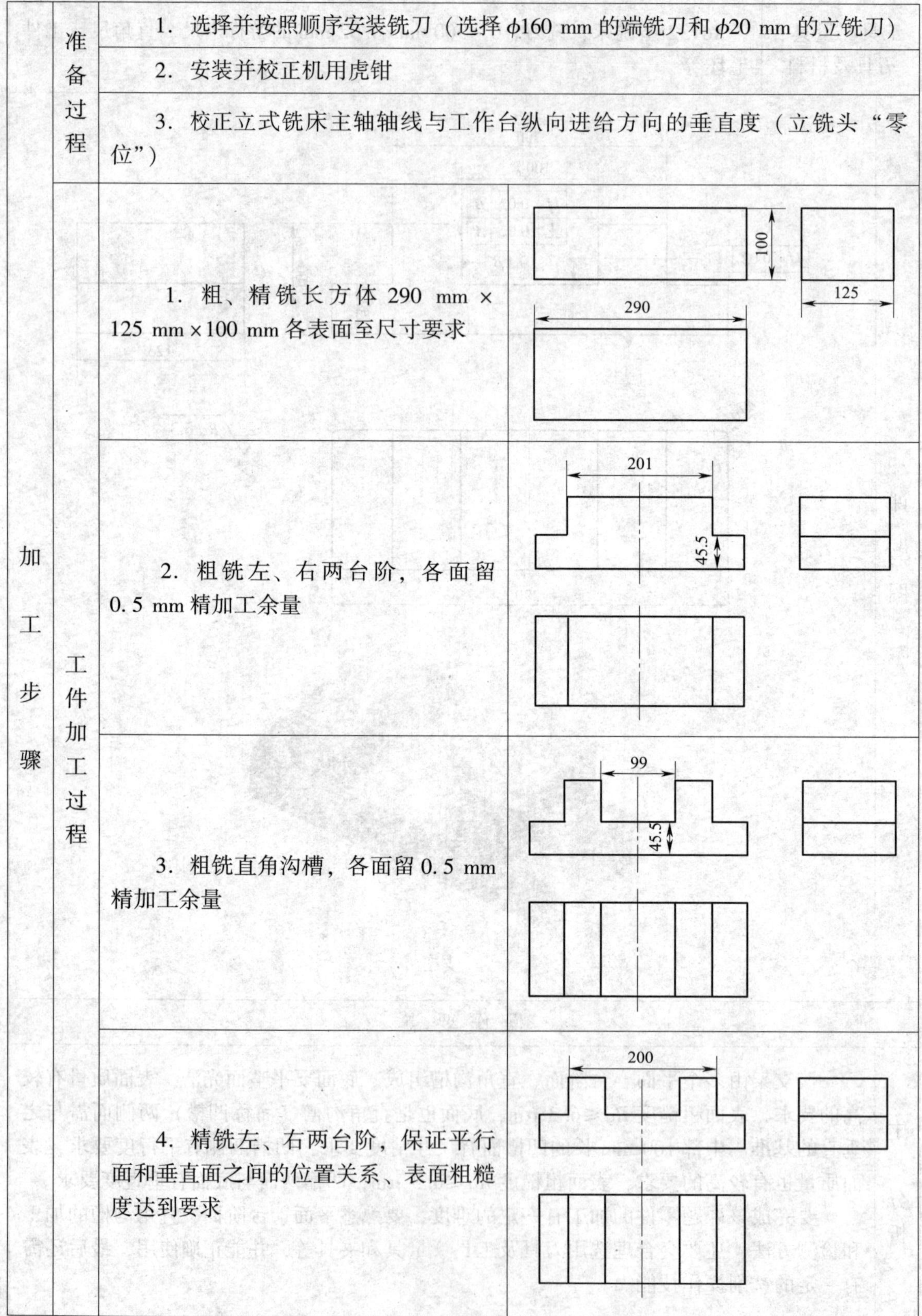

加工步骤	准备过程	1. 选择并按照顺序安装铣刀（选择 ϕ160 mm 的端铣刀和 ϕ20 mm 的立铣刀）	
		2. 安装并校正机用虎钳	
		3. 校正立式铣床主轴轴线与工作台纵向进给方向的垂直度（立铣头“零位”）	
	工件加工过程	1. 粗、精铣长方体 290 mm × 125 mm × 100 mm 各表面至尺寸要求	
		2. 粗铣左、右两台阶，各面留 0.5 mm 精加工余量	
		3. 粗铣直角沟槽，各面留 0.5 mm 精加工余量	
		4. 精铣左、右两台阶，保证平行面和垂直面之间的位置关系、表面粗糙度达到要求	

<table>
<tr><td rowspan="4">加工步骤</td><td rowspan="4">工件加工过程</td><td>5．精铣直角沟槽，保证尺寸精度、平行度、垂直度以及表面粗糙度达到规定要求</td><td>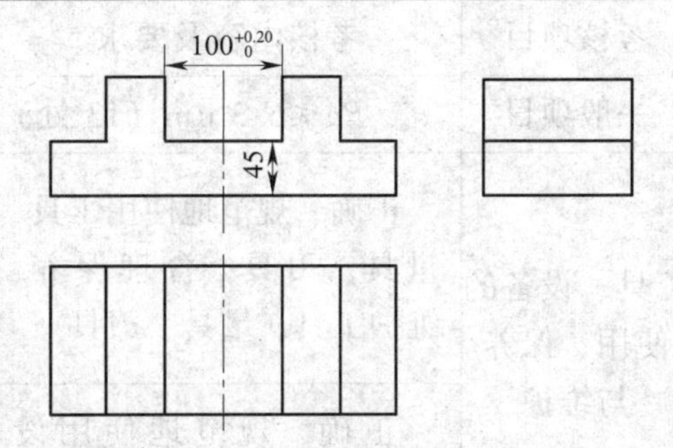
</td></tr>
<tr><td colspan="2">6．按要求倒角或去毛刺（不方便的位置可卸下后加工）</td></tr>
<tr><td colspan="2">7．测量各处尺寸，检验尺寸精度、表面粗糙度是否达到要求（不方便的位置可卸下测量）</td></tr>
<tr><td colspan="2">8．卸下工件、刀具及夹具</td></tr>
<tr><td>注意事项</td><td colspan="3">1．铣削工件时，铣刀应装夹牢固，以免铣削中松动。
2．安装夹具及装夹工件时应注意校正，定位面和接触面应洁净，夹紧力适当。
3．使用立铣刀加工工件时，工作台进给不能过大，以免因产生严重的“让刀”现象而造成废品。
4．铣削中应用小毛刷清除切屑。
5．操作时应注意观察，测量时应看清尺寸及相关要求，移动或转动刻度盘数值要准确。
6．铣槽时应准确对刀并对中，使两侧面与工件中心对称。
7．不同的加工方法或加工过程中，选择切削用量要恰当。
8．加工中注意使用切削液。</td></tr>
</table>

考核项目	考核内容及要求	配分	评分标准
主要项目	$100^{+0.20}_{0}$ mm	8	每处超差扣该项配分
	200 mm	6	
	290 mm	6	
	125 mm	6	
	45 mm	6	
	100 mm	6	
	R10 mm（4 处）	2/处	
	∥ 0.02 A	7	
	∥ 0.02 B	7	
	⊥ 0.02 A	7	

考核项目	考核内容及要求	配分	评分标准
一般项目	$Ra\leqslant 6.3\ \mu m$（13 处）	1/处	每处超差扣 1 分
工具、设备的使用、保养与维护	正确、规范地使用工具、量具、刃具；合理保养、维护工具、量具、刃具	5	不符合要求酌情扣分
	正确、规范地使用设备，合理保养、维护设备	5	不符合要求酌情扣分
安全文明生产	操作姿势正确，动作规范	5	不符合要求酌情扣分
	符合铣工安全操作规程	5	不符合要求酌情扣分
工时定额	120 min		超时酌情倒扣分

第三单元

刨　　削

课题一　刨床的基本操作、维护与保养

课 题 名 称	BY60100C 型刨床的基本操作
操作技能要求	1. 能叙述 BY60100C 型刨床的组成。 2. 能熟练操作 BY60100C 型刨床。 3. 能正确维护与保养 BY60100C 型刨床。
设备	BY60100C 型刨床
课题图	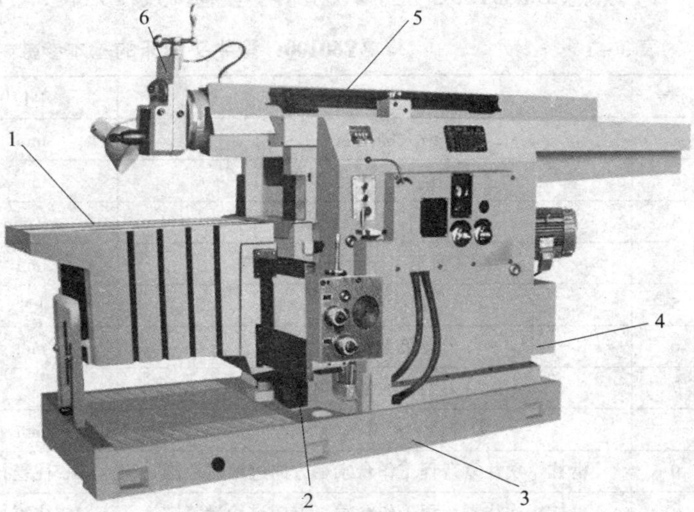 6　5　1　4　2　3 BY60100C 型牛头刨床外形 1—工作台　2—横梁　3—底座　4—床身　5—滑枕　6—刀架

操作要点

训练步骤

1. 认识机床

(1) 在教师指导下认识和熟悉 BY60100C 型牛头刨床的结构

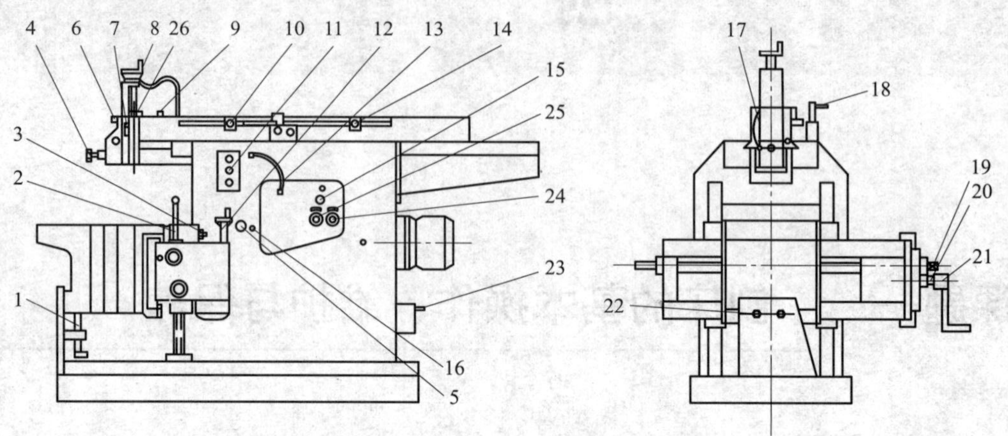

图 3－1　BY60100C 型牛头刨床的结构

1—工作台支架止推螺钉　2—工作台换向手柄　3—横梁夹紧螺母　4—刨刀夹紧螺钉　5—滑枕润滑油标　6—刀台盒夹紧螺母　7—刀架溜板夹紧手柄　8—刀架升降手柄　9—刀架回转夹紧螺钉　10—前挡铁夹紧螺钉　11—电动机开停按钮　12—工作台进给量调整手柄　13—开停手柄　14—后挡铁夹紧螺钉　15—压力表开关及离合开关（抬刀）　16—滑枕润滑调整阀　17—抬刀限位杆　18—滑枕换向手柄　19—工作台水平移动手操纵方头　20—工作台垂直移动手操纵方头　21—弹簧摇手　22—工作台支架锁紧螺母　23—机床电器总开关　24—无级调速手柄　25—变级阀手柄　26—刀架锁紧螺母

1）熟悉 BY60100C 型牛头刨床的基本参数，见表 3－1。

表 3－1　BY60100C 型牛头刨床的基本参数

序号	名称	单位	参数
1	最大刨削长度	mm	1 000
2	最小刨削长度（Ⅰ级慢速）	mm	150
3	滑枕工作速度（无级）	m/min	3～44
4	滑枕底面至工作台的最大距离	mm	400
5	最大切削力	kN	20
6	刀架最大工作行程	mm	160
7	刀架最大回转角度	°	±60°
8	刀杆最大尺寸（宽×高）	mm	30×45
9	滑枕每次往复行程工作台水平方向进给量范围	mm/往复行程	0.25～5
10	滑枕每次往复行程工作台垂直方向进给量范围	mm/往复行程	0.05～0.25
11	工作台横向快速移动速度	m/min	3
12	工作台垂直快速移动速度	m/min	0.15
13	工作台上工作台面尺寸（长×宽）	mm	1 000×500

续表

序号	名称	单位	参数
14	工作台上工作台面中央T形槽槽宽	mm	22
15	工作台最大载重量	kg	320
16	工作台最大横向行程	mm	800
17	工作台最大垂直行程	mm	320
18	刀架回转角度时最大刨削长度	mm	800
19	主电动机功率	kW	7.5
20	主电动机转速	r/min	970
21	工作台快速移动电动机功率	kW	0.75
22	工作台快速移动电动机转速	r/min	1 390
23	双联叶片泵（CSYB1－63/63）流量	L/min	63×63
24	机床外形尺寸（长×宽×高）	mm	3 615×1 574×1 827
25	机床质量	kg	约4 200

训练步骤

2）熟悉机床各操纵手柄的位置，如图3－1所示。

3）熟悉电源开关、“启动”和“停止”等按钮位置，如图3－1所示。

4）熟悉工作台各夹紧螺钉和调速手柄的位置，如图3－1所示。

5）熟悉机床各润滑点位置，对刨床注油润滑，如图3－2所示。

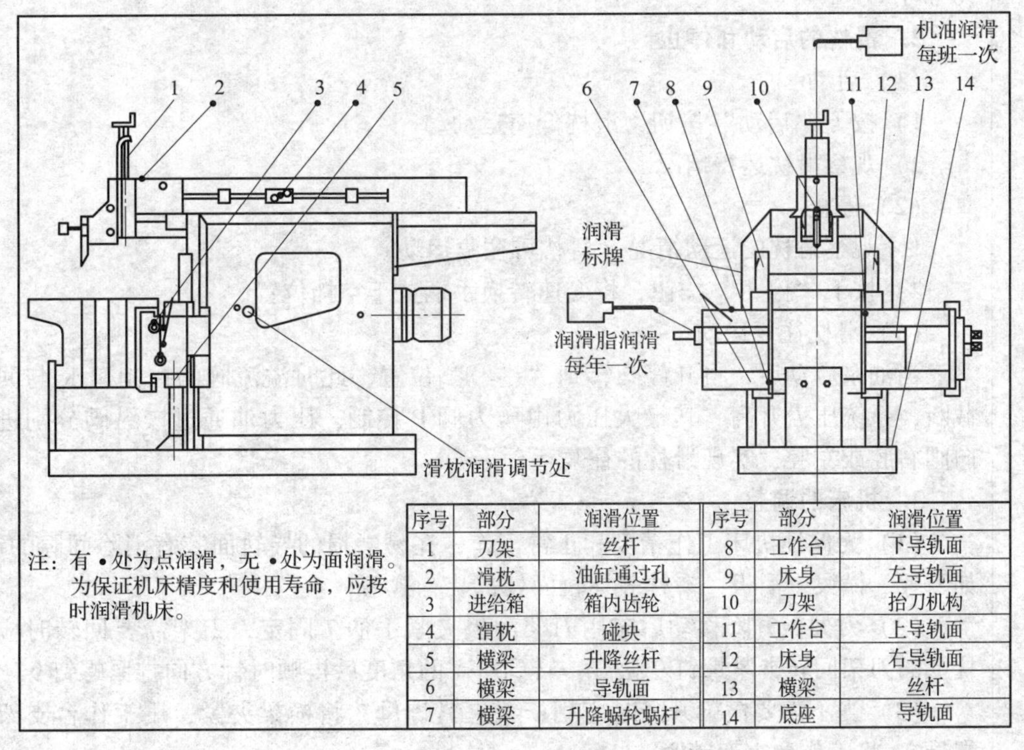

序号	部分	润滑位置	序号	部分	润滑位置
1	刀架	丝杆	8	工作台	下导轨面
2	滑枕	油缸通过孔	9	床身	左导轨面
3	进给箱	箱内齿轮	10	刀架	抬刀机构
4	滑枕	碰块	11	工作台	上导轨面
5	横梁	升降丝杆	12	床身	右导轨面
6	横梁	导轨面	13	横梁	丝杆
7	横梁	升降蜗轮蜗杆	14	底座	导轨面

图3－2　润滑点位置

训练步骤

（2）手动进给操作练习

1）熟悉各进给方向手柄的刻度盘，如图 3 – 3 所示。

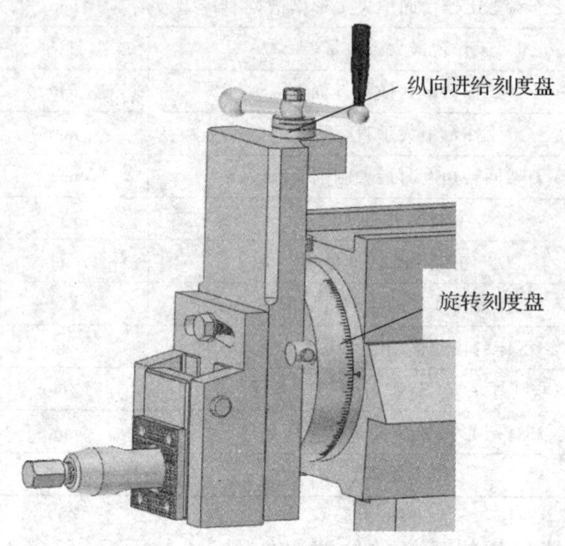

图 3 – 3　各进给方向手柄的刻度盘

2）做各方向的手动进给练习。

3）均匀地进行手动进给速度控制练习，每分钟均匀地手动进给 30 mm、60 mm、96 mm。

2. 滑枕的启动和停止

（1）启动

1）按下“启动”按钮，滑枕低速运动。

2）观察滑枕运行情况。

（2）停止

1）观察滑枕的运动情况（滑枕可往复运动）。

2）按下“停止”按钮，将变速转换手柄置于空挡位置。

（3）滑枕往复运动

当油泵启动后，将开停阀转到“←→”位置，此时溢流阀的控制口 K 与回油路截断，系统压力升高，其最大压力由压力阀 P 控制，压力油通过操纵阀分别进入换向阀右腔或左腔，实现滑枕的往复运动。

3. 机床的调整

（1）为保证机床工作精度和正常工作，在易磨损的导轨面装有消除间隙的镶条，如刀架、横梁、溜板、滑枕等导轨面处都装有镶条。

（2）刀架做升降移动后应用刀架溜板夹紧手柄 7 固定，刀架需要回转时应将滑枕上的刀架回转夹紧螺钉 9 松开，转到所需的角度后再顺时针方向拧紧螺钉 9。

（3）当不需要横梁升降时应用横梁夹紧螺母 3 将横梁夹紧，用工作台支架锁紧螺母 22 将工作台支架锁紧。

<table>
<tr><td>训
练
步
骤</td><td>4. BY60100C 型刨床的维护与保养
(1) 机床运转前，应将机床牢固地固定在地基上，机床各部位应清洗干净，液压油清洁，油面达到油标位置。
(2) 滑枕在Ⅱ、Ⅲ级运行，最短工作行程应分别限制在 200 mm 及 300 mm 长度上。
(3) 检查电气线路和地线是否接好，有无漏油及电气设备不良之处。
(4) 用旋具拨动电动机叶片，必须感觉轻松、均匀，电动机和油泵旋转方向应与箭头方向一致。
(5) 电动机开动前，各手柄应置于空挡或最低速度处，无级变速手柄打开，油泵空运转响声正常，并用手拨动滑枕换向手柄 18，滑阀移动灵活，方能启动滑枕运行。
(6) 当刀架回转角度后刨削或刀台摆动角度后刨削，都应调整滑枕上前挡铁位置，保证前挡铁距离前极限位置大于 200 mm，控制滑枕行程起始位置，确保刀架不与床身前端油盒相碰。
(7) 停止主电动机运转前，应先将开停手柄 13 转至“0”位。</td></tr>
<tr><td>注
意
事
项</td><td>1. 严格遵守安全操作规程。
2. 不准做与以上训练内容无关的其他操作。
3. 操作必须按规定步骤和要求进行，绝对禁止在工作过程中变速。
4. 练习完毕，认真擦拭机床，使工作台在各进给方向处于中间位置，各手柄恢复原来位置，关闭机床电源开关。</td></tr>
</table>

课题二 刨刀的装卸及工件的装夹

子课题 1 刨刀的装卸

课题名称	刨刀的装卸
操作技能要求	1. 能正确选择刨刀种类。 2. 能正确装卸刨刀。
设备及刀具	BY60100C 型牛头刨床、平面刨刀、偏刀、切槽刀、样板刀、弯切刀、角度刀

操作要点

训练步骤

1. 刨刀的种类

由于刨削的形式和内容不同，采用的刨刀种类也就不同，如平面刨刀、偏刀、切槽刀、样板刀、弯切刀和角度刀等，如图3－4所示，有时在精加工平面时还会用到带弹簧的宽刃刀。

平面刨刀——用来刨水平面。

偏　刀——用来加工垂直面、台阶面和斜面。

切槽刀——用来加工直角槽和切断。

样板刀——用来加工成形面。

弯切刀——用来加工T形槽等。

角度刀——用来加工成一定角度的表面，如燕尾槽等。

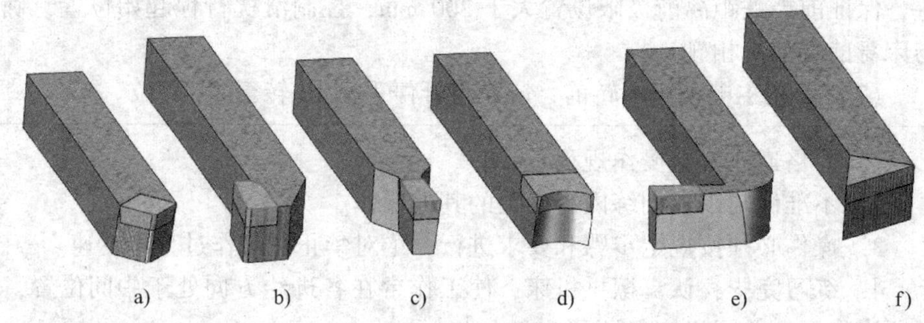

图3－4　刨刀的种类

a）平面刨刀　b）偏刀　c）切槽刀　d）样板刀　e）弯切刀　f）角度刀

根据形状不同，刨刀分为直头刨刀和弯头刨刀，其中弯头刨刀应用较广泛，这是因为刨刀受到工件的硬点作用时会绕A点弯曲（图3－5），弯头刨刀弯曲时，刀尖会抬离已加工表面，而直头刨刀的弯曲会使刀尖扎入工件，导致刨刀折断。两种刨刀受力后弯曲的比较如图3－5所示。

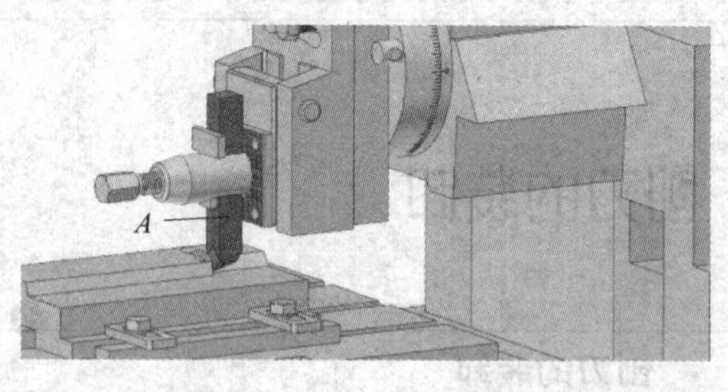

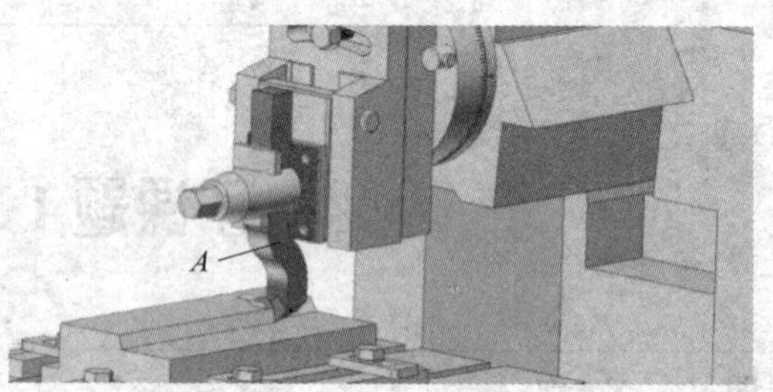

图3－5　两种刨刀受力后弯曲的比较

2. 装夹刨刀

刨刀刀架的结构如图3－6所示。

(1) 松开刨刀的紧固螺钉。

训练步骤	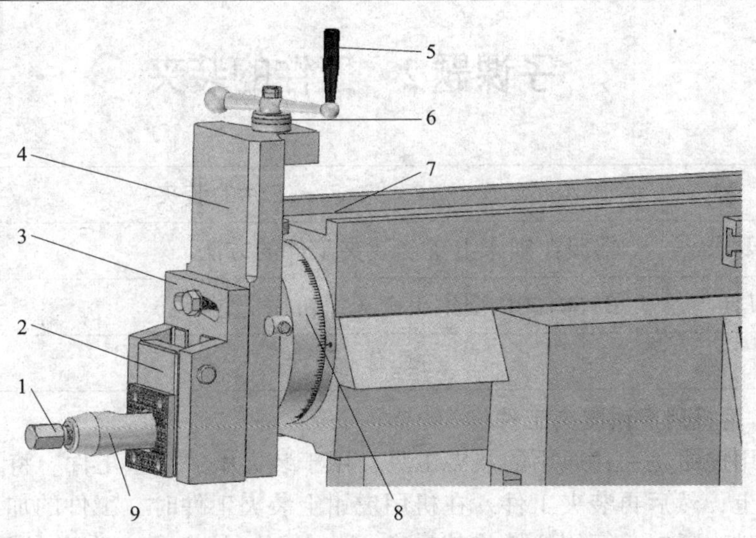 图3－6　刨刀刀架的结构 1—紧固螺钉　2—拍板　3—拍板座　4—溜板　5—手柄 6—刻度环　7—滑枕　8—旋转刻度盘　9—夹刀座 （2）如图3－7所示，将刨刀装夹在夹刀座的槽孔内。 （3）用左手握住刨刀柄端，如图3－7所示，尽量使刀尖部分缩短，并使刀柄垂直于工作台。 （4）用右手拧紧紧固螺钉，按图3－7所示的位置装上手柄，并用力紧固。 **3．卸下刨刀** （1）将手柄装在如图3－8所示的位置。 （2）用右手敲打手柄，松开螺母。 （3）用左手握住刨刀的刀口部，并将其从刀架中拔出。 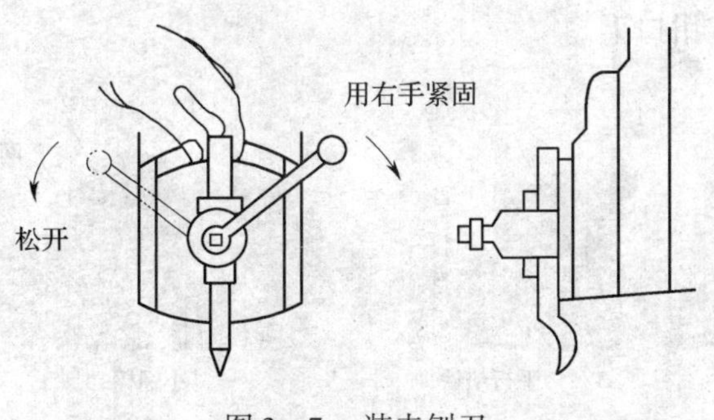 图3－7　装夹刨刀 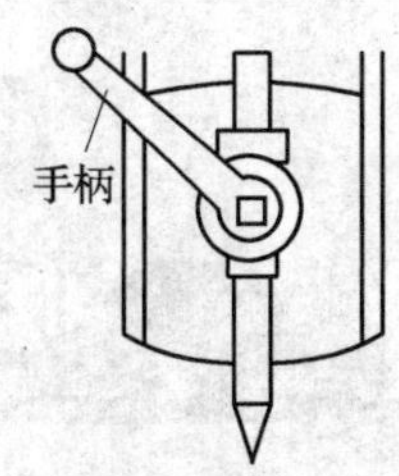 图3－8　卸下刨刀
注意事项	1．严格遵守安全操作规程。 2．不准做与以上训练内容无关的其他操作。 3．操作必须按规定步骤和要求进行。 4．练习完毕，认真擦拭机床，使工作台在各进给方向处于中间位置，各手柄恢复到原来位置，关闭机床电源开关。

子课题2　工件的装夹

课 题 名 称	工件的装夹
操作技能要求	掌握在刨床上正确装夹工件的方法。
设备及刃具	BY60100C 型牛头刨床、机用虎钳

操 作 要 点

训练步骤

1. 用机用虎钳装夹工件

机用虎钳是一种通用的装夹工具，用于装夹中、小型工件。将其固定在刨床的工作台上，然后再装夹工件。在机用虎钳上装夹工件时，工件的加工表面应高出钳口，工件太低时，可用垫铁将其垫高。装夹时，按定位方法不同可分为 3 种方法，如图 3－19 所示。

（1）找正定位。如图 3－9a 所示，装夹前先在工件上划好加工线，针对加工线进行找正，常用于工件的初次加工。

（2）底面定位。如图 3－9b 所示，是指利用机用虎钳固定工件的底面从而对工件定位的装夹方法。用该方法装夹工件，刨削后可保证工件 1、3 表面的平行度。装夹时，应使工件紧贴在钳口的底面或垫铁上。操作时，可边夹紧边敲击工件的上表面，夹紧后，将工件敲实，要求用手挪动垫铁时不应有松动现象。敲实后，不可再去加力夹紧工件，否则工件与垫铁之间又会出现空隙。

（3）固定钳口定位。如图 3－9c 所示，装夹时，在活动钳口中部与工件之间垫进一根小圆棒，可使工件的表面 2 紧贴在固定钳口上，用该方法装夹工件，刨削后可保证工件 1、2 表面之间的垂直度。与底面定位法不同的是，敲实后，还应再加力夹紧工件，以保证工件紧贴在固定钳口上。

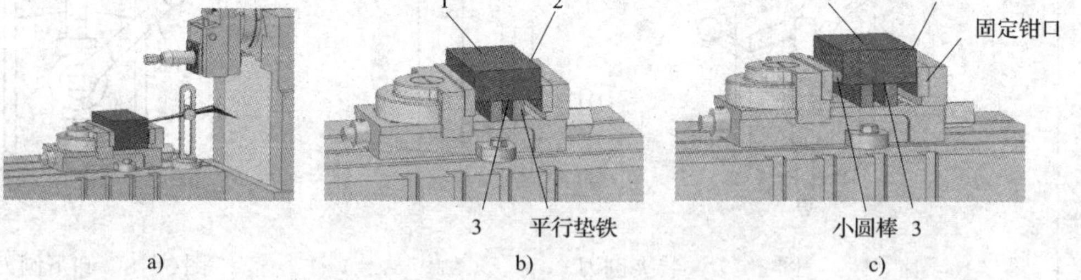

图 3－9　用机用虎钳装夹工件的定位方法
a）找正定位　b）底面定位　c）固定钳口定位

用机用虎钳装夹工件时，为了保护已加工表面和钳口，通常在钳口处加垫铜皮。对刚度不足的工件需要支实，以免因夹紧力作用而使工件变形，如图 3－10 所示为框形工件的支实方法。

训练步骤

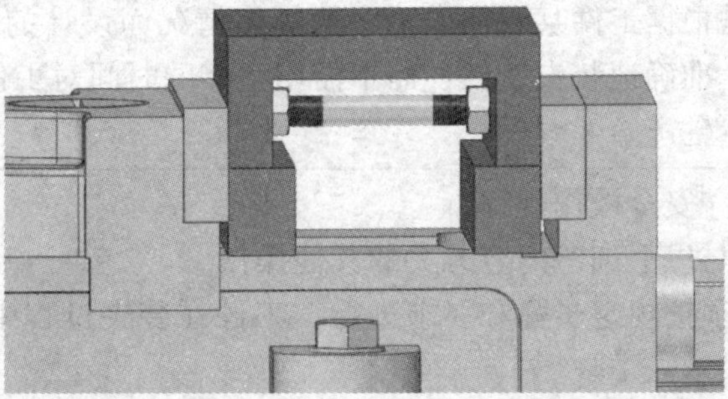

图 3－10　框形工件的支实方法

2. 用压板装夹工件

对于较大的工件或形状特殊的工件，可用压板直接将其装夹在刨床的工作台上，如图 3－11 所示。为了防止工件在刨削时被推动，须在工件的前端加挡铁。压板的使用如图 3－12 所示。在工作台上装夹工件时，根据工件的加工要求，可用划针、百分表对工件表面进行找正，或先划好加工线，再对加工线进行找正。

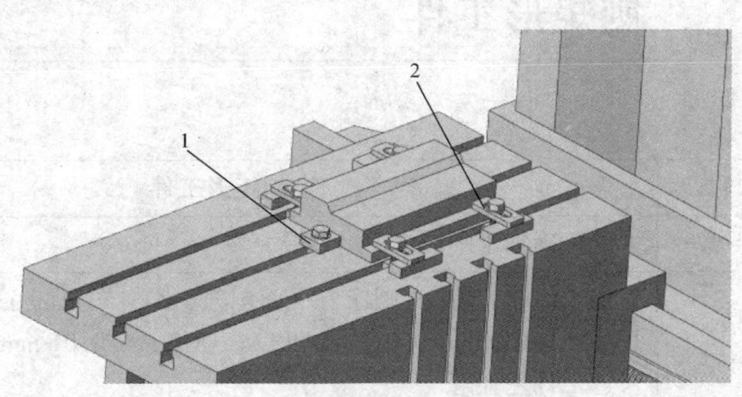

图 3－11　用压板装夹工件

1—挡铁　2—压板

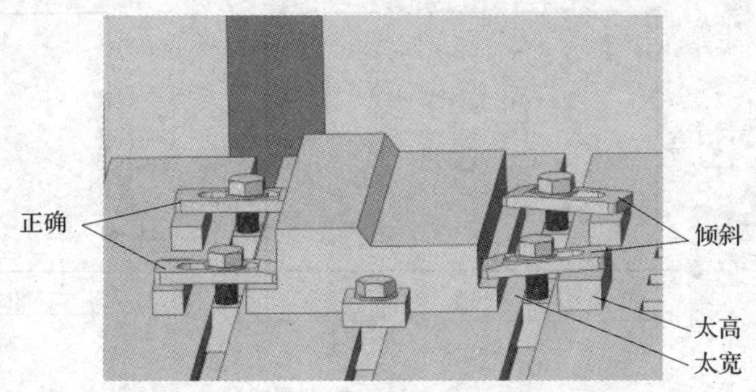

图 3－12　压板的使用

<table>
<tr><td>训练步骤</td><td>3. 用专用夹具装夹工件
专用夹具是根据工件某一加工工序的具体情况而设计的，用专用夹具装夹工件，可以做到迅速、准确地装夹工件，而不需用太多的时间对工件进行找正，这种装夹方法一般用于批量生产。</td></tr>
<tr><td>注意事项</td><td>1. 严格遵守安全操作规程。
2. 不准做与以上训练内容无关的其他操作。
3. 操作必须按规定步骤和要求进行，工件在装夹过程中要防止跌落，以免造成人身伤害。
4. 练习完毕，认真擦拭机床，使工作台在各进给方向处于中间位置，各手柄恢复到原来位置，关闭机床电源开关。</td></tr>
</table>

课题三 刨矩形工件

<table>
<tr><th colspan="2">课 题 名 称</th><th>刨矩形工件</th></tr>
<tr><td colspan="2">操作技能要求</td><td>能正确刨水平面。</td></tr>
<tr><td colspan="2">设备、量具、刃具及材料</td><td>BY60100C 型牛头刨床、平面刨刀、0 ~ 150 mm/0. 02 mm 的游标卡尺、75 ~ 100 mm/0. 01 mm 和 125 ~ 150 mm/0. 01 mm 的千分尺、直角尺、工件毛坯等</td></tr>
<tr><td>课题图</td><td colspan="2"> 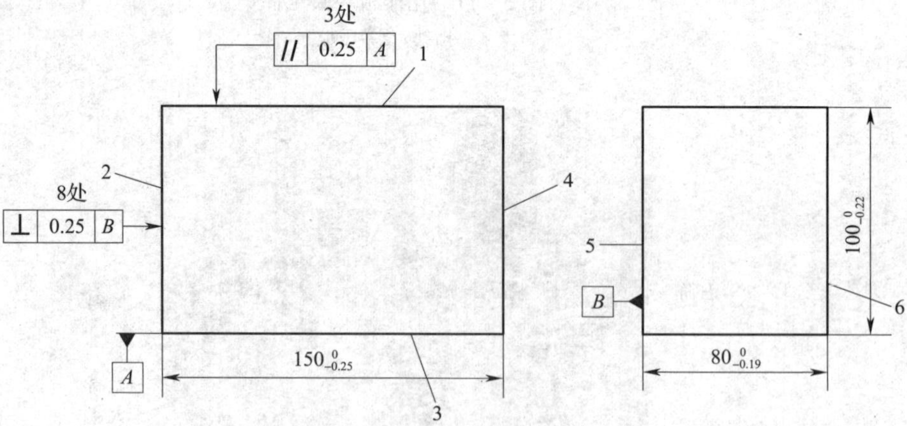3处
// 0.25 A
8处
⊥ 0.25 B
1 2 3 4 5 6
A B
$150_{-0.25}^{0}$
$100_{-0.22}^{0}$
$80_{-0.19}^{0}$
技术要求
1. 未注尺寸公差按GB/T 1804—m。
2. 未注几何公差按GB/T 1184—H。
3. 去毛刺。
√Ra 12.5</td></tr>
</table>

<table>
<tr><td>课
题
图</td><td colspan="2">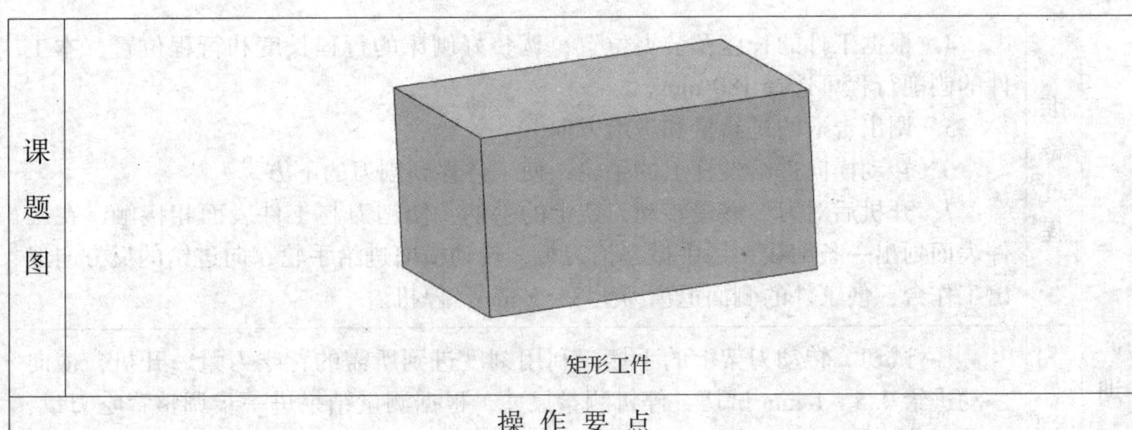
矩形工件</td></tr>
<tr><td colspan="3">操 作 要 点</td></tr>
<tr><td>训
练
步
骤</td><td>准
备
过
程</td><td>1．如图 3－13 所示，选择较大、较平整的平面 3 作为底面定位并装夹好工件，选择高速钢平面刨刀，将滑枕与刀架连接处旋转刻度盘上的刻度对准零线，保证刀架丝杆与被加工表面垂直。
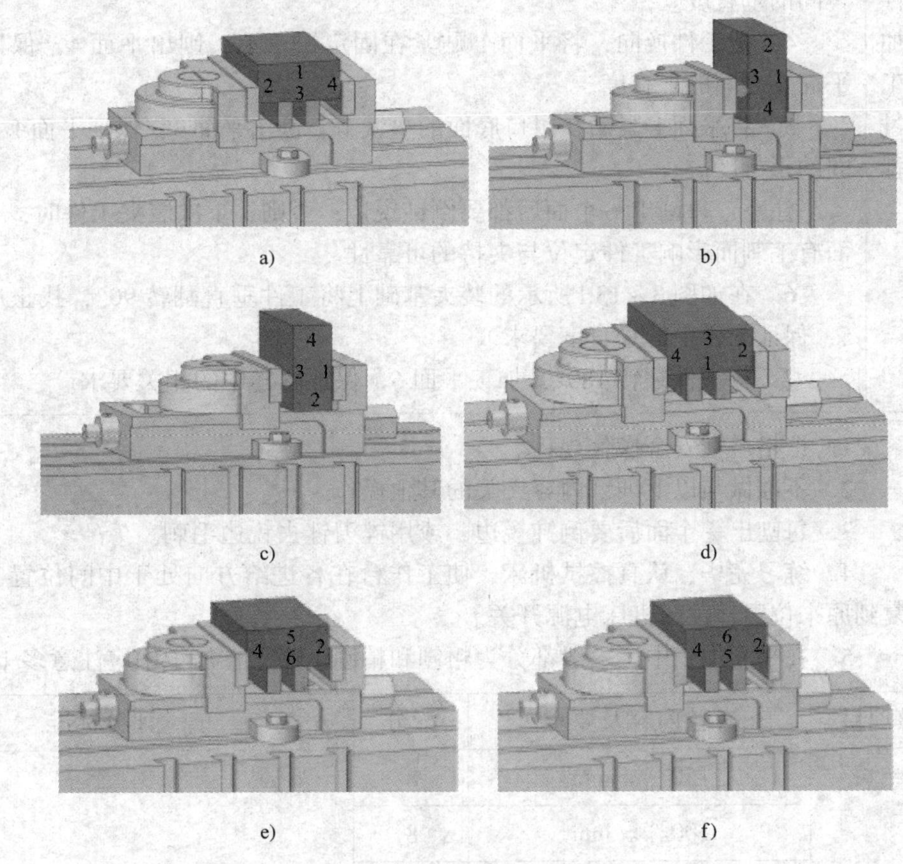

图 3－13　矩形工件的加工顺序
2．升降工作台，使工件在高度上接近刨刀。
3．根据所需的往复速度，调整好变速手柄的位置。</td></tr>
</table>

<table>
<tr>
<td rowspan="2">训练步骤</td>
<td>准备过程</td>
<td>4. 根据工件的长度及装夹位置，调整好刨床的行程长度和行程位置，本工件的刨削行程可选择 180 mm。
5. 调出合适的进给量和进给方向。
6. 转动横向进给丝杆上的手轮，使工件移到刨刀的下方。
7. 开机后对刀，慢慢转动刀架上的手柄，使刨刀与工件表面相接触，在工件表面划出一条细线。用手掀起抬刀板，转动横向进给手轮，向进给的反方向退出工作台，使工件的侧面退离刀尖 3 ~ 5 mm，停机。</td>
</tr>
<tr>
<td>工件加工过程</td>
<td>1. 试切。转动刀架上的手柄，利用刻度进到所需的背吃刀量。开机，横向手动进给 0.5 ~ 1 mm 试切，停机测量尺寸，根据测量结果进一步调整背吃刀量，自动进给进行刨削。
2. 矩形工件的加工顺序如图 3 – 13 所示，以平面 3 进行定位，加工平面 1，作为后续加工的精基准面。
3. 以已加工的平面 1 作为定位基准加工垂直基准面 2，保证平面 1 与平面 2 之间的垂直度。
4. 把工件换向，将平面 1 贴紧在固定钳口上，刨出平面 4，保证平面 1 与平面 4 之间的垂直度。
5. 将平面 1 紧贴在钳口底面的垫铁上，刨出平面 3，保证平面 1 与平面 3 之间的平行度。
注意：每刨出一个面后都要倒钝锐边；否则，下次装夹工件时，会因工件表面有毛刺而影响工件定位与夹持的可靠性。
6. 在如图 3 – 13d 所示的装夹基础上将工件垂直翻转 90°，找正后加工平面 5，保证图样中的垂直度要求。
7. 将工件翻转 180°，加工平面 6，保证图样中的相关要求。</td>
</tr>
<tr>
<td>注意事项</td>
<td colspan="2">1. 严格遵守安全操作规程。
2. 不准做与以上训练内容无关的其他操作。
3. 每刨出一个面后要倒钝锐边，或用锉刀锉去锐边毛刺。
4. 练习完毕，认真擦拭机床，使工作台在各进给方向处于中间位置，各手柄恢复到原来位置，关闭机床电源开关。
5. 在平面加工中，一般都分为粗刨和精刨工序，在加工中应注意多工序加工。</td>
</tr>
</table>

<table>
<tr><th>考核项目</th><th>考核内容及要求</th><th>配分</th><th>评分标准</th></tr>
<tr><td rowspan="5">主要项目</td><td>$150^{0}_{-0.25}$ mm</td><td>8</td><td rowspan="5">每处超差扣该项配分</td></tr>
<tr><td>$100^{0}_{-0.22}$ mm</td><td>8</td></tr>
<tr><td>$80^{0}_{-0.19}$ mm</td><td>8</td></tr>
<tr><td>// 0.25 A （3 处）</td><td>5/处</td></tr>
<tr><td>⊥ 0.25 B （8 处）</td><td>2/处</td></tr>
</table>

考核项目	考核内容及要求	配分	评分标准
一般项目	Ra≤12.5 μm（6处）	1/处	每处超差扣1分
	工件装夹正确，无松动，刨削行程调整正确	8	操作不当酌情扣分
	对刀、试切过程正确	6	操作不当酌情扣分
设备及工具、量具、刃具的使用及维护	常用工具、量具、刃具的合理使用与保养	5	使用不当每次扣2分，维护及保养不当每次扣2分
	正确操作刨床并及时发现设备故障	5	操作不当每次扣2分
	刨床的润滑	4	每少润滑一处扣0.5分
	刨床的保养工作	4	加工后未按要求擦拭或保养不当酌情扣分
安全文明生产	正确执行安全技术操作规程	5	每违反一项规定扣2分
	正确穿戴工作服（帽）	2	工作服（帽）穿戴不正确不得分
工时定额	120 min		超10 min倒扣5分；超30 min不得分

课题四 刨台阶工件

课题名称	刨台阶工件
操作技能要求	1. 能正确编制凸块的加工工艺。 2. 能按照加工方法刨凸块。
设备、量具、刃具及材料	BY60100C型牛头刨床、平面刨刀、粗偏刀、精偏刀、0～150 mm/0.02 mm的游标卡尺、25～50 mm/0.01 mm和50～75 mm/0.01 mm的外径千分尺、直角尺、工件毛坯等

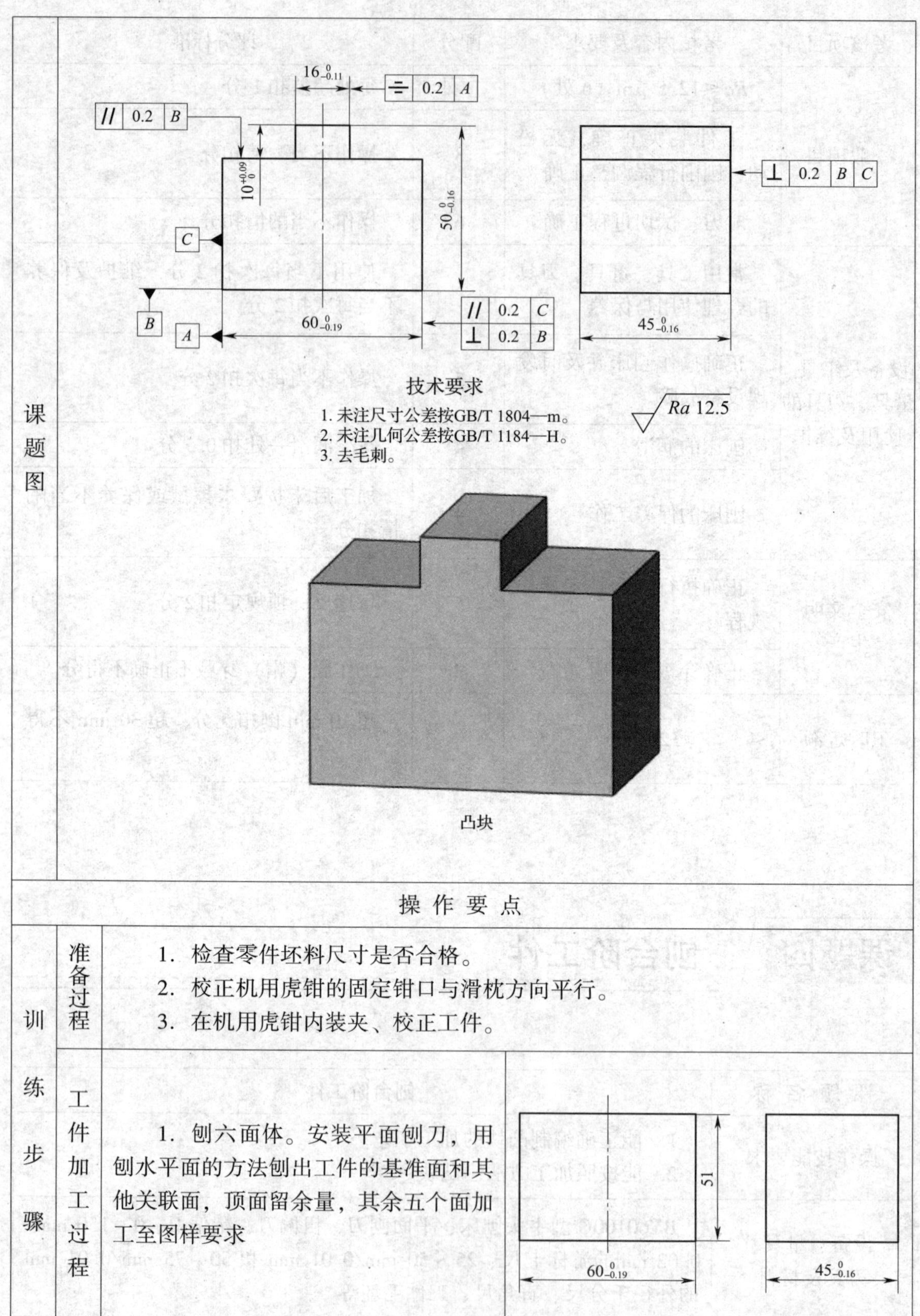

课题图	技术要求 1. 未注尺寸公差按GB/T 1804—m。 2. 未注几何公差按GB/T 1184—H。 3. 去毛刺。 凸块	
操 作 要 点		
训练步骤	准备过程	1．检查零件坯料尺寸是否合格。 2．校正机用虎钳的固定钳口与滑枕方向平行。 3．在机用虎钳内装夹、校正工件。
	工件加工过程	1．刨六面体。安装平面刨刀，用刨水平面的方法刨出工件的基准面和其他关联面，顶面留余量，其余五个面加工至图样要求

<table>
<tr><td rowspan="5">训练步骤</td><td rowspan="5">工件加工过程</td><td>2. 以 C 面、B 面为基准面，划加工线</td><td></td></tr>
<tr><td>3. 刨顶面，满足尺寸 $50_{-0.16}^{0}$ mm 的要求，表面粗糙度 $Ra \leqslant 12.5$ μm</td><td> 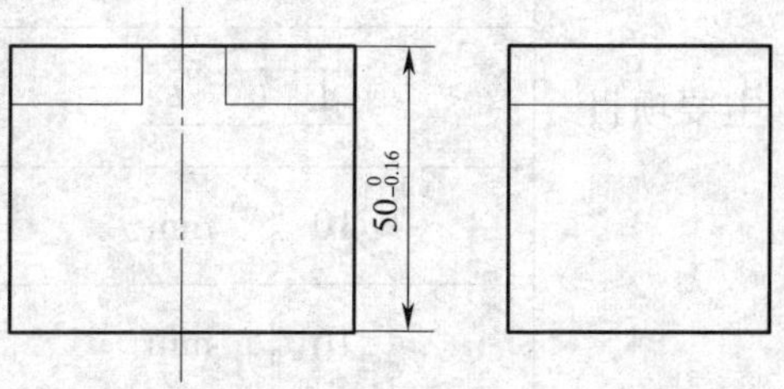$50_{-0.16}^{0}$</td></tr>
<tr><td>4. 换装偏刀，粗刨左、右台阶，留精刨余量 1 mm</td><td> 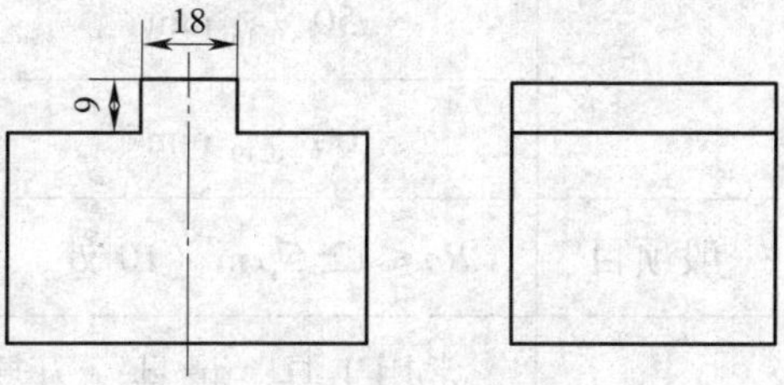18
9</td></tr>
<tr><td>5. 根据精刨余量移动工作台，自上而下精刨台阶侧面，垂直进给至与精刨的台阶面接平。把偏刀移至台阶侧面，根据台阶面所留的余量向下移动刀架，由外向里精刨台阶面，并与台阶侧面接平</td><td rowspan="2"> 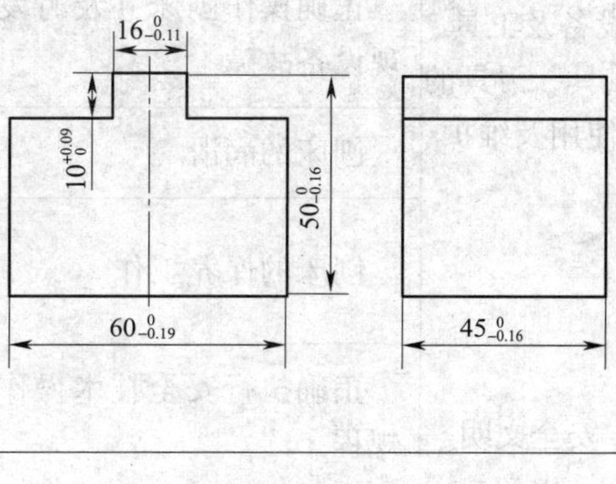$16_{-0.11}^{0}$
$10_{0}^{+0.09}$
$50_{-0.16}^{0}$
$60_{-0.19}^{0}$
$45_{-0.16}^{0}$</td></tr>
<tr><td>6. 用相同的方法精刨台阶的另一边</td></tr>
<tr><td>注意事项</td><td colspan="3">1. 严格遵守安全操作规程。
2. 不准做与以上训练内容无关的其他操作。
3. 操作必须按规定步骤和要求进行。
4. 练习完毕，认真擦拭机床，使工作台在各进给方向处于中间位置，各手柄恢复到原来位置，关闭机床电源开关。</td></tr>
</table>

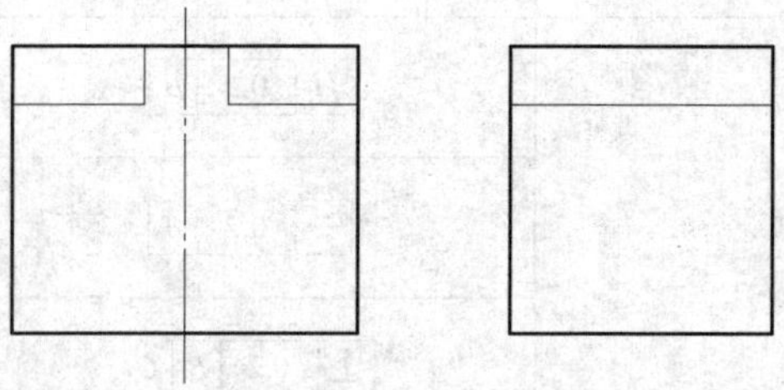

考核项目	考核内容及要求	配分	评分标准
主要项目	∥ 0.2 B	6	每处超差扣该项配分
	⌯ 0.2 A	6	
	⊥ 0.2 B C	6	
	∥ 0.2 C	6	
	⊥ 0.2 B	6	
	$10^{+0.09}_{0}$ mm	8	
	$16^{0}_{-0.11}$ mm	8	
	$45^{0}_{-0.16}$ mm	8	
	$50^{0}_{-0.16}$ mm	8	
	$60^{0}_{-0.19}$ mm	8	
一般项目	Ra≤12.5μm（10 处）	1/处	每处超差扣 1 分
设备及工具、量具、刃具的使用及维护	常用工具、量具、刃具的合理使用与保养	6	使用不当每次扣 2 分，维护及保养不当每次扣 2 分
	正确操作刨床并及时发现设备故障	4	操作不当每次扣 2 分
	刨床的润滑	2	每少润滑一处扣 0.5 分
	刨床的保养工作	2	加工后未按要求擦拭或保养不当酌情扣分
安全文明生产	正确执行安全技术操作规程	5	每违反一项规定扣 2 分
	正确穿戴工作服（帽）	1	工作服（帽）穿戴不正确不得分
工时定额	180 min		超 10 min 倒扣 5 分；超 30 min 不得分

课题五 综合训练

课题名称	综合训练
操作技能要求	1. 能正确安排台阶与沟槽加工工艺。 2. 能用合理的方法刨台阶与沟槽。
设备、量具、刃具及材料	BY60100C 型牛头刨床、平面刨刀、粗偏刀、精偏刀、切槽刀、0 ~ 150 mm/0. 02 mm 的游标卡尺、25 ~ 50 mm/0. 01 mm 和 50 ~ 75 mm/0. 01 mm 的外径千分尺、直角尺、工件毛坯等
课题图	技术要求 1. 未注尺寸公差按GB/T 1804—m。 2. 未注几何公差按GB/T 1184—H。 3. 去毛刺。 Ra 12.5 型槽

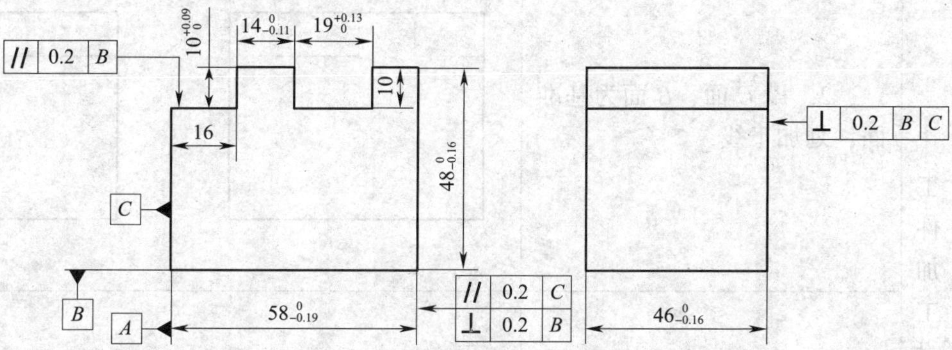

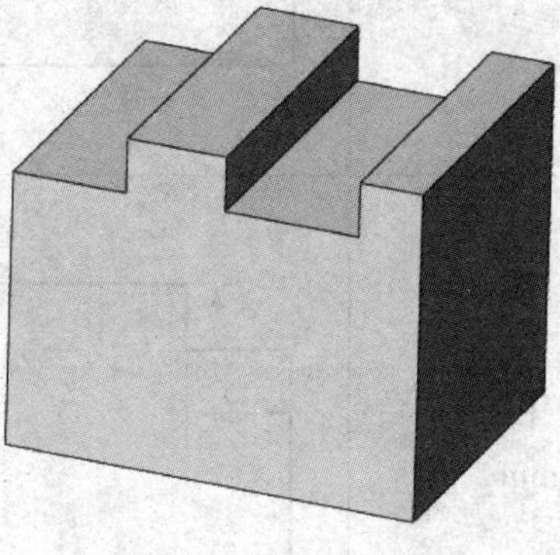

<table>
<tr><th colspan="4">操作要点</th></tr>
<tr><td rowspan="5">训练步骤</td><td>准备过程</td><td colspan="2">1. 检查零件坯料尺寸是否合格。
2. 校正机用虎钳的固定钳口与滑枕方向平行。
3. 在机用虎钳内装夹、校正工件。</td></tr>
<tr><td rowspan="4">工件加工过程</td><td>1. 刨六面体。安装平面刨刀，用刨水平面的方法刨出工件的基准面和其他关联面，顶面留余量，其余五个面加工至图样要求</td><td>49
$58_{-0.19}^{0}$
$46_{-0.16}^{0}$</td></tr>
<tr><td>2. 以 C 面、B 面为基准面，划加工线</td><td></td></tr>
<tr><td>3. 刨顶面，满足型槽高度 $48_{-0.16}^{0}$ mm 的要求，表面粗糙度 $Ra \leqslant 12.5$ μm</td><td>$48_{-0.16}^{0}$</td></tr>
<tr><td>4. 换装偏刀，粗刨左台阶，留精刨余量 1 mm</td><td>9
15</td></tr>
</table>

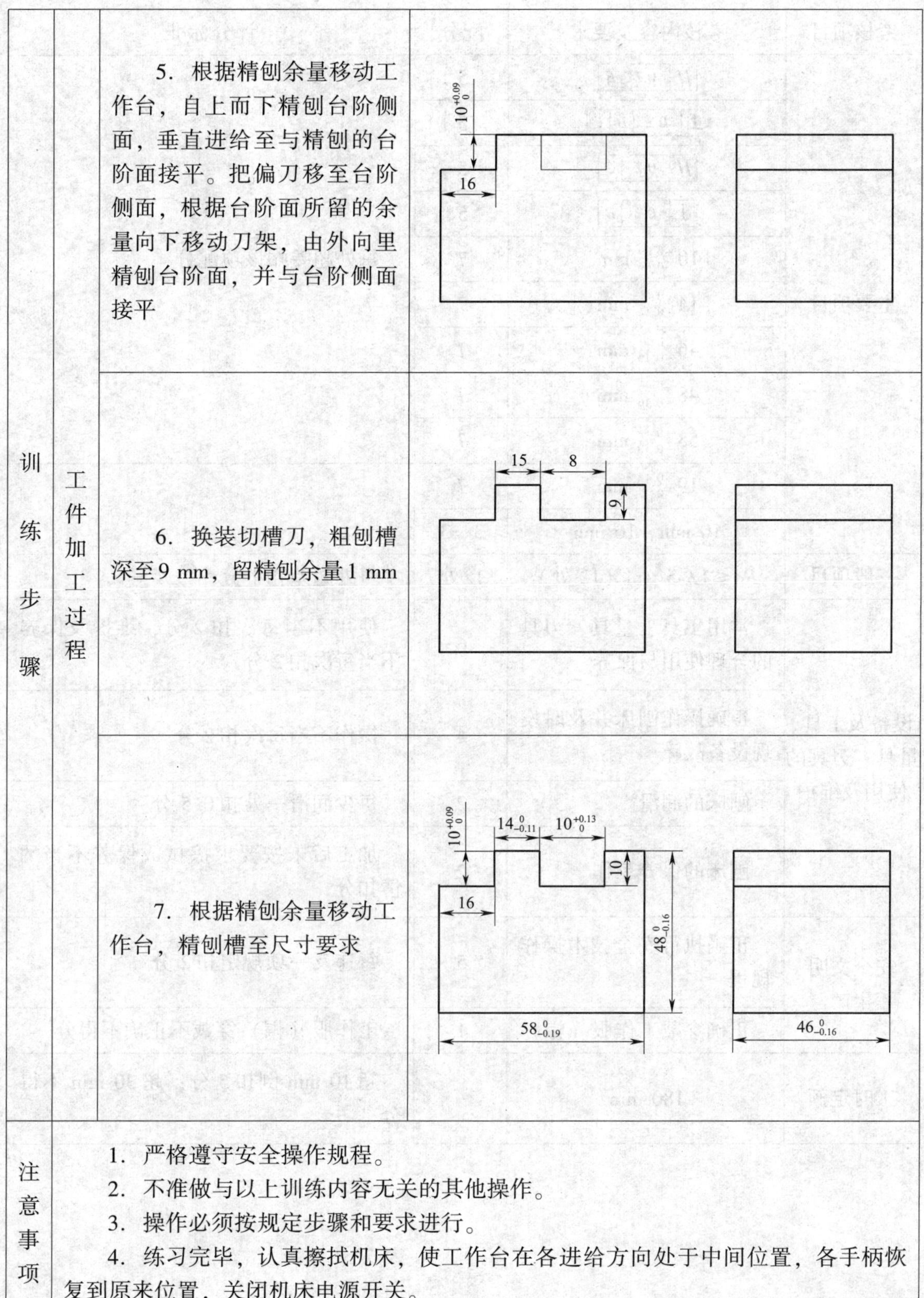

训练步骤	工件加工过程	5．根据精刨余量移动工作台，自上而下精刨台阶侧面，垂直进给至与精刨的台阶面接平。把偏刀移至台阶侧面，根据台阶面所留的余量向下移动刀架，由外向里精刨台阶面，并与台阶侧面接平	
		6．换装切槽刀，粗刨槽深至9 mm，留精刨余量1 mm	
		7．根据精刨余量移动工作台，精刨槽至尺寸要求	
注意事项	1．严格遵守安全操作规程。 2．不准做与以上训练内容无关的其他操作。 3．操作必须按规定步骤和要求进行。 4．练习完毕，认真擦拭机床，使工作台在各进给方向处于中间位置，各手柄恢复到原来位置，关闭机床电源开关。		

考核项目	考核内容及要求	配分	评分标准
主要项目	// 0.2 B	5	每处超差扣该项配分
	⊥ 0.2 B C	5	
	// 0.2 C	5	
	⊥ 0.2 B	5	
	$10^{+0.09}_{0}$ mm	7	
	$14^{0}_{-0.11}$ mm	7	
	$46^{0}_{-0.16}$ mm	7	
	$48^{0}_{-0.16}$ mm	7	
	$58^{0}_{-0.19}$ mm	7	
	$19^{+0.13}_{0}$ mm	7	
	10 mm、16 mm	3、3	
一般项目	$Ra \leqslant 12.5$ μm（12 处）	1/处	每处超差扣 1 分
设备及工具、量具、刃具的使用及维护	常用工具、量具、刃具的合理使用与保养	6	使用不当每次扣 2 分，维护及保养不当每次扣 2 分
	正确操作刨床并及时发现设备故障	4	操作不当每次扣 2 分
	刨床的润滑	2	每少润滑一处扣 0.5 分
	刨床的保养工作	2	加工后未按要求擦拭或保养不当酌情扣分
安全文明生产	正确执行安全技术操作规程	5	每违反一项规定扣 2 分
	正确穿戴工作服（帽）	1	工作服（帽）穿戴不正确不得分
工时定额	180 min		超 10 min 倒扣 5 分；超 30 min 不得分

第四单元

磨　　削

磨削是机械制造中常用的加工方法，一般为车削、铣削、镗削、刨削的后续精加工工序。磨削类机床是一种精密的加工机床，它是用砂轮作为切削工具对工件进行磨削的，其加工精度一般比较高。

本单元仅对常用的磨床及磨削方法做一些简要介绍及练习。

课题一　外圆磨削

子课题 1　外圆磨床的基本操作

课 题 名 称	外圆磨床的基本操作
操作技能要求	能正确操作外圆磨床。
设备	M1432A 型外圆磨床
课题图	

课题图

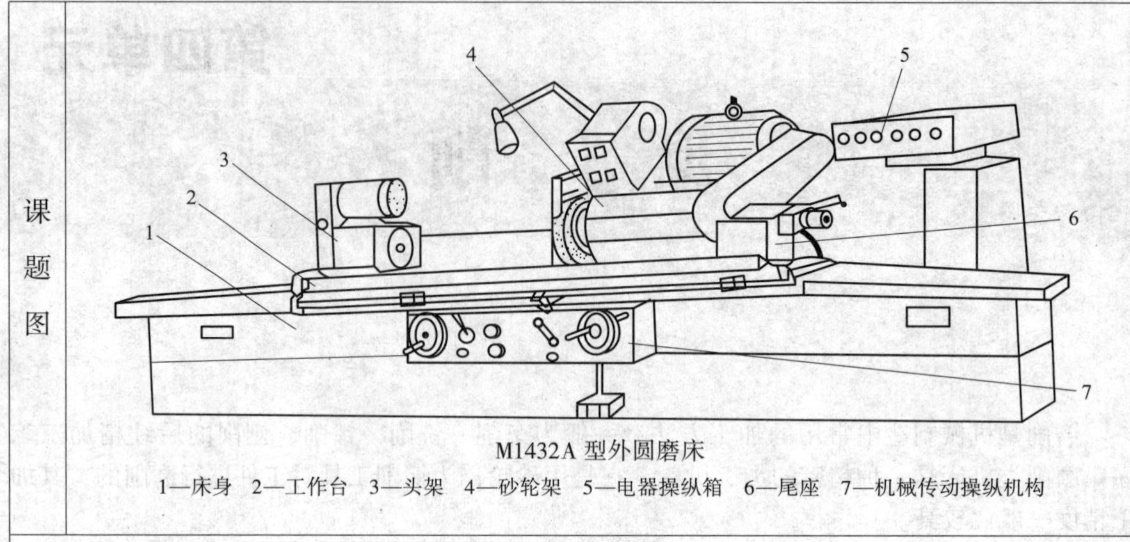

M1432A 型外圆磨床

1—床身　2—工作台　3—头架　4—砂轮架　5—电器操纵箱　6—尾座　7—机械传动操纵机构

操作要点

训练步骤

1. 准备

（1）用量油计检查液压缸内的油量，不足时应补够。

（2）往各注油处注油。

（3）检查各操纵拉杆和手轮是否灵活、可靠。

（4）检查砂轮是否有缝隙、破裂等。

2. 工作台、砂轮架的手动进给操作

（1）转动工作台纵向移动手轮，使工作台左右进给（顺时针转动，工作台向右方移动；逆时针转动，工作台向左方移动）。

（2）转动砂轮架横向进给手轮，使砂轮架前后进给。

3. 工作台的自动进给操作

（1）启动机床，检查油压是否正常。

（2）调整工作台挡铁位置，确定工作台行程（工作台行程在工件两端调整，使砂轮超出工件的距离为砂轮宽度的1/2）。

（3）将工作台手动、自动转换手轮拉于身前，进行自动进给。

（4）转动工作台速度调节旋钮，调整工作台进给速度（向顺时针方向转为加速，向逆时针方向转为减速）。

（5）转动工作台换向停留调整旋钮，调整行程两端的停止时间（右侧旋钮用于调整工作台到右端的停止时间，左侧旋钮用于调整工作台到左端的停止时间）。

4. 砂轮架快速前进和后退操作

（1）将砂轮架快速进退手柄降下，使砂轮架快速前进（砂轮架前进 25 mm，检查工件外圆和砂轮架的间隔为 25 mm 时，停止操作手柄）。

（2）将手柄摇回原位置，使砂轮架快速后退。

<table>
<tr><td>训
练
步
骤</td><td>

5. 头架的操作

（1）松开头架固定螺钉，将头架在工作台上移动，选定合适的位置。

（2）拧紧固定螺钉，将头架固定在工作台上。

6. 尾座的操作

（1）松开尾座固定手柄，将尾座在工作台上移动，选定合适的位置。

（2）拧紧尾座固定手柄，将尾座固定在工作台上。

（3）操作退出尾座套筒用手柄，使顶尖套筒后退。

（4）操纵尾座套筒进出用脚踏板，利用液压，使顶尖套筒退回。

</td></tr>
<tr><td>注
意
事
项</td><td>

1. 要求每台磨床都有齐全的防护设施。

2. 操作机床时，注意力要集中，工作台启动前，应调整好挡铁位置并予以紧固。

3. 砂轮架快速行进时，要控制进给位置，防止砂轮与工件或尾座相撞。

4. 机床处于外圆磨削状态时，内圆磨具壳体必须压住行程开关；否则，外圆砂轮将无法启动。定位销应准确插入定位孔内，以保证内圆磨具壳体不会翻落下来。

5. 操纵练习必须经教师示范，掌握要领后再开机床。练习时，不能两人同时操作一台机床，以免发生事故。

</td></tr>
</table>

子课题 2　砂轮的静平衡

<table>
<tr><th>课 题 名 称</th><th colspan="2">砂轮的静平衡</th></tr>
<tr><td>操作技能要求</td><td colspan="2">能正确对砂轮进行静平衡。</td></tr>
<tr><td>工具、量具</td><td colspan="2">圆棒导柱式平衡架、平衡块、平衡心轴、水平仪、待平衡砂轮</td></tr>
<tr><td colspan="3">课题图

1 2 3 4 5

平衡架
1—支架　2—圆柱导轨　3—框架　4—弧形玻璃管　5—螺钉</td></tr>
</table>

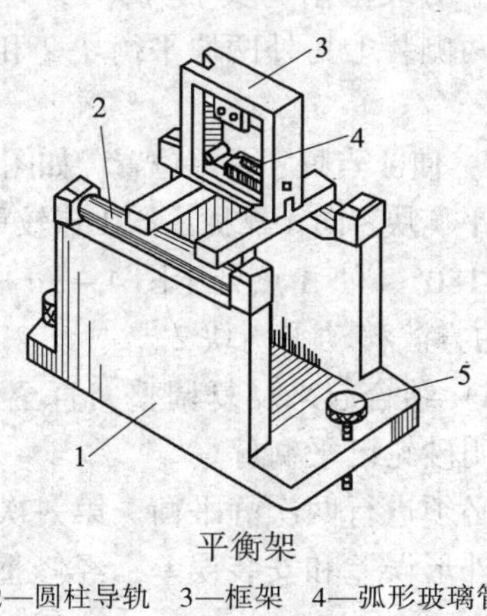

操作要点	

训练步骤

1. 平衡架水平位置的调整步骤

(1) 在平衡架圆柱导轨上平行安放两块厚度相同的铁板。

(2) 将水平仪垂直于圆柱导轨安放在铁板上，检查气泡所处的位置。气泡是向高处移动的，在气泡的相反处调整平衡架的螺钉，使气泡处于水平仪中间位置。

(3) 再将水平仪平行于圆柱导轨安放在铁板上，用同样的方法使水平仪气泡处于中间位置。

(4) 用 (2) 和 (3) 的方法反复检查及调整，直至圆柱导轨在纵向和横向基本处于水平位置，一般允许误差在 0.02 mm/1 000 mm 以内。

2. 砂轮静平衡的方法

砂轮静平衡的方法如图 4－1 所示。

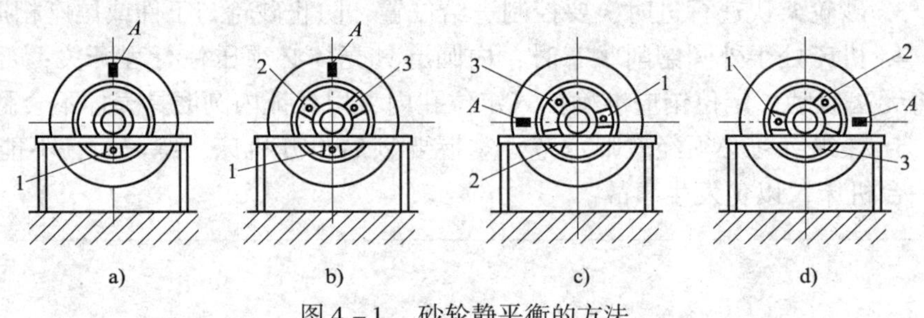

图 4－1　砂轮静平衡的方法

1、2、3—平衡块

(1) 将平衡心轴装入法兰盘锥孔中，并用螺母锁紧。然后将安装好平衡心轴的砂轮轻放在平衡架圆柱导轨上，并使平衡心轴与圆柱导轨轴线垂直。

(2) 拆下法兰盘上全部平衡块，并清除环形槽内的污垢。

(3) 让砂轮在圆柱导轨上缓慢滚动，若砂轮不平衡，则会在轻、重连线的垂直方向来回摆动。当摆动停止时，砂轮较重部分必然在砂轮下方。此时，在砂轮上方较轻处做一记号，如图 4－1a 所示的 *A* 点。

(4) 在砂轮较重的下方装上第一块平衡块 1，并使记号 *A* 仍在原位不变，然后在对称于记号 *A* 点的左右两侧装上另外两块平衡块 2 和 3，如图 4－1b 所示，同样应保持 *A* 点位置不变。

(5) 将砂轮转过 90°，使 *A* 点处于水平位置，如图 4－1c 所示。若不平衡，可移动平衡块3。如 *A* 点较轻，将平衡块3 向 *A* 靠拢；如 *A* 点较重，将平衡块3 向远离 *A* 点处移开。

(6) 再将砂轮转过 180°，使 *A* 点处于图 4－1d 所示的位置，检查砂轮平衡状况，若不平衡，则用 (5) 的方法移动平衡块 2。

(7) 将 (5) 和 (6) 结合起来反复调整，直至砂轮平衡为止。如果砂轮在其他任何位置都能静止，说明砂轮已平衡好。

一般新安装的砂轮必须进行两次静平衡。第一次平衡后，将砂轮安装在机床上进行修整。由于砂轮存在外形误差和安装误差，经修整后，原先的平衡被破坏，必须进行第二次平衡。

注意事项	1. 调整平衡架时，螺钉应做微量调整。 2. 砂轮连同平衡心轴放上平衡架后，应防止砂轮从平衡架上滑下来。 3. 转动砂轮时应轻微、缓慢。 4. 平衡块应微量移动。 5. 随时保证平衡心轴与平衡架圆柱导轨垂直。 6. 砂轮平衡后应紧固平衡块。 7. 不要将砂轮长时间搁置在平衡架上。 8. 第二次静平衡必须检查以上 7 点。

子课题 3　砂轮的修整（外圆磨削）

课 题 名 称	砂轮的修整（外圆磨削）
操作技能要求	能正确修整砂轮。
工具	金刚石修整器、修整器支架
课题图	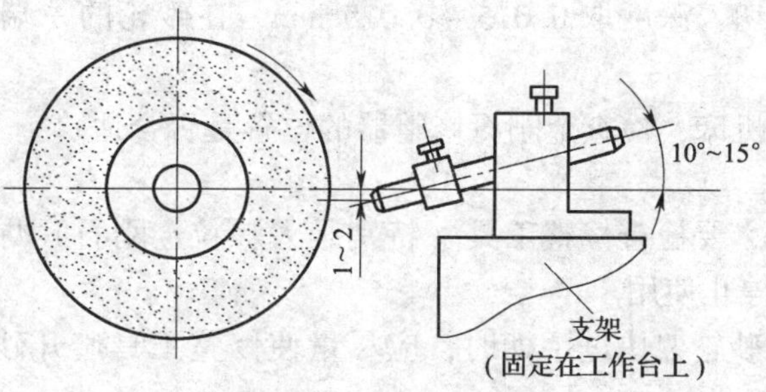 修整砂轮（外圆磨削用）
操 作 要 点	
训练步骤	**1. 准备** （1）将工作台面用棉纱擦净。 （2）将金刚石修整器装于支架的装夹孔内，用螺钉紧固。 （3）金刚石与砂轮的接触点应比砂轮轴线低 1 ~ 2 mm，金刚石杆向上倾斜 10° ~ 15°，同时在水平方向与砂轮轴线倾斜 20° ~ 30°，如图 4 – 2 所示为金刚石修整器的位置。

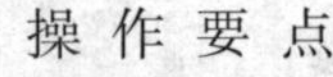 操 作 要 点	
训练步骤	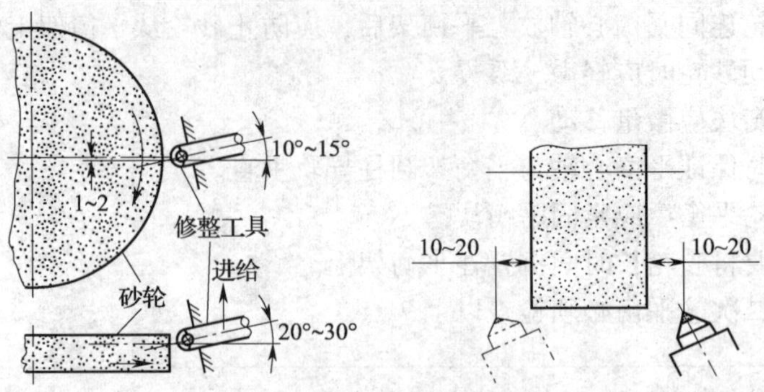 图 4－2　金刚石修整器的位置 （4）调整工作台挡铁的位置，确定工作台行程。 （5）调整工作台的自动进给速度（粗磨时取 250 ~ 500 mm/min，精磨时取 100 ~ 200 mm/min）。 **2. 修整** （1）检查砂轮与修整器尖端的距离，使其在 25 mm 以上，然后使砂轮快速前进。 （2）调整工作台的位置，使修整器尖端接触到砂轮的中央。 （3）使砂轮前进，将金刚石修整器尖端轻触砂轮。 （4）打开阀门，使切削液喷出，工作台自动进给进行修整。 （5）每次切入深度取 0.015 ~ 0.025 mm，在砂轮的一端切入（精磨时切入量要小些）。 （6）停止机床，检查金刚石修整器的位置是否合适。
注意事项	1. 修整前，要检查修整工具（特别是大颗粒金刚石）焊接是否牢固，如发现有松动，应立即停止使用。 2. 在启动砂轮架快进手柄时，应尽量使修整工具避开砂轮，以免碰撞、损坏修整工具。 3. 修整时，应及时在修整工具上浇注切削液，以免金刚石碎裂或烧伤。 4. 修整砂轮端面时，要注意控制工作台纵向进给量，以免发生碰撞。

子课题 4　工件的装夹

课题名称	工件的装夹
操作技能要求	能采用两顶尖法正确装夹工件。
工具	拨盘、拨销、鸡心夹头、顶尖

课题图	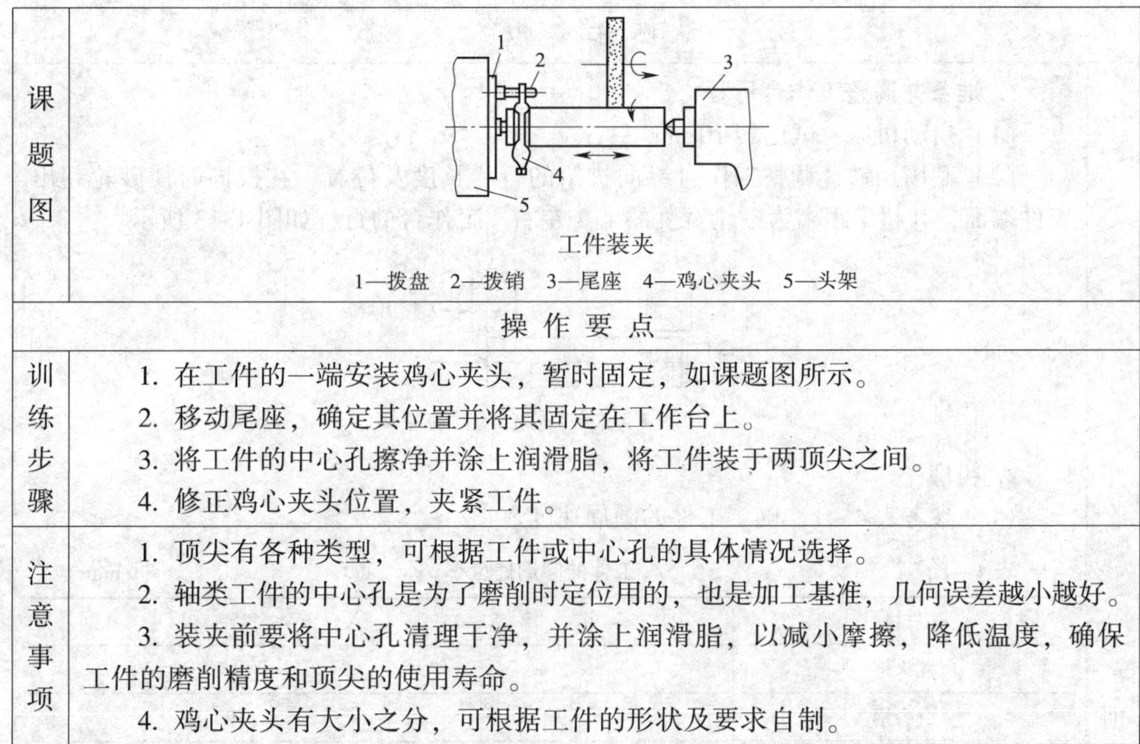 工件装夹 1—拨盘　2—拨销　3—尾座　4—鸡心夹头　5—头架
操 作 要 点	
训练步骤	1. 在工件的一端安装鸡心夹头，暂时固定，如课题图所示。 2. 移动尾座，确定其位置并将其固定在工作台上。 3. 将工件的中心孔擦净并涂上润滑脂，将工件装于两顶尖之间。 4. 修正鸡心夹头位置，夹紧工件。
注意事项	1. 顶尖有各种类型，可根据工件或中心孔的具体情况选择。 2. 轴类工件的中心孔是为了磨削时定位用的，也是加工基准，几何误差越小越好。 3. 装夹前要将中心孔清理干净，并涂上润滑脂，以减小摩擦，降低温度，确保工件的磨削精度和顶尖的使用寿命。 4. 鸡心夹头有大小之分，可根据工件的形状及要求自制。

子课题 5　外圆磨削（一）

课 题 名 称	外圆磨削（一）
操作技能要求	能正确使用纵向进给磨削方法磨削外圆。
工具及材料	软钢棒料、千分尺、金刚石修整器、修整器支架、鸡心夹头、活扳手等
课题图	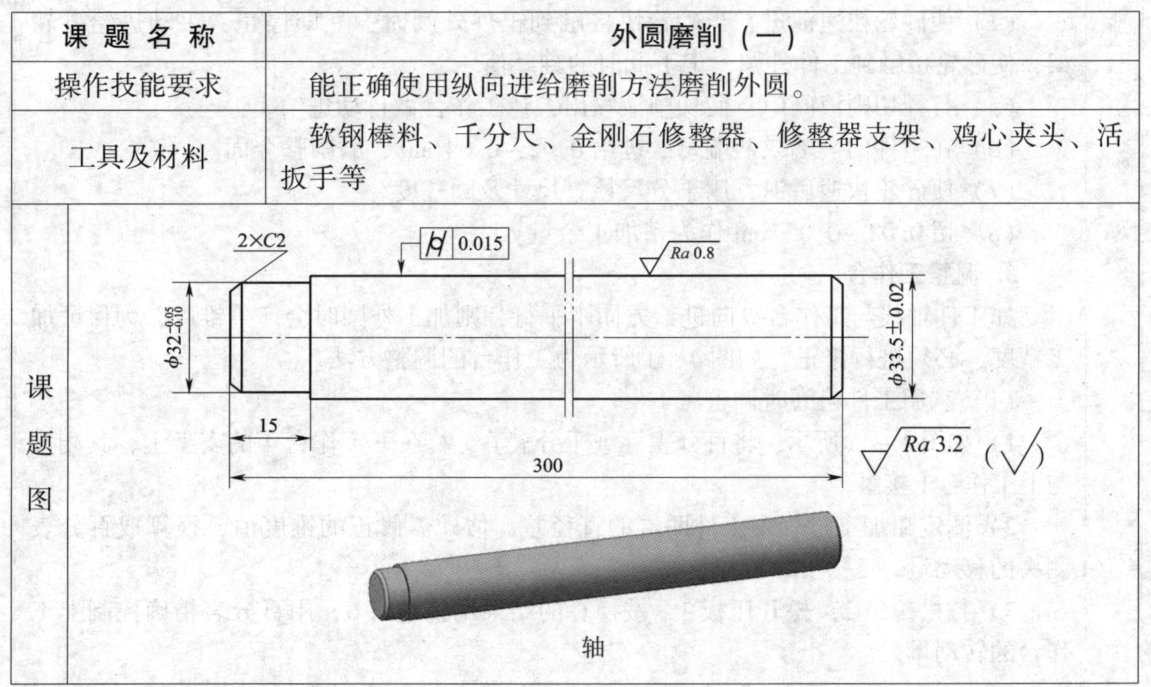 轴

	操 作 要 点
训 练 步 骤	**1. 准备并调整工作台行程** （1）启动机床，试运转 10 min 左右。 （2）利用挡铁，调整工作台纵向进给的行程长度及位置，在换向时使砂轮超出工件端面，其超出距离为砂轮宽度的 1/2 左右。工作台的行程如图 4－3 所示。 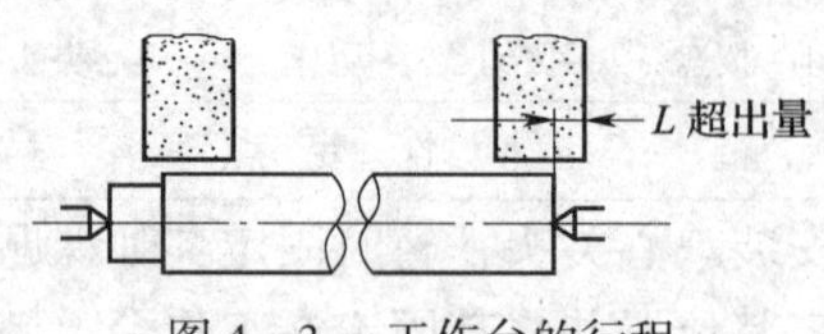 图 4－3　工作台的行程 **2. 粗磨** （1）参考表 4－1，确定工件的圆周速度。 **表 4－1　工件的圆周速度**　m/min <table><tr><th>工件材料</th><th>粗　磨</th><th>精　磨</th></tr><tr><td>淬火钢</td><td>12</td><td>15～18</td></tr><tr><td>合金钢</td><td>9</td><td>9～12</td></tr><tr><td>铸铁</td><td>15～18</td><td>18～21</td></tr></table>（2）工件每转一周，工作台的进给量为砂轮宽度的 2/3～3/4，按此调整好进给速度。 （3）调整工作台在两端的停留时间，在此时间内工件旋转 1～2 周。 （4）使砂轮快速前进，当砂轮快接触到工件外圆时，立即停止，手动进给砂轮架，使砂轮接触到工件外圆，记下此时的刻度值。 （5）打开切削液阀门，使切削液喷出，让工作台做自动进给。 （6）在工件的一端或两端每次进给 0.02～0.04 mm，磨削整个面。 （7）使砂轮快速后退，用千分尺检查尺寸及圆柱度。 （8）留 0.02～0.05 mm 作为精加工余量。 **3. 调整工作台** 如工件轴线与工作台纵向进给方向不平行，则加工外圆时会产生锥度，为保证加工精度，必须进行修正，如图 4－4 所示为工作台的调整方法。 （1）利用工件粗磨时调整 1）如图 4－4a 所示，将百分表（或千分表）5 装在下工作台 4 的支架上，其测头与上工作台 1 接触。 2）测定粗加工过程中工件两端的直径差，估计需修正的锥度值，换算成百分表测头的移动量。 3）拧松螺钉 2，松开压板 3，按换算的结果调整螺钉 6，用百分表精确控制上工作台的转动量。

训练步骤	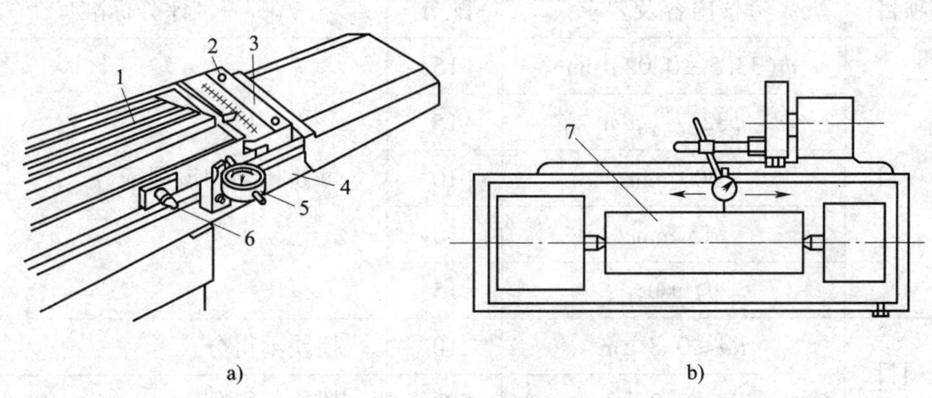 图 4－4　工作台的调整方法 a）利用工件粗磨时调整　b）利用标准样棒进行调整 1—上工作台　2、6—螺钉　3—压板　4—下工作台　5—百分表　7—标准样棒 4）拧紧螺钉 2，压紧压板 3，再进行粗磨。反复测量和调整，直至消除工件的锥度为止。 （2）利用标准样棒进行调整 如图 4－4b 所示，如工件加工余量很少，则可用标准样棒进行调整。将标准样棒装夹于头架和尾座两顶尖之间，将磁性表座置于砂轮架上，百分表测头对准标准样棒外侧左右移动工作台，看百分表读数进行调整。具体步骤与粗磨工件调整时相似。 **4. 精磨外圆** （1）确定工件旋转速度。 （2）调整工作台纵向进给速度，使工件每转一周，工作台进给量为砂轮宽度的 1/8～1/4。 （3）如有必要，修整砂轮。 （4）一次切入量为 0. 002 5～0. 010 0 mm，并经常测定，同时根据测量结果进行磨削。 （5）最后往复 2～3 次，磨削至没有火花出现为止（光磨，特别对于长径比较大的工件，需要充分光磨）。
注意事项	1. 调整上工作台找正工件圆柱度时，调整螺钉的转动量不宜过大，应微量转动调整螺钉。反向转动调整螺钉时，应注意消除间隙。 2. 调整并找正工件圆柱度前，砂轮应退离工件远一些（大于 50 mm 快速进退量），以防砂轮与工件相撞。 3. 上工作台调整后，砂轮应在工件最大尺寸处吃刀（指所磨的长度内），不能从小尺寸处吃刀，以免工作台纵向移动后，因火花越来越大，影响磨削精度，甚至产生事故。 4. 为防止工件发热、变形，保证工件的精度和表面质量，磨削时必须浇注充足的切削液。

考核项目	考核内容及要求	配分	评分标准
主要项目	$\phi(33.5\pm0.02)$ mm	15	每处超差扣该项配分
	$\phi32_{-0.10}^{-0.05}$ mm	15	
	300 mm	10	
	15 mm	10	
	⌭ 0.015	15	
一般项目	$Ra\leqslant0.8$ μm	10	超差不得分
	$Ra\leqslant3.2$ μm	6	超差不得分
设备及工具、量具、刃具的使用及维护	常用工具、量具、刃具的合理使用与保养	4	使用不当每次扣 2 分，维护及保养不当每次扣 2 分
	正确操作磨床并及时发现设备故障	4	操作不当每次扣 2 分
	磨床的润滑	2	每少润滑一处扣 0.5 分
	磨床的保养工作	2	加工后未按要求擦拭或保养不当酌情扣分
安全文明生产	正确执行安全技术操作规程	5	每违反一项规定扣 2 分
	正确穿戴工作服（帽）	2	工作服（帽）穿戴不正确不得分
工时定额	120 min		超 10 min 倒扣 5 分；超 30 min 不得分

子课题 6　外圆磨削（二）

课 题 名 称	外圆磨削（二）
操作技能要求	1. 能正确安装及调整中心架。 2. 能合理选择切削用量。
工具、量具及材料	低碳钢圆棒、中心架、千分尺、百分表、鸡心夹头、一套扳手

<table>
<tr><td>课题图</td><td>
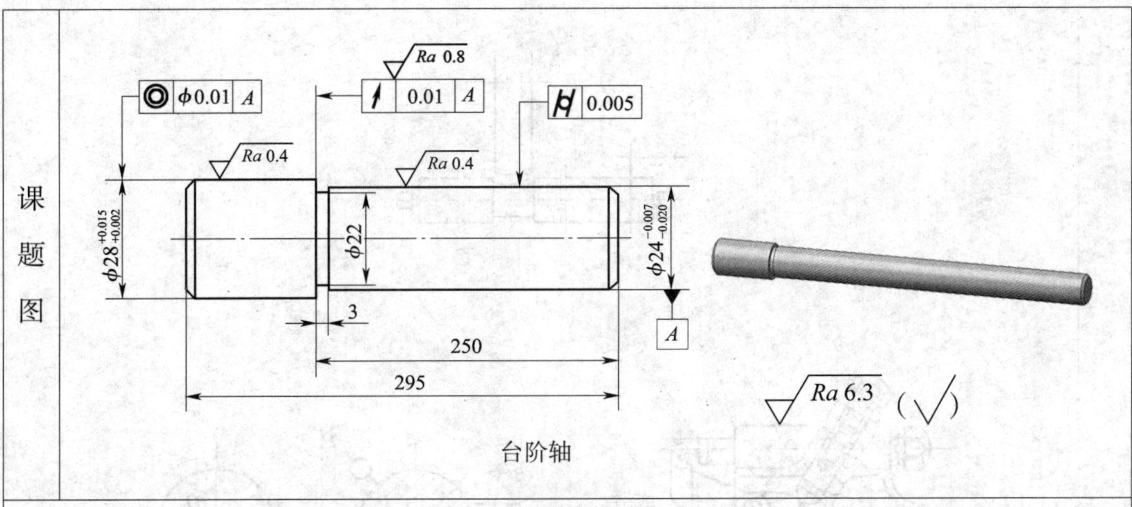

台阶轴
</td></tr>
<tr><td colspan="2">操 作 要 点</td></tr>
<tr><td>训练步骤</td><td>

1. 准备

（1）按工件长度决定尾座的位置，并将尾座固定在工作台上。

（2）工件的一端暂时用鸡心夹头固定，在工件顶尖孔中加润滑脂。将工件装夹在两顶尖间。

（3）修正鸡心夹头位置，并紧固。

（4）将中心架放在工作台上，确定其位置，使其支撑工件的中部。

（5）拧紧锁紧螺母，紧紧地将中心架固定在工作台上，按图 4－5 所示装夹工件。

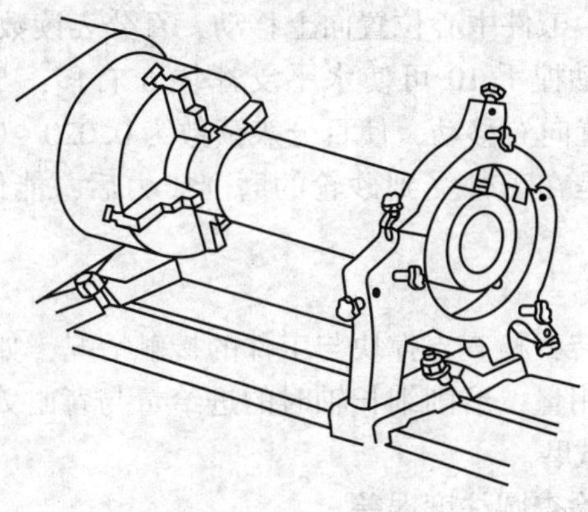

图 4－5　装夹工件

2. 调整中心架支撑块

调整中心架支撑块的方法如图 4－6 所示。

（1）在工件的中心架支撑处先磨出一小段外圆 C，以保证中心架支撑块与工件良好接触。磨削时砂轮缓慢横向切入，以防止工件因受力过大而弯曲变形。外圆 C 处留一定的加工余量，如图 4－6a 所示。

（2）将百分表放在与两支撑块呈 45°的外圆上，测头与工件外圆接触，转动表盘使指针对准零线。
</td></tr>
</table>

<table>
<tr>
<td>训
练
步
骤</td>
<td>

a)

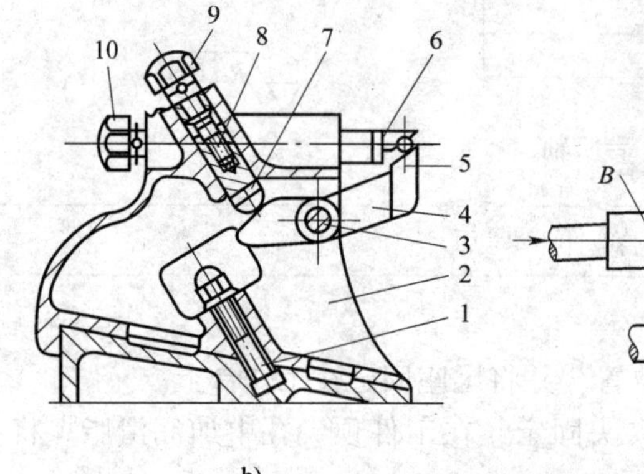

b)

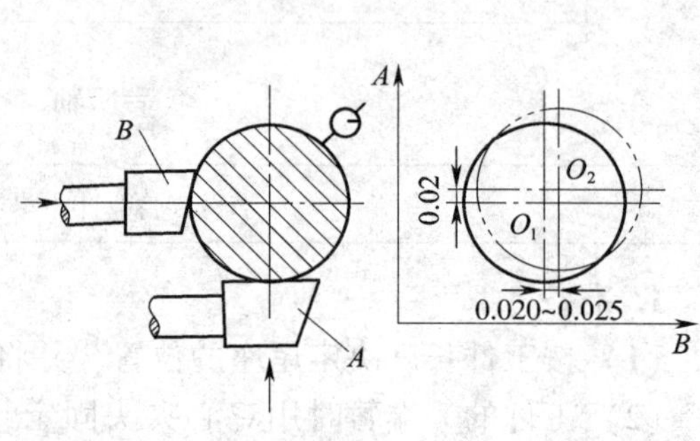

c)

图4-6　调整中心架支撑块的方法

1—锁紧螺栓　2—中心架体　3—销　4—杠杆　5、6—支撑块　7—套筒　8—螺杆　9、10—捏手

（3）如图4-6b所示，转动捏手9，经螺杆8、套筒7、杠杆4使垂直支撑块5上移与工件接触后，工件中心位置向上移动，百分表读数约为0.02 mm。

（4）同样，转动捏手10可使水平支撑块6右移，与工件接触后继续转动捏手10，使工件中心位置向右移动，使百分表读数为0.020~0.025 mm。工件中心位置向右上方移动的原因是在工件受到砂轮的磨削压力后，能使工件处于正确位置，如图4-6b、c所示。

3. 磨削

（1）使工件旋转，检查支撑块与工件的接触情况，如接触不良就重新调整。

（2）确定磨削用量，磨削细长轴时的进给量与背吃刀量均应比一般外圆磨削小。采用外圆磨削要领试磨。

（3）用千分尺检查圆柱度误差。

（4）工件中间粗时，将工件向砂轮方向调整；工件中间细时，将工件向操作者方向调整。通过调整水平支撑块的位置改变工件的位置。

（5）按图样要求尺寸进行磨削（充分进行光磨）。

</td>
</tr>
<tr>
<td>注
意
事
项</td>
<td>

1. 为防止工件发热变形，并保证工件的精度和表面质量，磨削时必须浇注充足的切削液。

2. 磨削外圆时，横向进给应在近台阶旁换向时进行，以保持砂轮左端面尖角锋利，使台阶外圆的根部尺寸准确。

</td>
</tr>
</table>

注意事项	3. 磨削端面时，砂轮必须先横向退出 0.5 mm，以免在磨削端面时，因工件和砂轮的接触面积大而产生振动，破坏外圆原有的精度。 4. 砂轮接触工件端面时，应避免冲击或碰撞。同时，砂轮端面应修成内凹形，以保证砂轮端面与工件端面的线接触。 5. 对于位置精度要求高的台阶轴，磨削端面时要有足够的光磨时间。

考核项目	考核内容及要求	配分	评分标准
主要项目	$\phi24^{-0.007}_{-0.020}$ mm	20	每处超差扣该项配分
	$\phi28^{+0.015}_{+0.002}$ mm	20	
	◎ φ0.01 A	5	
	↗ 0.01 A	5	
	⌭ 0.005	5	
	250 mm、295 mm	5、5	
一般项目	$Ra\leqslant0.4$ μm（两处）	6/处	每处超差扣 6 分
	$Ra\leqslant0.8$ μm	4	超差不得分
设备及工具、量具、刃具的使用及维护	常用工具、量具、刃具的合理使用与保养	4	使用不当每次扣 2 分，维护及保养不当每次扣 2 分
	正确操作磨床并及时发现设备故障	4	操作不当每次扣 2 分
	磨床的润滑	2	每少润滑一处扣 0.5 分
	磨床的保养工作	2	加工后未按要求擦拭或保养不当酌情扣分
安全文明生产	正确执行安全技术操作规程	5	每违反一项规定扣 2 分
	正确穿戴工作服（帽）	2	工作服（帽）穿戴不正确不得分
工时定额	240 min		超 10 min 倒扣 5 分；超 30 min 不得分

子课题 7　外圆锥面磨削

<table>
<tr><td colspan="3">课 题 名 称</td><td>外圆锥面磨削</td></tr>
<tr><td colspan="3">操作技能要求</td><td>1. 能根据零件要求正确选择外圆锥面磨削方法。
2. 能磨削外圆锥面。</td></tr>
<tr><td colspan="3">材料及量具</td><td>具备磨削条件的圆锥体工件、百分表、圆锥套规</td></tr>
<tr><td>课题图</td><td colspan="3">技术要求
倒钝锐边。
外圆锥轴</td></tr>
<tr><td colspan="4">操 作 要 点</td></tr>
<tr><td rowspan="2">训练步骤</td><td colspan="3">一、转动工作台磨外圆锥面（图 4－7）</td></tr>
<tr><td>准备过程</td><td colspan="2">1. 将工件一端暂时固定于鸡心夹头。
2. 按工件长度确定尾座的位置，并将尾座固定在工作台上。
3. 工件顶尖孔擦净后涂润滑油，再将工件置于两顶尖之间。
4. 修正鸡心夹头的位置，并固定牢靠。
5. 松开上工作台固定螺钉，并将上工作台逆时针方向转过工件圆锥角的 1/2，即锥度角，再固定。转过的角度值从工作台右端的刻度上读出。
6. 启动机床，试运转。</td></tr>
</table>

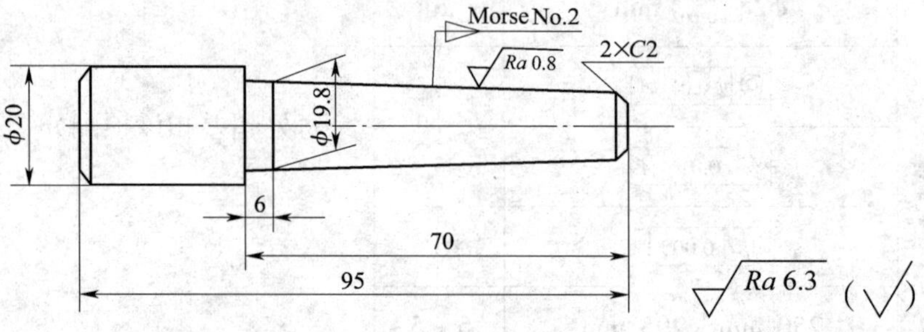

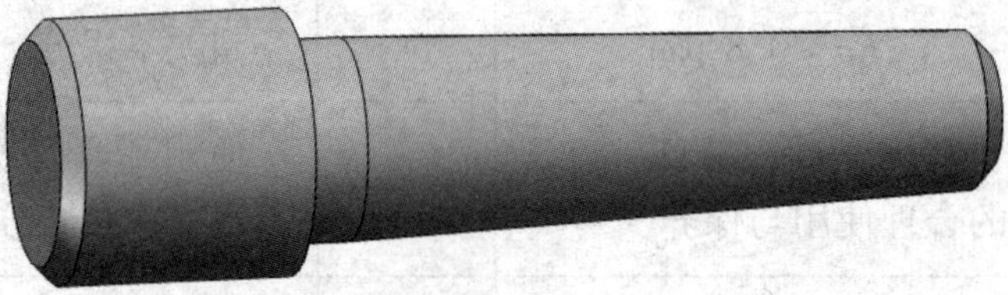

<table>
<tr><td rowspan="3">训
练
步
骤</td><td>准
备
过
程</td><td colspan="3"> 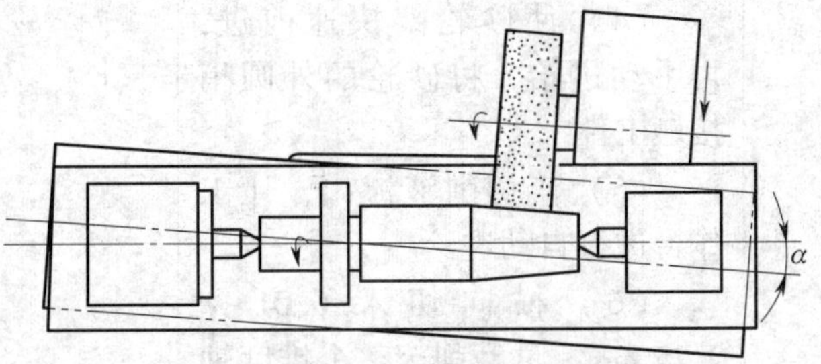图 4－7　转动工作台磨外圆锥面</td></tr>
<tr><td rowspan="2">工
件
加
工
过
程</td><td>1. 粗磨外圆锥面</td><td>(1) 确定工件的旋转速度。
(2) 调整工作台挡铁的位置，确定工作台行程。
(3) 调整工作台进给速度及在工件两端停留的时间。
(4) 使砂轮架快速前进，再手动进给，将砂轮的外圆稍接触工件。
(5) 使切削液流出，让工作台进行自动进给。
(6) 横向切入 0.02 ~ 0.04 mm，试磨削至整个锥度轴段一致为止。
(7) 在工件外圆涂红丹粉，配合圆锥套规检查锥度。
(8) 利用百分表控制锥度，修正上工作台的倾斜度（由工件与圆锥套规的接触情况判断修正量）。
(9) 进行试磨削，检查锥度，修正至整个锥面同圆锥套规一致为止。</td><td> 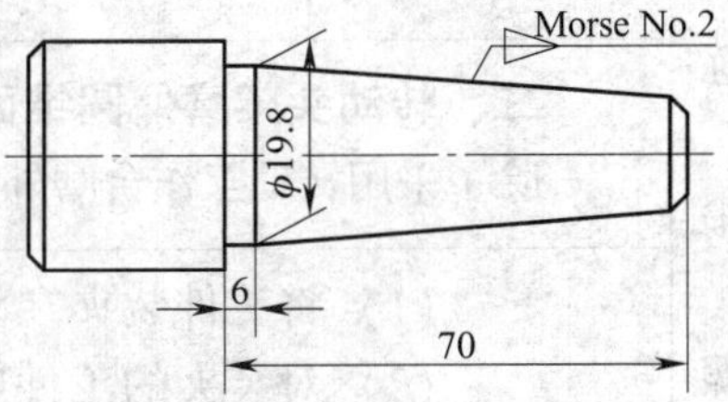粗磨外圆锥面</td></tr>
<tr><td>2. 精磨外圆锥面</td><td>(1) 确定工件的旋转速度。
(2) 调整工作台挡铁的位置，确定工作台行程。
(3) 调整工作台进给速度及在工件两端停留的时间。</td><td></td></tr>
</table>

<table>
<tr><td rowspan="4">训练步骤</td><td>工件加工过程</td><td>2. 精磨外圆锥面</td><td>（4）使砂轮架快速前进，再手动进给，将砂轮的外圆稍接触工件。
（5）使切削液流出，让工作台进行自动进给。
（6）横向切入 0.01 ~ 0.25 mm，试磨削至整个锥度轴段一致为止。
（7）在工件外圆涂红丹粉，配合圆锥套规检查锥度。
（8）利用百分表控制锥度，修正上工作台的倾斜度（由工件与圆锥套规的接触情况判断修正量）。
（9）进行试磨削，检查锥度，修正至整个锥面同圆锥套规一致为止。</td><td> 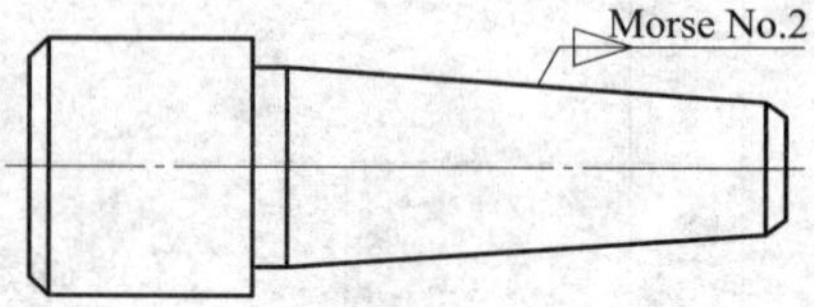Morse No.2
精磨外圆锥面</td></tr>
<tr><td colspan="4">二、转动头架磨外圆锥面（图 4-8）
除了采用转动工作台磨外圆锥面的方法外，还可以采用转动头架的方法磨外圆锥面。</td></tr>
<tr><td>准备过程</td><td colspan="3">（1）将工件装夹在头架的三爪自定心卡盘上。
（2）对装夹的工件进行找正。
（3）将头架转动一个与外圆锥斜面（锥度角）相等的角度（可从头架下面底座上的刻度盘读出）。 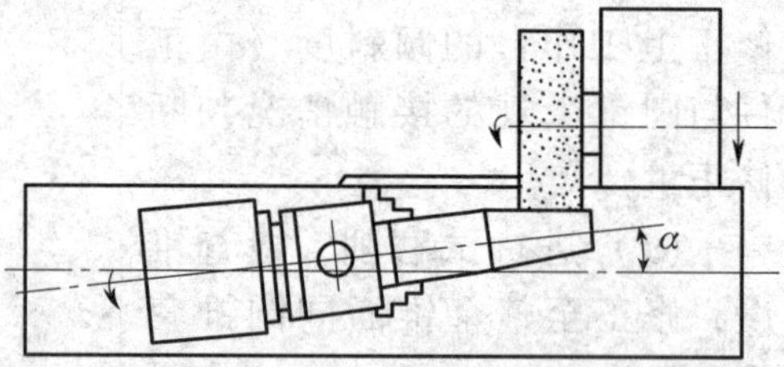
α
图 4-8　转动头架磨外圆锥面</td></tr>
<tr><td>工件加工过程</td><td colspan="2">可分粗磨与精磨，其操作方法和要领与转动工作台磨外圆锥面相同。</td><td> 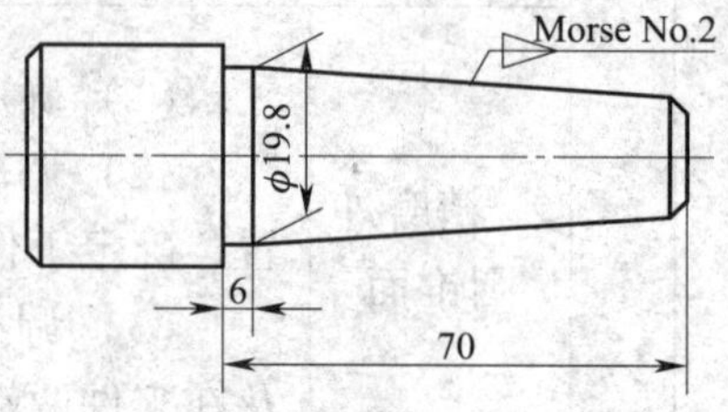Morse No.2
φ19.8
6
70
粗、精磨外圆锥面</td></tr>
</table>

注意事项	1. 测量外锥体时，工件装卸次数较多，应注意中心孔的清洁和润滑，以免影响加工精度。 2. 用圆锥套规检查接触情况时，推力不要过大。 3. 调整工作台时，应注意调整量不要过大。		
考核项目	考核内容及要求	配分	评分标准
主要项目	ϕ19. 8 mm	10	每处超差扣该项配分
	莫氏 2 号圆锥（α 为 2°51′40″）	30	
	ϕ20 mm	10	
	70 mm、95 mm、6 mm	10	
	C2 mm（两处）	5	
一般项目	Ra≤0. 8 μm	16	每处超差扣 1 分
设备及工具、量具、刃具的使用及维护	常用工具、量具、刃具的合理使用与保养	4	使用不当每次扣 2 分，维护及保养不当每次扣 2 分
	正确操作磨床并及时发现设备故障	4	操作不当扣 2 分
	磨床的润滑	2	每少润滑一处扣 0. 5 分
	磨床的保养工作	2	加工后未按要求擦拭或保养不当酌情扣分
安全文明生产	正确执行安全技术操作规程	5	每违反一项规定扣 2 分
	正确穿戴工作服（帽）	2	工作服（帽）穿戴不正确不得分
工时定额	150 min		超 10 min 倒扣 5 分；超 30 min 不得分

课题二　平面磨削

子课题 1　平面磨床的基本操作

课 题 名 称	平面磨床的基本操作
操作技能要求	能正确操作平面磨床。
设备	M7120 型平面磨床
课题图	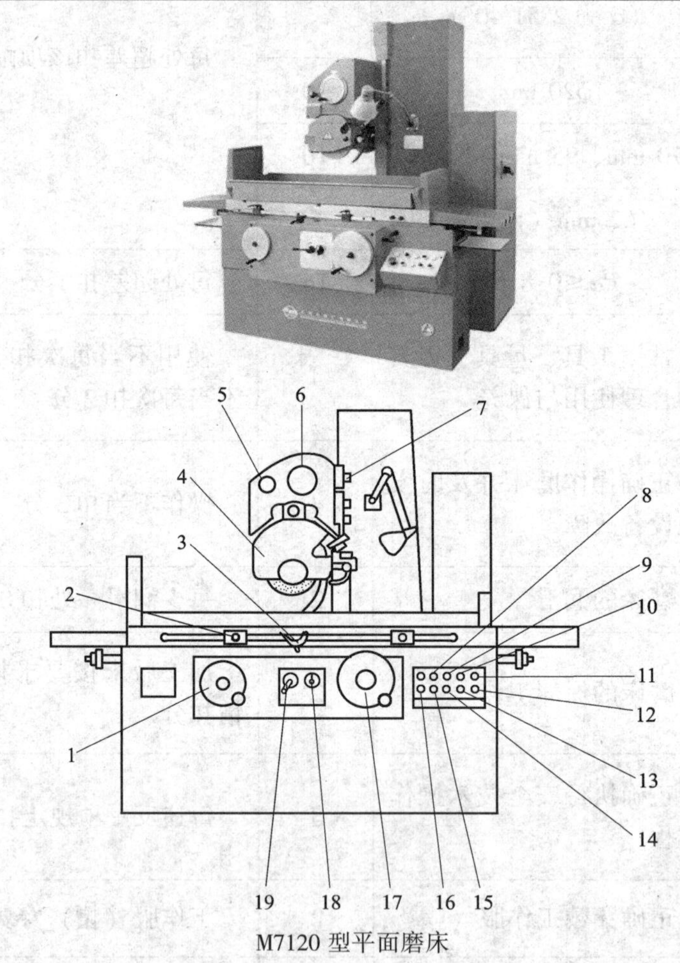 M7120 型平面磨床 1—工作台手动进给手轮　2—工作台行程挡铁　3—工作台换向手柄　4—磨头　5—磨头换向手柄 6—磨头横向手动进给手轮　7—磨头润滑按钮　8—砂轮低速启动按钮　9—砂轮停止按钮 10—砂轮高速启动按钮　11—切削液开关　12—电磁吸盘工作状态选择开关　13—磨头自动下降按钮 14—磨头自动上升按钮　15—液压泵启动按钮　16—总停按钮　17—垂直进给手轮 18—磨头液动进给旋钮　19—工作台启动调速手柄

操作要点

训练步骤

1. 工作台的操作

（1）液压操作步骤

1）按动液压泵启动按钮 15，启动液压泵。

2）调整工作台行程挡铁 2 至两极限位置。

3）在液压泵工作数分钟后，扳动工作台启动调速手柄 19，向顺时针方向转动，使工作台从慢到快进行运动。

4）扳动工作台换向手柄 3，使工作台往复换向 2～3 次，检查动作是否正常，然后使工作台做自动换向运动。

（2）手动操作步骤

1）扳动工作台启动调速手柄 19，向逆时针方向转动，使工作台从快到慢直至停止运动。

2）摇动工作台手动进给手轮 1，工作台做纵向进给运动，手轮向顺时针方向转动，工作台向右移动；手轮向逆时针方向转动，工作台向左移动。

2. 磨头的操作

（1）磨头的横向液动进给

1）向逆时针方向转动磨头液动进给旋钮 18（课题图），使磨头从慢到快连续进给；调节磨头左侧槽内挡铁 1 的位置，使磨头在电磁吸盘的台面横向全程范围内往复移动，实现横向进给，如图 4－9 所示。

2）向顺时针方向转动磨头液动进给旋钮 18，使磨头在工作台纵向运动换向时做横向断续进给；进给量可在 1～12 mm 范围内调节。磨头断续或连续进给需要换向时，可操纵磨头换向手柄 3，手柄向外拉出，磨头向外进给；手柄向里推进，磨头向里进给（课题图）。

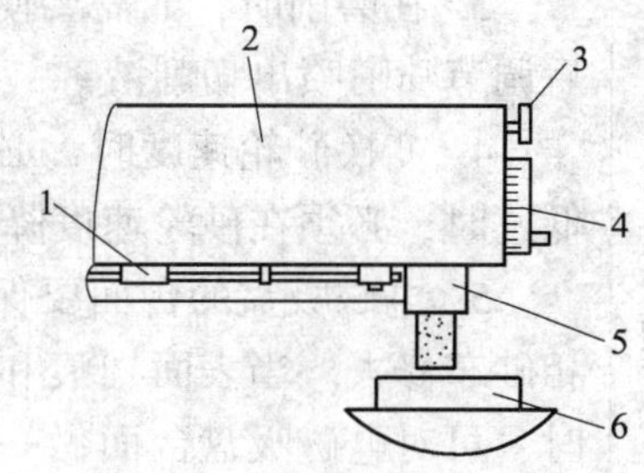

图 4－9　磨头的横向进给

1—挡铁　2—滑板　3—磨头换向手柄　4—磨头横向手动进给手轮　5—磨头　6—电磁吸盘

（2）磨头的横向手动进给

当用砂轮端面进行横向进给磨削时，砂轮需停止横向液动进给。操作时，应将磨头液动进给旋钮 18 旋至中间停止位置；然后手摇磨头横向手动进给手轮 4（图 4－9）使磨头做横向进给，向顺时针方向摇动手轮，磨头向外移动，向逆时针方向摇动手轮，磨头向里移动。手轮每格进给量为 0.01 mm。

（3）磨头的垂直自动升降

磨头垂直自动升降是由电气控制的。如课题图所示，操纵时，先把垂直进给手轮 17 向外拉出，使操纵箱内的齿轮脱开，然后按动磨头自动上升按钮 14，滑板沿导轨向上移动，带动磨头 4 垂直上升；按动磨头自动下降按钮 13，滑板向下移动，磨头垂直下降；松开按钮，磨头停止升降。磨头的自动升降一般用于磨削前的预调整，以减轻劳动强度，提高生产效率。

<table>
<tr><td>训
练
步
骤</td><td>（4）磨头的垂直手动进给
如课题图所示，磨头的垂直手动进给是通过摇动垂直进给手轮 17 来完成的。操纵时，把手轮 17 向里推进，使操纵箱内齿轮啮合，摇动手轮 17，磨头垂直上下移动。手轮顺时针方向摇动一圈，磨头下降 1 mm。手轮每格进给量为 0.005 mm。
3. 砂轮的启动
为了保证砂轮主轴使用的安全性，在启动砂轮前，必须先启动润滑泵，使砂轮主轴得到充分润滑，保证砂轮启动时的安全。
操作时，在润滑泵启动约 3 min 后，先按动砂轮低速启动按钮 8（课题图），使砂轮低速运转；运转正常后，再按动砂轮高速启动按钮 10，使砂轮高速运转；磨削结束后，按动砂轮停止按钮 9，砂轮停止运转。若润滑泵不启动，砂轮是无法启动的。</td></tr>
<tr><td>注
意
事
项</td><td>1. 磨头在做横向或垂直进给前，应先按动磨头润滑按钮 7（课题图），润滑立柱导轨、磨头导轨、滚动螺母等，每班一次。
2. 磨头在自动下降时要注意安全，不要在砂轮与工件相距很近时才松开按钮，以免由于惯性使砂轮撞到工件。
3. 在磨削时，如需要使用切削液，可转动切削液开关 11，使切削液泵工作，然后调节喷嘴喷出切削液。
4. 变换砂轮速度时，必须先按砂轮停止按钮 9，然后再变换速度。从高速变换到低速时，必须在砂轮速度降低后再启动，以免损坏机床。
5. 电磁吸盘的台面要保持平整、光洁，如发现有划伤现象，应及时用油石或金相砂布修去。当表面划痕和毛刺较多、较深或者有某些变形，影响工件的加工精度时，可对电磁吸盘台面做一次修磨。修磨时，电磁吸盘应接通电源，即处于工作状态。每次修磨量应尽可能小，以延长电磁吸盘的使用寿命。</td></tr>
</table>

子课题 2　砂轮的修整（平面磨削）

课 题 名 称	砂轮的修整（平面磨削）
操作技能要求	能正确修整砂轮。
工具	金刚石修整器、修整器的定位器、修整棒

课题图	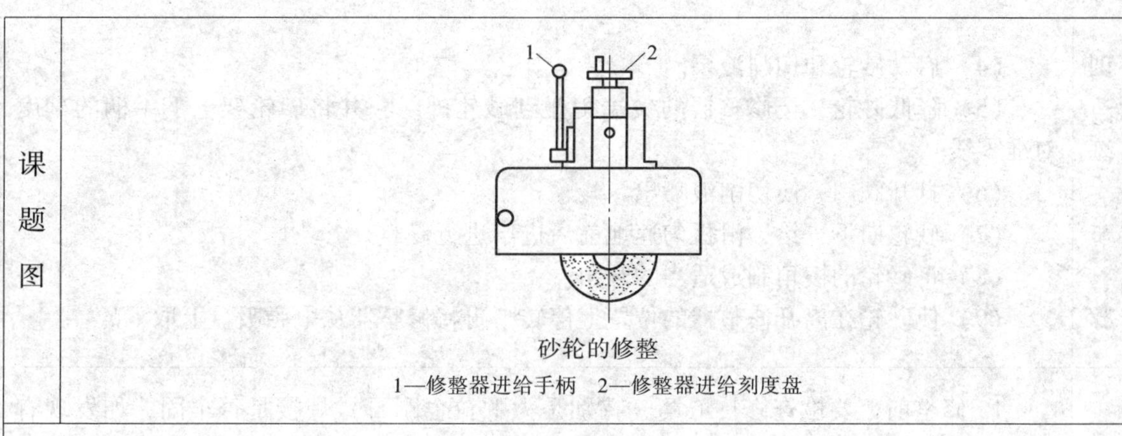 砂轮的修整 1—修整器进给手柄　2—修整器进给刻度盘
操作要点	
训练步骤	**1. 用金刚石修整器修整砂轮** 如图 4－10 所示为用金刚石修整器修整砂轮。 （1）启动砂轮和切削液泵。 （2）金刚石与砂轮的接触位置如图 4－10 所示。打开砂轮罩的盖子，将修整器进给手柄拉于身前。 （3）轻轻地转动修整器进给刻度盘，使修整器的尖端接触砂轮的外缘。 （4）将修整器进给手柄退回原处，盖上砂轮罩的盖子。 （5）打开阀门，使切削液喷出。 （6）根据修整器进给刻度盘的刻度进给修整器，往复操作修整器的进给手柄进行修整（修整器一次进给 0.015～0.025 mm；修整器的进给速度，粗磨时为 250～500 mm/min，精磨时为 100～250 mm/min，按照需要进行光磨）。 （7）用修整棒将砂轮的棱角制成适当的圆角。 **2. 用装在修整器座上的修整器修整砂轮** 如图 4－11 所示为用装在修整器座上的修整器修整砂轮。 （1）将电磁吸盘台面及修整器的底面用棉纱擦净。 （2）将定位器置于电磁吸盘的中央，使其被电磁吸盘吸住。 （3）将修整器座中央调整至距砂轮中心线 3 mm 以内的位置，如图 4－11 所示。 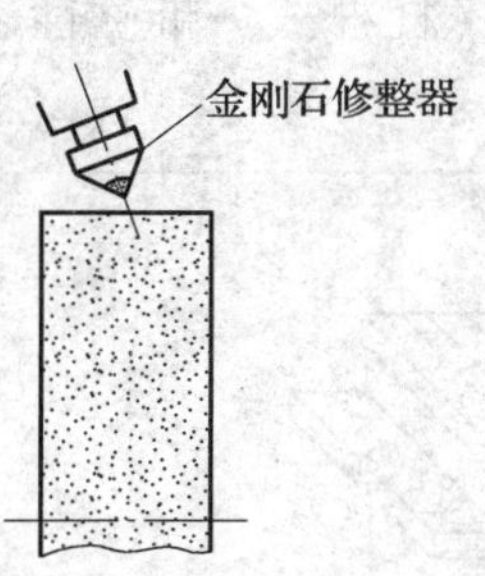 图 4－10　用金刚石修整器修整砂轮 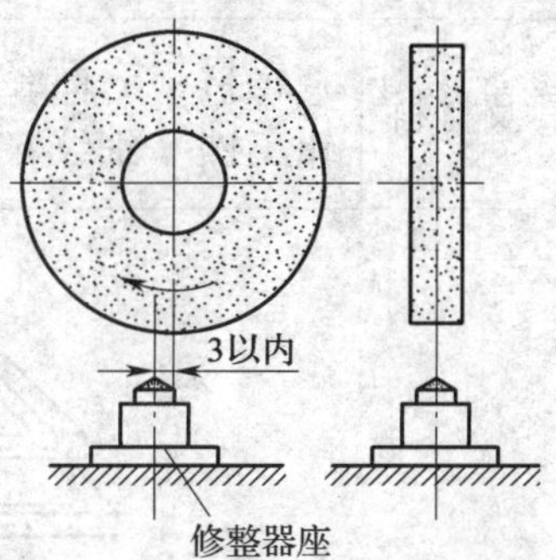 图 4－11　用装在修整器座上的修整器修整砂轮

训练步骤	(4) 启动砂轮和切削液泵。 (5) 降低砂轮，至修整器的尖端稍碰到砂轮外缘，并将砂轮架上下手柄的刻度对准零线。 (6) 打开阀门，使切削液喷出。 (7) 砂轮向下进给，滑板匀速地前后进给进行修整。 (8) 将砂轮的棱角制成适当的圆角。 (9) 使砂轮在离开修整器的位置上停转，再将修整器从电磁吸盘上取下。
注意事项	1. 修整前，要检查修整工具（特别是大颗粒金刚石）焊接是否牢固，如发现有松动，应立即停止使用。 2. 在电磁吸盘台面上用砂轮修整器修整圆周面时，金刚石与砂轮中心有一定偏移量。在修整砂轮时，工作台不能移动；否则，金刚石吃进砂轮太深，容易损坏金刚石和砂轮。 3. 在启动砂轮架快进手柄时，应尽量使修整工具避开砂轮，以免碰撞、损坏修整工具。 4. 修整时，应及时在修整工具上浇注切削液，以免金刚石碎裂或烧伤。 5. 在用金刚石修整砂轮端面时，一般采用手动垂直进给，不宜采用自动垂直进给，因为自动垂直进给速度较快，较难控制换向距离，容易进给过头。手动进给时也要注意换向距离，不要使砂轮修整器撞到法兰盘，也不要上升过头，以防将端面凸台修去。

子课题 3　工件的装夹

课题名称	工件的装夹
操作技能要求	能用电磁吸盘正确装夹工件。
工具、量具及材料	钢材（表面经过加工）、千分表（杠杆式、带磁性表座）、铜锤、钳工锉（细纹）、待装夹的工件
课题图	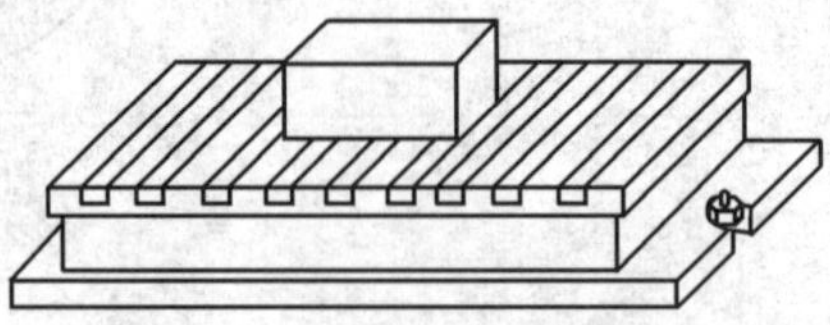 长方体工件的装夹方法

	操 作 要 点
训练步骤	**1. 装夹工件的准备工作** （1）用棉纱将电磁吸盘台面擦净，除去灰尘。 （2）除去工件的毛刺等，并用棉纱将其擦净。 **2. 长方体工件的装夹方法** 长方体工件的装夹方法如课题图所示。 （1）将工件轻轻地置于电磁吸盘中央。 （2）打开励磁开关，工件被吸住。 （3）用手检查工件是否被吸牢。 **3. 台阶工件的装夹方法** 如图 4－12 所示为台阶工件的装夹方法。 （1）将工件轻放于电磁吸盘中央，目测并调整其与电磁吸盘平行。 （2）使千分表的测头接触基准面。 （3）手动使工作台左右移动，检查工件的装夹情况，用铜锤轻轻敲打，使其完全被吸牢。 （4）打开励磁开关，使工件被吸住，取下千分表。 **4. 底部面积小的工件的装夹方法** 如图 4－13 所示为底部面积小的工件的装夹方法。 （1）将工件轻轻置于电磁吸盘中央，添加三块及以上的辅助垫铁。 （2）打开励磁开关将工件吸牢。 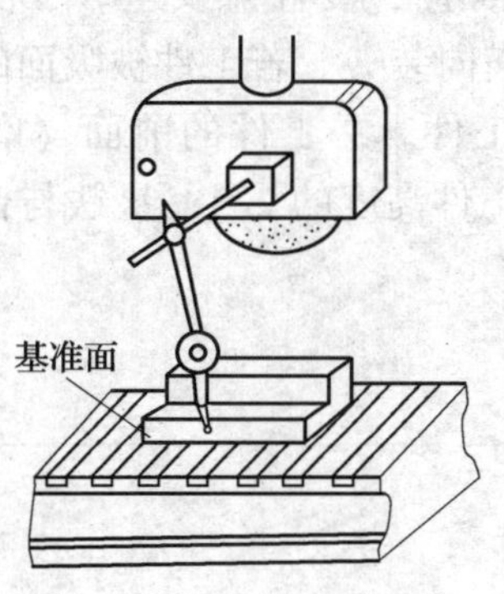 图 4－12　台阶工件的装夹方法 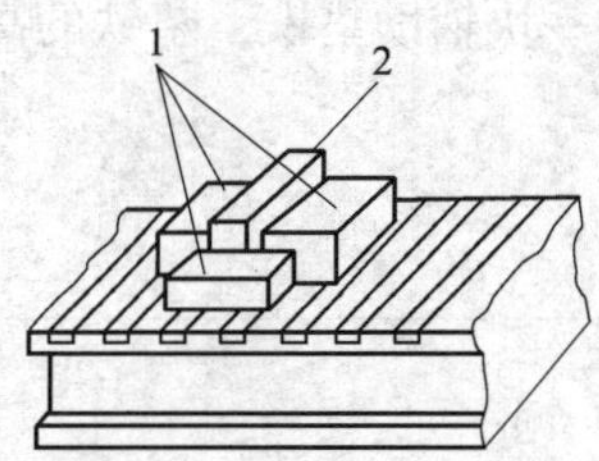 图 4－13　底部面积小的工件的装夹方法 1—辅助垫铁　2—工件 **5. 卸下工件** （1）切断励磁开关，用手取下工件，不要用力拖拉工件，以免擦伤电磁吸盘而影响磁力。 （2）取不下工件时，将开关反方向合闸 2～3 次，再将其取下。 **6. 其他装夹方法** 根据工件的形状和材质不同，还有其他多种装夹方法，如图 4－14 所示。

<table>
<tr><td>训练步骤</td><td>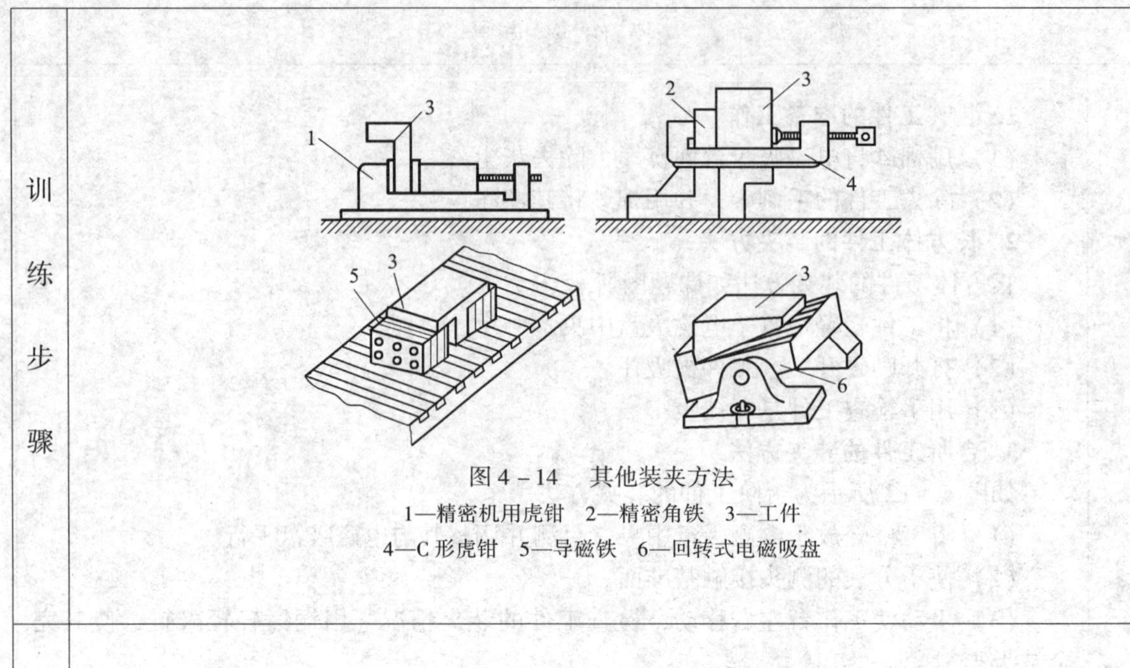

图 4－14　其他装夹方法
1—精密机用虎钳　2—精密角铁　3—工件
4—C 形虎钳　5—导磁铁　6—回转式电磁吸盘</td></tr>
<tr><td>注意事项</td><td>1. 装夹工件时，应将定位面擦干净，以免因污物影响工件的平行度或划伤工件表面。
2. 装夹工件时，应将工件定位表面覆盖电磁吸盘台面绝缘层，以充分利用电磁吸力。
3. 在以小面为基准面，磨厚度最大的平行面时，要注意安全。工件在电磁吸盘台面上的装夹位置应与工作台纵向平行，不能横向装夹。若工件被吸面的面积小于纵向方位两侧高度的 1/2，则应将其列为易翻倒工件。在工件的前面（磨削力作用方向）应加一块辅助垫铁，垫铁的高度不得小于工件高度的 2/3，垫铁与台面的接触面积要大。</td></tr>
</table>

子课题 4　平 面 磨 削

课 题 名 称	平面磨削
操作技能要求	能正确磨平面。
工具、量具及材料	千分尺、深度游标卡尺、油石、消磁器、平板（45 钢）

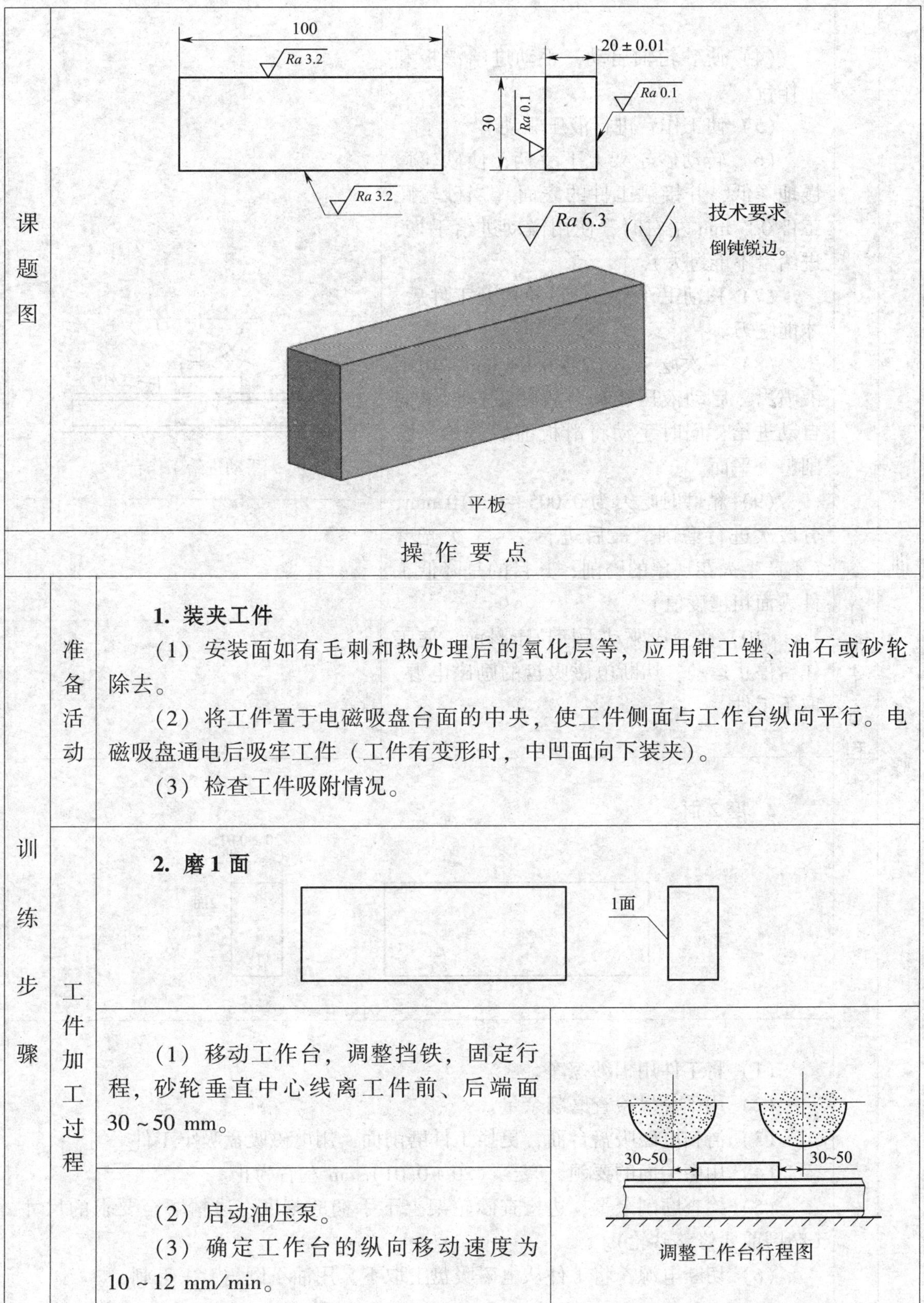

课题图	平板

操作要点

训练步骤——准备活动

1. 装夹工件

（1）安装面如有毛刺和热处理后的氧化层等，应用钳工锉、油石或砂轮除去。

（2）将工件置于电磁吸盘台面的中央，使工件侧面与工作台纵向平行。电磁吸盘通电后吸牢工件（工件有变形时，中凹面向下装夹）。

（3）检查工件吸附情况。

训练步骤——工件加工过程

2. 磨1面

（1）移动工作台，调整挡铁，固定行程，砂轮垂直中心线离工件前、后端面30 ~ 50 mm。

（2）启动油压泵。

（3）确定工作台的纵向移动速度为10 ~ 12 mm/min。

调整工作台行程图

<table>
<tr><td rowspan="3">训练步骤</td><td rowspan="3">工件加工过程</td><td>（4）使砂轮轴启动，手动进给滑板和工作台。
（5）使工作台进行液压驱动。
（6）转动砂轮架上下手柄，使砂轮慢慢地降低，并接触工件的表面（当砂轮距工件 0.5 mm 左右时，使用微动进给手柄，进给量不能过大）。
（7）移动工作台，使砂轮离开工件后，才能吃刀。
（8）一次吃刀 0.02 ~ 0.04 mm，切削液喷出，启动液压驱动装置使工作台纵向自动进给，同时手动将滑板前后进给，磨削整个平面。
（9）精磨时吃刀为 0.005 ~ 0.010 mm，分段次进行磨削。最后进行 2 ~ 3 次光磨（不产生火花现象的磨削，其目的是降低工件表面粗糙度值）。
（10）将液压驱动手柄拉于身前，使工作台停止运动，切断电磁吸盘的励磁电源，取下工件。</td><td> 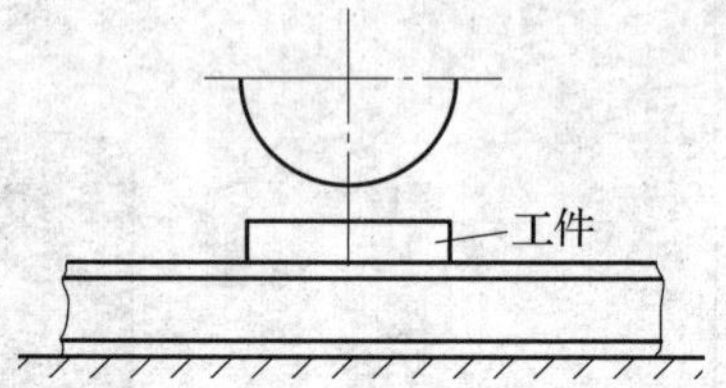工件
手动进给工作台</td></tr>
<tr><td colspan="2">3. 磨 2 面
20 ± 0.01
2面</td></tr>
<tr><td colspan="2">（1）将工件用棉纱擦净。
（2）用千分尺检查磨削余量。
（3）清扫电磁吸盘台面，更换工件磨削面，用电磁吸盘吸牢工件。
（4）用磨 1 面的要领，磨至（20 +0.01）mm 左右为止。
（5）检查磨削余量，边检查砂轮架上下手柄的刻度，边精磨至要求的尺寸（精磨前要修整砂轮）。
（6）切断电源，将工件从电磁吸盘上取下，用油石倒角、去毛刺。</td></tr>
</table>

<table>
<tr><td rowspan="1">训练步骤</td><td>工件加工过程</td><td>

4. 消磁

（1）在消磁器上铺棉纱或薄布。

（2）打开消磁器的开关，轻轻放上工件。

（3）将位于消磁器中央的槽作为界限，使工件左右滑动数次。

（4）使工件水平滑动，离开消磁器（放工件时不要切断消磁器的开关）。

（5）检查工件是否完全消磁（如消磁不完全，应再次进行消磁）。

（6）切断消磁器电源开关。

</td><td>

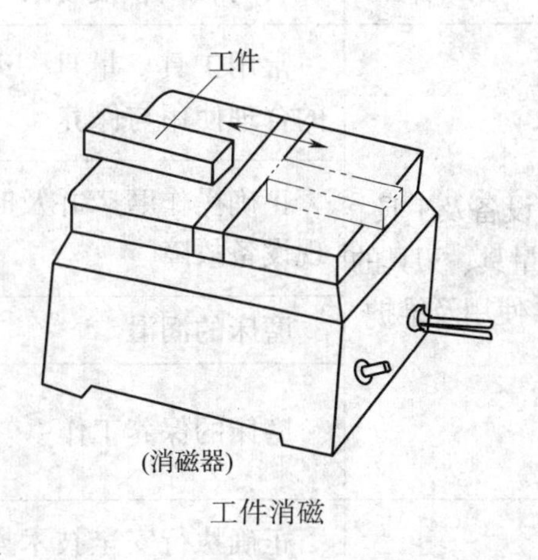

工件消磁

</td></tr>
<tr><td colspan="2">注意事项</td><td colspan="2">

1. 装夹工件时，应将定位面擦干净，以免因污物影响工件的平行度和划伤工件表面。

2. 装夹工件时，应将工件定位表面覆盖电磁吸盘台面绝缘层，以充分利用电磁吸力。

3. 磨薄片工件时要防止产生弯曲变形，砂轮要保持锋利，切削液要充分，磨削深度要小，工作台纵向进给速度可调整得快一些。在磨削过程中，要多次翻转工件，并采用垫纸等方法来减小工件平面度误差。

4. 磨平行面时，砂轮横向进给应选择断续进给，不宜选择连续进给，砂轮在工件边缘超出砂轮宽度的1/2时应立即换向，不能在砂轮全部越出工件平面后再换向，以免产生塌角。

5. 用机用虎钳装夹工件磨垂直平面时，要注意机用虎钳本身精度的误差，使用前应检查机用虎钳底面、侧面和钳口是否有毛刺或硬点，如有，应除去后才能使用。

6. 批量生产时，毛坯的留磨余量须经过预测、分档、分组后再进行加工。这样可避免因工件的高度不一使砂轮吃刀量太大而碎裂。

</td></tr>
</table>

考核项目	考核内容及要求	配分	评分标准
主要项目	(20 ± 0.01) mm	30	每处超差扣该项配分
	100 mm	10	
	30 mm	10	
一般项目	$Ra \leqslant 0.1$ μm（两处）	10/处	每处超差扣 1 分
	$Ra \leqslant 3.2$ μm	10	

考核项目	考核内容及要求	配分	评分标准
设备及工具、量具、刃具的使用及维护	常用工具、量具、刃具的合理使用与保养	5	使用不当每次扣 2 分，维护及保养不当每次扣 2 分
	正确操作磨床并及时发现设备故障	4	操作不当扣 2 分
	磨床的润滑	2	每少润滑一处扣 0.5 分
	磨床的保养工作	2	加工后未按要求擦拭或保养不当酌情扣分
安全文明生产	正确执行安全技术操作规程	5	每违反一项规定扣 2 分
	正确穿戴工作服（帽）	2	工作服（帽）穿戴不正确不得分
工时定额	180 min		超 10 min 倒扣 5 分；超 30 min 不得分

第五单元

数控加工

课题一　数控车加工

子课题1　数控车床的基本操作

课题名称	数控车床的基本操作
操作技能要求	能对数控车床进行基本操作。
设备	FANUC 数控车床
课题图	 FANUC 数控车床外观图
操作要点	
训练步骤	**1. 认识机床和手动进给操作练习** （1）熟悉机床坐标系原点位置。 （2）熟悉电源开关、“启动”和“停止”等按钮位置。 （3）熟悉机床各润滑点位置，对机床注油润滑。 **2. 熟悉面板操作** FANUC 0i TB 系统面板如图 5－1 所示。

训练步骤

图 5－1　FANUC 0i TB 系统面板

（1）按键说明。如图 5－2 所示的编辑面板中各按键的说明见表 5－1。

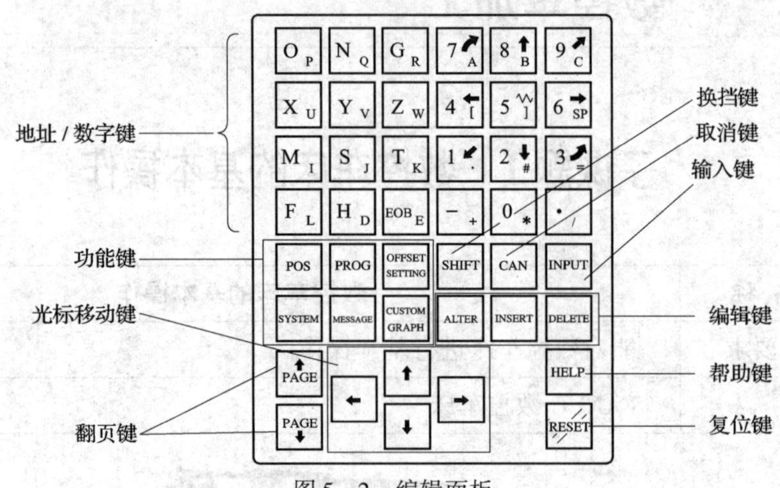

图 5－2　编辑面板

表 5－1　编辑面板中各按键的说明

名　称	说　明
复位键 RESET	按此键可使数控机床（Computer Numerical Control，CNC）复位，用以消除报警等
帮助键 HELP	按此键用来显示如何操作机床，如手动数据输入（Manuel Data Input，MDI）键的操作，可在 CNC 发生报警时提供报警的详细信息（帮助功能）
软键	根据使用场合的不同，软键有各种功能。软键功能显示在阴极射线管（Cathode Ray Tube，CRT）显示器屏幕的底部
地址/数字键 N Q　4 ← [　…	按这些键可输入字母、数字及其他字符

训练步骤

续表

名　称	说　明
换挡键 SHIFT	有些键的顶部有两个字符，按［SHIFT］键来选择字符。当特殊字符 Ê 在屏幕上显示时，表示可以输入键面右下角的字符
输入键 INPUT	按地址键或数字键后，数据被输入缓冲器中，并在 CRT 屏幕上显示出来。为了把输入缓冲器中的数据拷贝到寄存器中，可按［INPUT］键。这个键相当于软键的［INPUT］键，按这两个键的结果是一样的
取消键 CAN	按此键可删除已输入缓冲器中的最后一个字符或符号 当 CRT 屏幕显示输入缓冲器的数据为： >N001×100Z_ 时，按 CAN 键，则字符 Z 被取消，并显示： >N001×100
编辑键 ALTER　INSERT　DELETE	编辑程序时按下列键 ALTER：替换 INSERT：插入 DELETE：删除
功能键 POS　PROG　…	按这些键可切换各种功能显示画面
光标移动键 ← ↑ ↓ →	→：用于将光标朝右或前进方向移动。在前进方向光标按一段短尺寸单位移动 ←：用于将光标朝左或倒退方向移动。在倒退方向光标按一段短尺寸单位移动 ↓：用于将光标朝下或前进方向移动。在前进方向光标按一段大尺寸单位移动 ↑：用于将光标朝上或倒退方向移动。在倒退方向光标按一段大尺寸单位移动

训练步骤

续表

名　称	说　明
翻页键 	：用于在屏幕上朝前翻一页 PAGE：用于在屏幕上朝后翻一页

（2）功能键和软键。功能键用于选择显示的屏幕（功能）类型，面板主要功能键如图 5－3 所示。按功能键后，一按软键（菜单选择软键），与已选功能相对应的屏幕（节）就被选中（显示）。

1）画面的一般操作

①在 MDI 面板上按功能键，属于选择功能的菜单选择软键出现。

②按其中一个菜单选择软键，与所选的菜单相对应的画面出现。如果目标菜单的软键未显示，则按继续菜单键（下一个菜单键）。

③当目标菜单画面显示时，按操作选择软键显示被处理的数据。

④为了重新显示菜单选择软键，按菜单返回键。

2）功能键各按键的功能

POS 按此键显示位置画面

PROG 按此键显示程序画面

OFFSET SETTING 按此键显示刀偏 / 设定 (SETTING) 画面

SYSTEM 按此键显示系统画面

MESSAGE 按此键显示信息画面

CUSTOM GRAPH 按此键显示图形画面

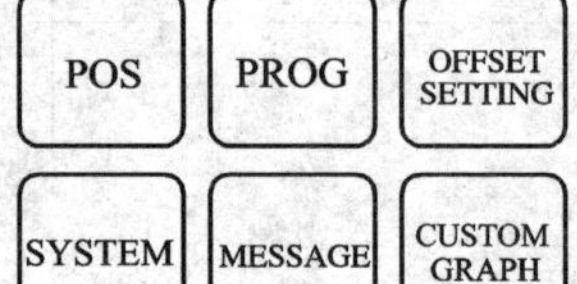

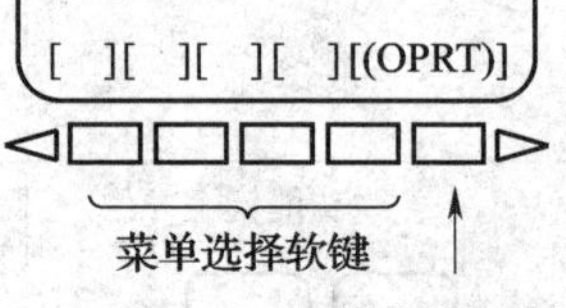

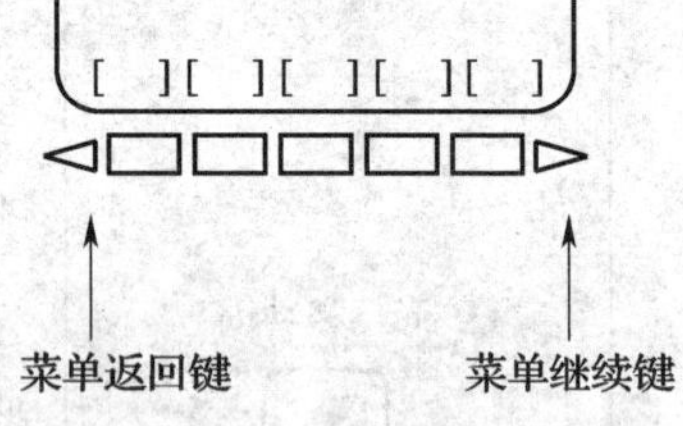

图 5－3　面板主要功能键

3. 返回参考点

（1）手动。按“返回参考点”开关，再按“＋X”键，则 X 轴返回参考点；然后按“＋Z”键，则 Z 轴返回参考点。

（2）MDI 操作。按“MDI”功能键，进入 MDI 操作界面，输入“G28 U0 W0”即可。注意：在回机床参考点前，应确保当前位置为参考点的负方向一段距离。一般在回机床参考点时，为了安全，应先回 X 轴，再回 Z 轴。

训 练 步 骤	**4. 程序编辑** （1）字的插入、修改与删除 1）字的检索。可以通过在程序文本中移动光标（扫描）、字检索或地址检索这三种方式进行字的检索。 移动光标键有以下几个。 [→] [←] [↓] [↑] [PAGE ↓] [↑ PAGE] 2）指向程序头。将光标移到程序的起始位置，该功能称为将程序指针指向程序头，这里叙述三种方法。 ① 选择 EDIT 方式，当选择程序画面时，按 RESET 键。当光标已经返回程序的开始处时，在画面上从头开始显示程序的内容。 ② 选择 MEMORY 方式或 EDIT 方式，当选择程序面画时，按 O 键；输入程序号；按软键［OSRH］。 ③ 选择 MEMORY 方式或 EDIT 方式；按 PROG 键；按［（OPRT）］键；按［REWIND］键。 3）字的插入。通过操作面板上的 INSERT 键插入字符。 4）字的删除。通过操作面板上的 DELETE 键删除字符。 5）字的修改。通过操作面板上的 ALTER 键修改字符。 （2）删除程序与程序段 1）删除程序。在编辑状态下，输入要删除的程序名，按 DELETE 键，即可删除该程序。 2）删除程序段。在编辑状态下，输入程序段号，按 DELETE 键，即可删除该程序段。 （3）后台编辑 在执行一个程序期间编辑另一个程序称为后台编辑。编辑方法与普通编辑（前台编辑）相同。 后台编辑的程序完成下述操作后，将被存到前台程序存储器中。在后台编辑期间，全部程序不能立即删除。 后台编辑的操作步骤如下。 1）在“自动”状态下，按软键［（OPRT）］，然后再按软键［BG－EDT］。 2）在后台编辑画面，用通常的程序编辑方法编辑程序。 3）编辑完成后，按软键［（OPRT）］，然后再按软键［BG－END］，所编辑的程序被存到前台程序存储器中。

<table>
<tr><td>训
练
步
骤</td><td>

5. 自动运行

按“编辑”功能键，打开需要执行的加工程序；输入程序名，按 ↓ 键即可调出程序；按“自动”功能键，再按“循环启动”键即可自动加工。

6. 刀具参数设置

假设为 1 号刀。

对 *Z* 轴：先车工件端面，按 OFFSET SETTING 键，按菜单选择软键【形状】，显示如图 5－4 所示的刀补参数画面，在刀补号 G001 中输入“Z0”，按菜单选择软键【测量】，则 *Z* 轴方向设置好。

对 *X* 轴：试车外圆一刀，沿 *Z* 轴方向退刀，停主轴，测量工件直径（假设测量值为 42. 36 mm），然后按 OFFSET SETTING 键，按菜单选择软键【形状】，显示如图 5－4 所示的画面，在刀补号 G001 中输入“X42. 36”，按菜单选择软键【测量】，则 *X* 轴方向设置好。

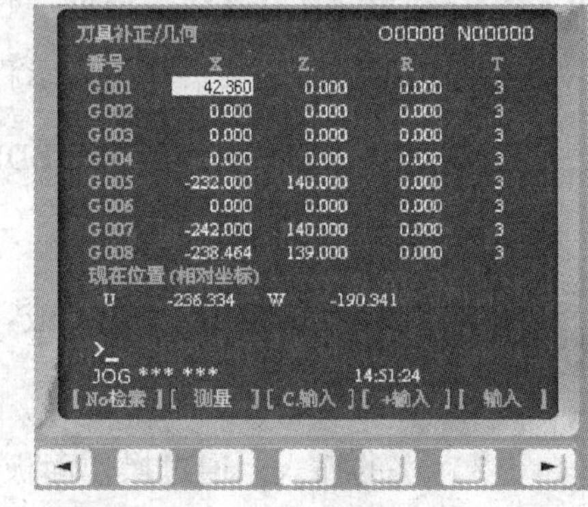

图 5－4　刀补参数画面

如果有多把刀需对刀，则其余刀具以同样的方法，分别碰外圆和端面，设置同样的数据并测量即可。

</td></tr>
<tr><td>注
意
事
项</td><td>

1. 严格遵守安全操作规程。
2. 不准做与以上训练内容无关的其他操作。
3. 操作必须按规定步骤和要求进行。
4. 练习完毕，认真擦拭机床，使机床返回原点位置，关闭机床电源开关。

</td></tr>
</table>

子课题 2　车轴类零件

课题名称	车轴类零件
操作技能要求	能用指令 G00、G01、G90 进行编程，加工轴类零件。
设备及刀具	FANUC 数控车床、90°外圆车刀

<table>
<tr><td>课题图</td><td colspan="2">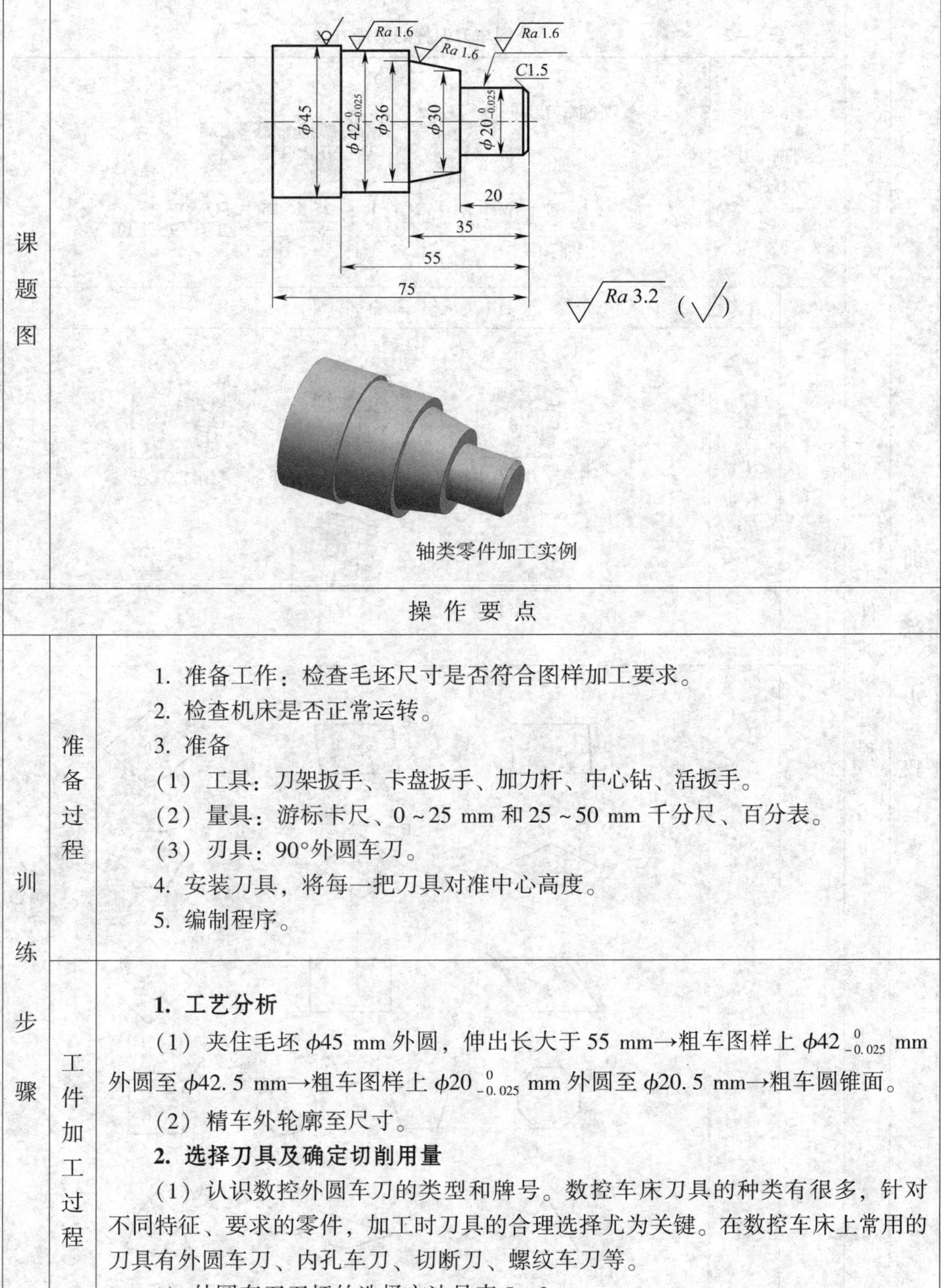

轴类零件加工实例</td></tr>
<tr><td colspan="3">操作要点</td></tr>
<tr><td rowspan="2">训练步骤</td><td>准备过程</td><td>1. 准备工作：检查毛坯尺寸是否符合图样加工要求。
2. 检查机床是否正常运转。
3. 准备
（1）工具：刀架扳手、卡盘扳手、加力杆、中心钻、活扳手。
（2）量具：游标卡尺、0～25 mm 和 25～50 mm 千分尺、百分表。
（3）刃具：90°外圆车刀。
4. 安装刀具，将每一把刀具对准中心高度。
5. 编制程序。</td></tr>
<tr><td>工件加工过程</td><td>1. 工艺分析
（1）夹住毛坯 $\phi45$ mm 外圆，伸出长大于 55 mm→粗车图样上 $\phi42_{-0.025}^{0}$ mm 外圆至 $\phi42.5$ mm→粗车图样上 $\phi20_{-0.025}^{0}$ mm 外圆至 $\phi20.5$ mm→粗车圆锥面。
（2）精车外轮廓至尺寸。
2. 选择刀具及确定切削用量
（1）认识数控外圆车刀的类型和牌号。数控车床刀具的种类有很多，针对不同特征、要求的零件，加工时刀具的合理选择尤为关键。在数控车床上常用的刀具有外圆车刀、内孔车刀、切断刀、螺纹车刀等。
1）外圆车刀刀杆的选择方法见表 5－2。</td></tr>
</table>

训练步骤 | 工件加工过程

表 5－2　外圆车刀刀杆的选择方法

<table>
<tr><td colspan="2">外圆车刀
刀杆选择</td><td>外圆车刀刀杆
PWLNR2525M06
P W L N R 25 25 M 06 (空)
1 2 3 4 5 6 7 8 9 10</td></tr>
<tr><td>位数</td><td>含义</td><td>图解说明</td></tr>
<tr><td>1</td><td>刀片夹固方式</td><td>D 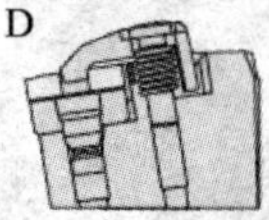 压板／刀片有中心孔
P 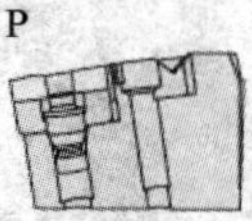 销钉／楔块或杠杆
M 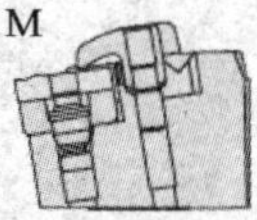 销钉／压板
S  螺钉
C 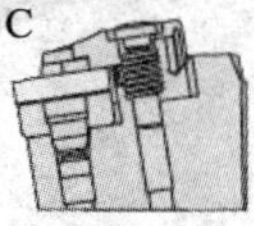 压板</td></tr>
<tr><td>2</td><td>刀片形状</td><td> 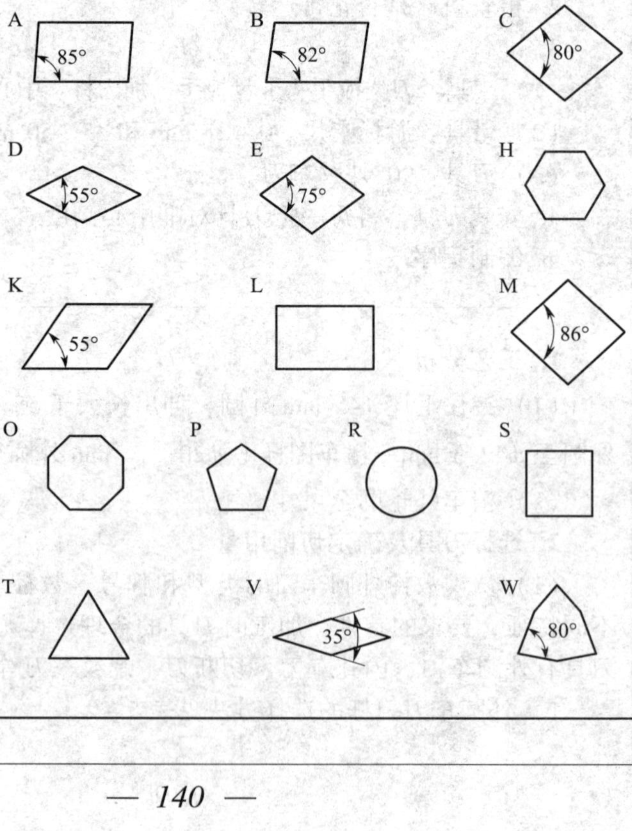A 85°
B 82°
C 80°
D 55°
E 75°
H
K 55°
L
M 86°
O
P
R
S
T
V 35°
W 80°</td></tr>
</table>

训练步骤	工件加工过程	续表		
		位数	**含义**	**图解说明**
		3	刀杆类型	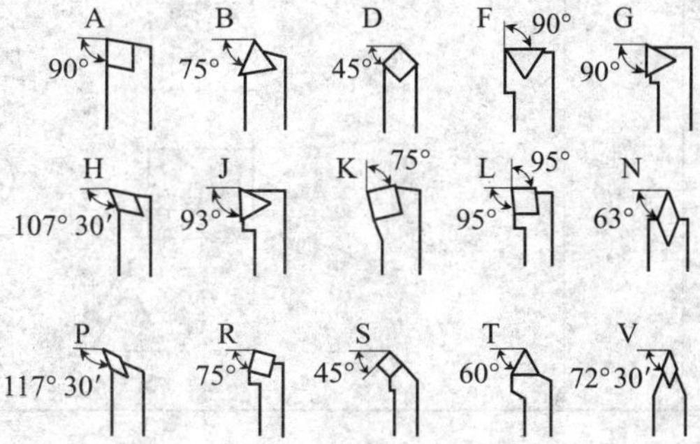 A 90° B 75° D 45° F 90° G 90° H 107° 30′ J 93° K 75° L 95° 95° N 63° P 117° 30′ R 75° S 45° T 60° V 72° 30′
		4	刀片后角	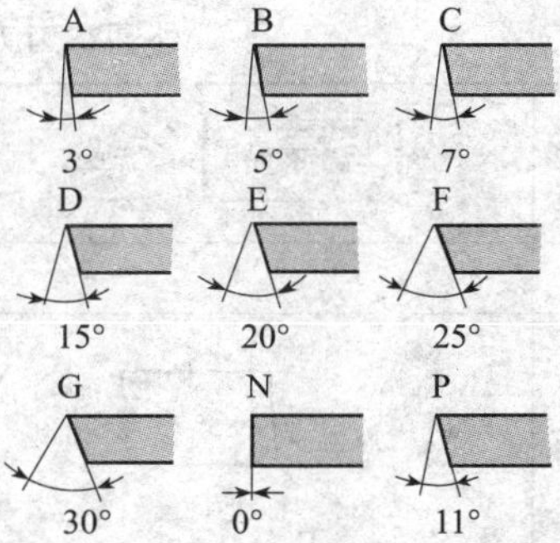 A 3° B 5° C 7° D 15° E 20° F 25° G 30° N 0° P 11°
		5	刀杆类型	 L N R
		6	刀杆高度	 h 12=12mm 25=25mm 32=32mm 等
		7	刀杆宽度	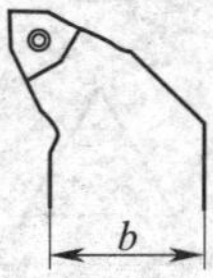 b 12=12mm 25=25mm 32=32mm 等
		8	刀杆长度	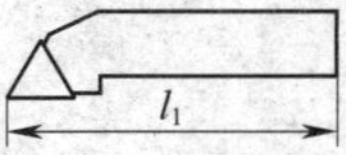 l_1 A=32mm M=150mm C=50mm P=170mm D=60mm R=200mm E=70mm S=250mm F=80mm T=300mm H=100mm V=400mm K=125mm

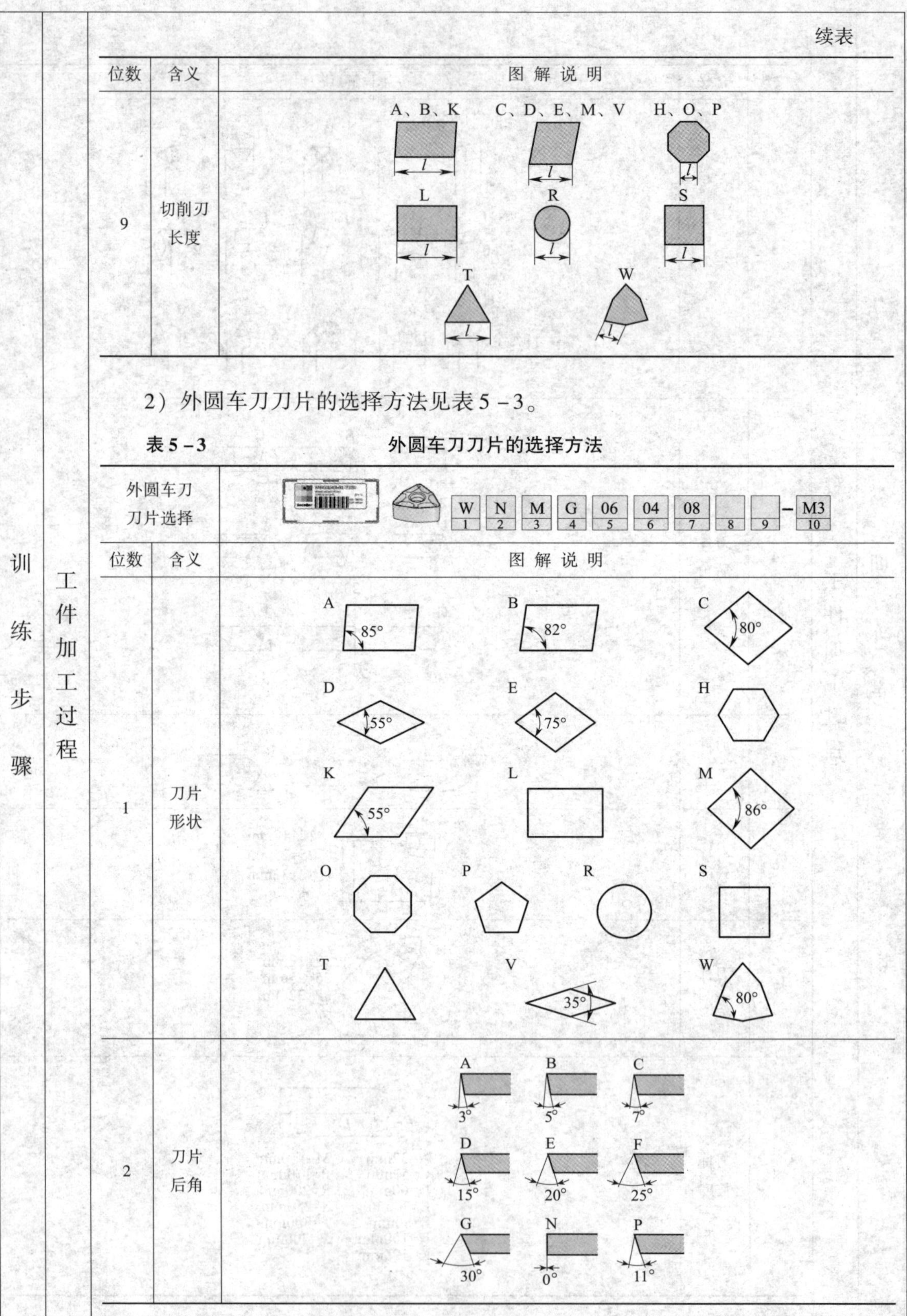

训练步骤

工件加工过程

续表

位数	含义	图解说明
9	切削刃长度	A、B、K　C、D、E、M、V　H、O、P　L　R　S　T　W　（各形状刀片的切削刃长度均标为 l）

2）外圆车刀刀片的选择方法见表5－3。

表5－3　外圆车刀刀片的选择方法

外圆车刀刀片选择		W 1　N 2　M 3　G 4　06 5　04 6　08 7　8　9　－M3 10
位数	含义	图解说明
1	刀片形状	A 85°　B 82°　C 80°　D 55°　E 75°　H　K 55°　L　M 86°　O　P　R　S　T　V 35°　W 80°
2	刀片后角	A 3°　B 5°　C 7°　D 15°　E 20°　F 25°　G 30°　N 0°　P 11°

训练步骤

工件加工过程

续表

位数	含义	等级	公差 +/- mm m	公差 +/- mm s	公差 +/- mm d	内切圆 d，尺寸/mm 3.175 *	3.969	4.064	4.76	6.35	9.525	12.7	15.875	19.05	25.4	31.75	38.1
3	刀片公差精度等级	A	0.005	0.025	0.025	*			*	*	*	*	*	*	*	*	*
		C	0.013	0.025	0.025	*	*	*	*	*	*	*	*	*	*	*	*
		E	0.025	0.025	0.025	*			*	*	*	*	*	*	*	*	*
		F	0.005	0.025	0.013	*			*	*	*	*	*	*	*	*	*
		G	0.025	0.13	0.025	*			*	*	*	*	*	*	*	*	*
		H	0.013	0.025	0.013	*			*	*	*	*	*	*	*	*	*
		J	0.005	0.025	0.05	*			*	*	*						
			0.005	0.025	0.08							*					
			0.005	0.025	0.10								*	*			
			0.005	0.025	0.13										*		
			0.005	0.025	0.15											*	*
		K	0.013	0.025	0.05	*			*	*	*						
			0.013	0.025	0.08							*					
			0.013	0.025	0.10								*	*			
			0.013	0.025	0.13										*		
			0.013	0.025	0.15											*	*
		M	0.08	0.13	0.05	*			*	*	*						
			0.13	0.13	0.08							*					
			0.15	0.13	0.10								*	*			
			0.18	0.13	0.13										*		
			0.20	0.13	0.15											*	*
		U	0.13	0.13	0.08	*			*	*	*						
			0.20	0.13	0.13							*					
			0.27	0.13	0.18								*	*			
			0.38	0.13	0.25										*	*	*

位数	含义	图解说明
4	刀片形式	A　B　F　G H　M　N　R T　W
5	切削刃长度	A、B、K　C、D、E、M、V　H、O、P L　R　S T　W (l)

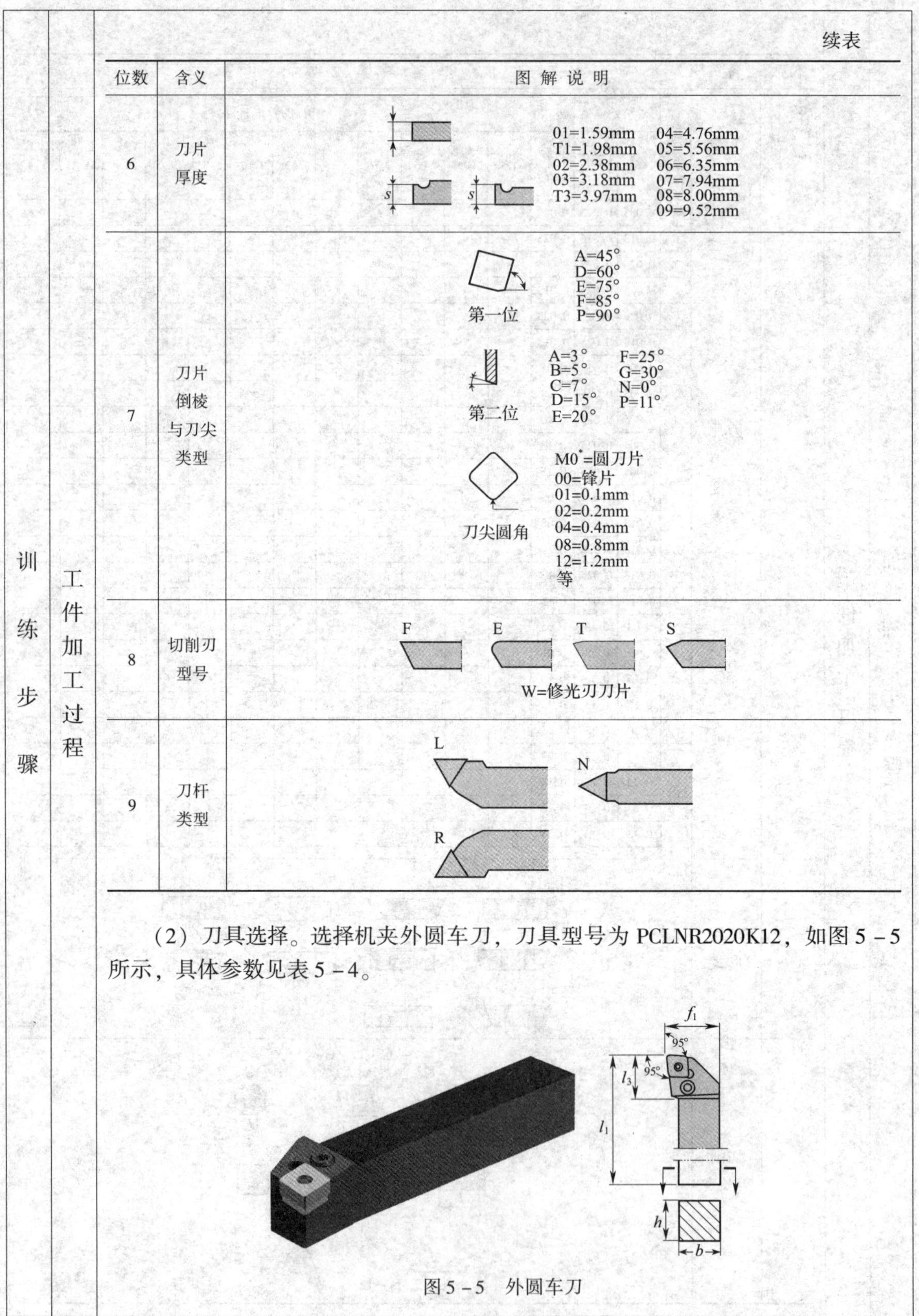

训练步骤

工件加工过程

续表

位数	含义	图解说明
6	刀片厚度	01=1.59mm T1=1.98mm 02=2.38mm 03=3.18mm T3=3.97mm 04=4.76mm 05=5.56mm 06=6.35mm 07=7.94mm 08=8.00mm 09=9.52mm
7	刀片倒棱与刀尖类型	第一位：A=45° D=60° E=75° F=85° P=90° 第二位：A=3° B=5° C=7° D=15° E=20° F=25° G=30° N=0° P=11° 刀尖圆角：M0*=圆刀片 00=锋片 01=0.1mm 02=0.2mm 04=0.4mm 08=0.8mm 12=1.2mm 等
8	切削刃型号	F E T S W=修光刃刀片
9	刀杆类型	L N R

（2）刀具选择。选择机夹外圆车刀，刀具型号为 PCLNR2020K12，如图 5－5 所示，具体参数见表 5－4。

图 5－5　外圆车刀

训练步骤

工件加工过程

表 5－4　　外圆车刀具体参数

应用	刀片型号	尺寸 / mm					γ_o	λ_s	
		h	b	l_1	f_1	l_3			
95°	PCLNR2020K12	20	20	125	25	26	−6°	−6°	CNMG120404−UR PX90

提示：表中 γ_o 表示前角，λ_s 表示刃倾角。

（3）确定切削用量。数控加工刀具及切削用量的选择见表 5－5。

表 5－5　　数控加工刀具及切削用量的选择

刀具号	刀具规格名称	数量	加工内容	主轴转速/（r/min）	进给量/（mm/r）	备注
T0101	95°外圆车刀	1	粗车外轮廓	600	0.2	
			精车外轮廓	1 200	0.08	

程序编制

程序	说明
O0002;	程序名
M03 S600;	启动主轴，转速为 600r/min
T0101;	选择 1 号刀
G00 X46.0 Z2.0;	快速定位至循环前的起点（46，2）
G90 X42.5 Z－55.0 F0.2;	应用 G90 循环粗加工 $\phi42_{-0.025}^{0}$ mm 外圆
X39.5 Z－20.0;	应用 G90 循环粗加工 $\phi20_{-0.025}^{0}$ mm 外圆
X36.5;	
X33.5;	
X30.5;	
X27.5;	
X24.5;	
X20.5;	
G00 X43.0 Z－20.0;	定位至锥面加工起点
G90 X40.0 Z－35.0 F0.2;	应用 G90 循环粗加工锥面部分外圆
X37.5;	
G90 X39.5 Z－35.0 R－3.0 F0.2;	粗加工锥面
X36.5;	
G00 X46.0 Z5.0;	定位
S1200;	变速精车
G04 X3.0;	延时 3 s（变速）
G00 X17.0 Z1.0;	定位靠近加工起点
G01 Z0 F0.08;	
X20.0 Z－1.5;	倒角 $C1.5$ mm

续表

程序	说明
Z－20.0； X30.0； X36.0 Z－35.0； X42.0； Z－55.0； X46.0；	精车外轮廓
G00 X100.0 Z100.0；	退刀
M30；	程序结束并返回

训练步骤 程序编制

注意事项

1. 严格遵守安全操作规程。
2. 不准做与以上训练内容无关的其他操作。
3. 操作必须按规定步骤和要求进行。
4. 练习完毕，认真擦拭机床，使机床返回原点位置，关闭机床电源开关。

任务测评

用数控车床加工外圆和端面时经常遇到的加工误差有多种，其问题现象、产生原因、预防和消除措施见表5－6。

表5－6　外圆和端面加工误差分析

问题现象	产生原因	预防和消除措施
工件外圆尺寸超差	1. 刀具参数不准确 2. 切削用量选择不当，产生“让刀”现象 3. 程序错误 4. 工件尺寸计算错误	1. 调整或重新设定刀具参数 2. 合理选择切削用量 3. 检查及修改程序 4. 正确计算工件尺寸
外圆表面质量差	1. 切削速度太低 2. 装刀时刀尖高于工件中心 3. 切屑缠绕工件表面 4. 刀具磨损 5. 切削液选择不合理	1. 选择较高的主轴转速 2. 调整刀尖高度 3. 选择合理的进刀方式和背吃刀量 4. 及时更换刀具或刀片 5. 正确选择切削液
台阶处未清角	1. 程序错误 2. 刀具选择错误 3. 刀具损坏	1. 检查及修改程序 2. 正确选择加工刀具 3. 更换刀片
加工时扎刀，导致工件报废	1. 进给量过大 2. 切屑阻塞 3. 工件安装不合理 4. 刀具角度选择不合理	1. 降低进给速度 2. 采用断屑、退屑方式切入 3. 检查工件安装情况，提高装夹刚度 4. 正确选择刀具
台阶端面出现倾斜	1. 程序错误 2. 车刀安装不正确	1. 检查及修改程序 2. 正确安装刀具
工件圆度超差或产生锥度	1. 车床主轴间隙过大 2. 程序错误	1. 调整车床主轴间隙 2. 检查、修改程序

考核项目	考核内容及要求	配分	评分标准
主要项目	$\phi42_{-0.025}^{0}$ mm	20	每超差 0.01 mm 扣 2 分
	$\phi20_{-0.025}^{0}$ mm	20	每超差 0.01 mm 扣 2 分
	外圆锥面	10	错误不得分
一般项目	20 mm	5	超差扣该项配分
	35 mm	5	超差扣该项配分
	55 mm	5	超差扣该项配分
	75 mm	5	超差扣该项配分
	C1.5 mm	2	超差不得分
设备及工具、量具、刃具的使用及维护	常用工具、量具、刃具的合理使用与保养	5	使用不当每次扣 2 分，维护及保养不当每次扣 2 分
	正确操作数控车床并及时发现设备故障	5	操作不当每次扣 2 分
	数控车床的润滑	5	每少润滑一处扣 0.5 分
	数控车床的保养工作	5	加工后未按要求擦拭或保养不当酌情扣分
安全文明生产	正确执行安全技术操作规程	5	每违反一项规定扣 2 分
	正确穿戴工作服（帽）	3	工作服（帽）穿戴不正确不得分
工时定额	210 min		超 10 min 倒扣 5 分；超 30 min 不得分

子课题 3　车套类零件

课题名称	车套类零件
技能操作要求	能用 FANUC 数控车床系统编写加工程序并进行套类零件的加工。
设备及刃具	FANUC 数控车床、外圆车刀、内孔车刀、切断刀、内螺纹车刀

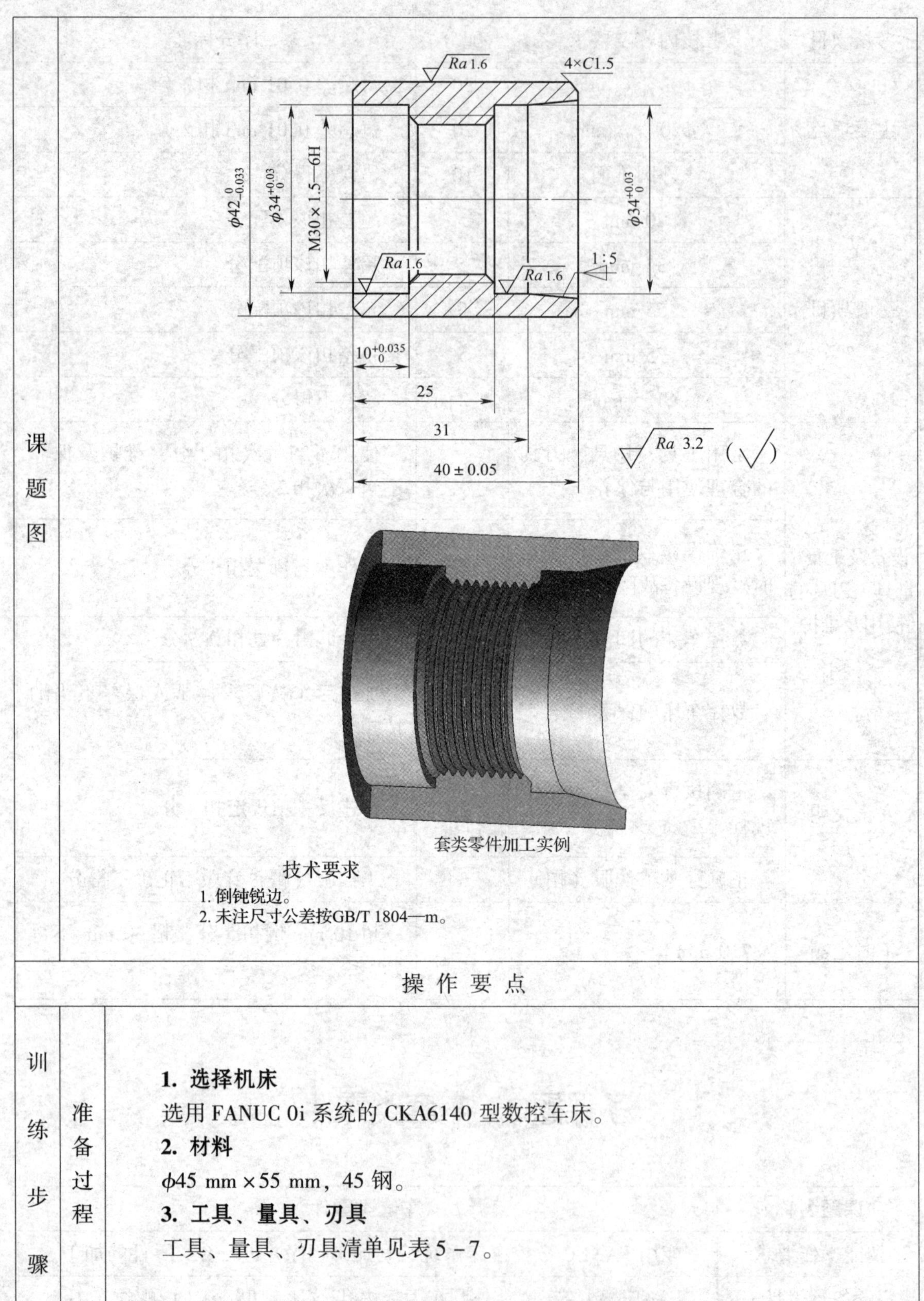

课题图

套类零件加工实例

技术要求

1. 倒钝锐边。
2. 未注尺寸公差按GB/T 1804—m。

操 作 要 点

训练步骤 — 准备过程

1. 选择机床

选用 FANUC 0i 系统的 CKA6140 型数控车床。

2. 材料

ϕ45 mm×55 mm，45 钢。

3. 工具、量具、刃具

工具、量具、刃具清单见表 5－7。

训练步骤

准备过程

表 5-7　工具、量具、刃具清单

序号	名称	规格/mm	数量	备注
1	95°外圆车刀		1	
2	93°外圆车刀		1	
3	切断刀	刀宽 <5，切深 <22	1	
4	内螺纹车刀	M30×1.5、M24×1.5	1	
5	内孔车刀	孔径≥26.5，孔深≤30	1	
6	游标卡尺	0~150/0.02	1	
7	深度游标卡尺	0~200/0.02	1	
8	内径百分表	18~35/0.01	1	
9	数显卡尺	0~150/0.01	1	
10	螺纹塞规	M30×1.5—6H	1	
11	麻花钻及钻套	ϕ26.5，L≤45	各 1	
12	其他	铜棒、铜皮、毛刷等常用工具		选用
		计算机、计算器、编程用书等		

工件加工过程

加工工艺分析

1. 分析零件图样

(1) 尺寸精度。该零件中精度要求较高的尺寸主要有外圆 $\phi42_{-0.033}^{0}$ mm、内孔 $\phi34_{0}^{+0.03}$ mm、长度$10_{0}^{+0.035}$ mm。

(2) 表面粗糙度。外圆表面粗糙度要求为 $Ra\leqslant1.6$ μm，端面等表面的表面粗糙度要求为 $Ra\leqslant3.2$ μm。

对于表面粗糙度要求，主要通过选用合适的刀具，正确的粗、精加工路线，合理的切削用量及冷却方法等措施来保证。

2. 编程原点的确定

由于该零件在长度方向的要求较低，根据编程原点的确定原则，该零件的编程原点取在左、右端面与主轴轴线的交点上。

3. 数控加工工艺过程

该零件数控加工工艺过程卡片见表 5-8。

4. 选择刀具及确定切削用量

通过以上分析，本课题的加工刀具及切削用量参数见表 5-9。

表 5-8　数控加工工艺过程卡片

数控加工工艺过程卡片	使用设备	夹具名称	零件名称
×××数控车间	CKA6140	三爪自定心卡盘	套类零件

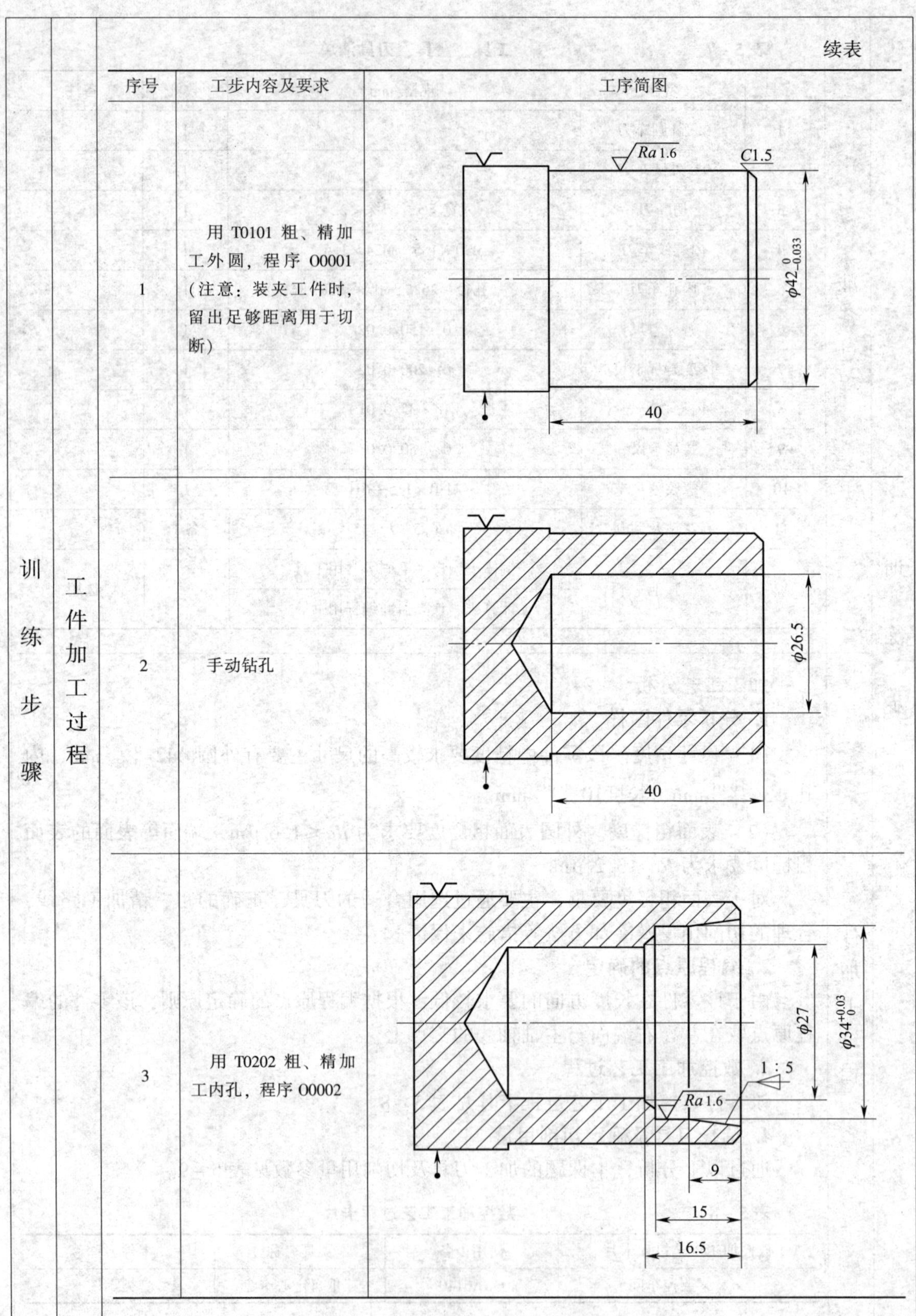

续表

		序号	工步内容及要求	工序简图
训练步骤	工件加工过程	1	用 T0101 粗、精加工外圆，程序 O0001（注意：装夹工件时，留出足够距离用于切断）	Ra 1.6；C1.5；$\phi42_{-0.033}^{0}$；40
		2	手动钻孔	$\phi26.5$；40
		3	用 T0202 粗、精加工内孔，程序 O0002	$\phi27$；$\phi34_{0}^{+0.03}$；1 : 5；Ra 1.6；9；15；16.5

续表

序号	工步内容及要求	工序简图
4	用 T0303 手动切断	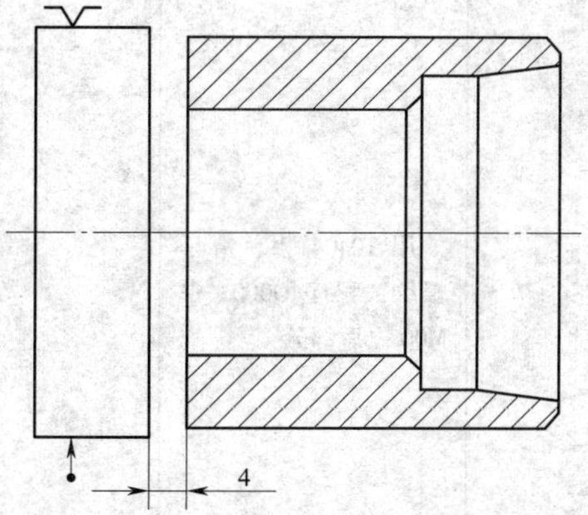 4
5	用 T0101，手动精车右端面，取总长	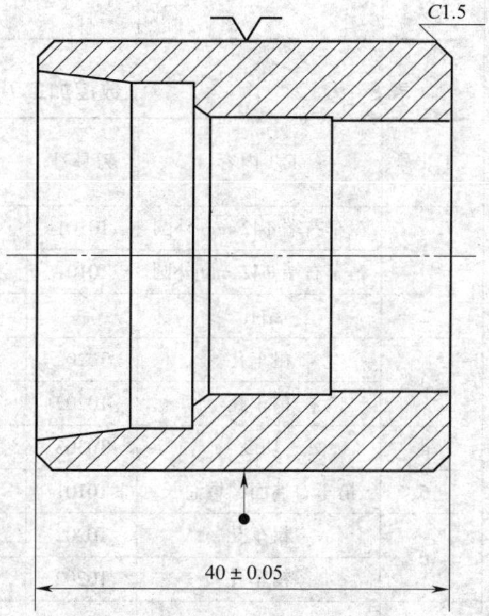 C1.5 40 ± 0.05
6	用 T0202 粗、精加工内孔，程序 O0003 中 M00 之前部分	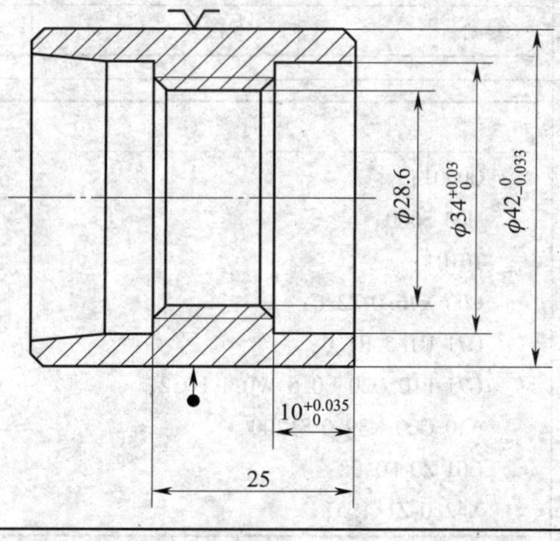 $\phi28.6$ $\phi34^{+0.03}_{0}$ $\phi42^{0}_{-0.033}$ $10^{+0.035}_{0}$ 25

训练步骤 工件加工过程

训练步骤

工件加工过程

续表

序号	工步内容及要求	工序简图
7	用 T0404 粗、精车螺纹，程序 O0003 中 M00 之后部分	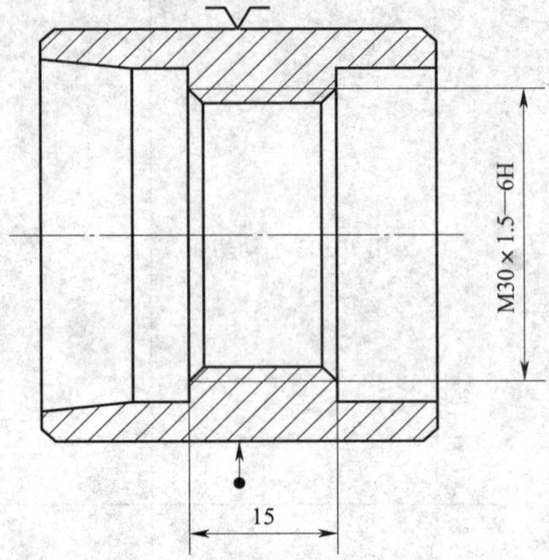 M30×1.5—6H 15

表 5－9　　数控加工刀具及切削用量参数

工步号	工步内容	刀具号	刀具规格	主轴转速 /（r/min）	进给速度 /（mm/r）	背吃刀量 /mm
1	粗车右端 ϕ42 mm 外圆	T0101	MVJNR—2020K16	600	0. 2	1. 5
	精车右端 ϕ42 mm 外圆	T0101	MVJNR—2020K16	1 200	0. 1	0. 25
2	钻孔	—	ϕ26. 5 mm 钻头	350	手动	—
3	粗车孔	T0202	S16R—PCLNR09	600	0. 2	1. 0
	精车孔	T0202	S16R—PCLNR09	1 200	0. 1	0. 15
4	切断	T0303	MGEHR2020—4	500	手动	
5	精车右端面，取总长	T0101	MVJNR—2020K16	1 200	手动	0. 25
6	粗车孔	T0202	S16R—PCLNR09	600	0. 2	1. 0
	精车孔	T0202	S16R—PCLNR09	1 200	0. 1	0. 15
7	车螺纹	T0404	SNR—0016M16	700	1. 5	
编制		审核		批准		共　页　第　页

程序编制

程序	说明
O0001；	右端外圆程序
M03 S600；	启动主轴，转速为 600 r/min
T0101；	选择 1 号刀
G00 X46. 0 Z2. 0；	快速定位至循环前的起点（46，2）
G71 U1. 5 R1. 0；	应用 G71 循环粗加工外轮廓
G71 P10 Q20 U0. 5 W0. 1 F0. 2；	
N10 G00 X39. 0 S1200；	定位
G01 Z0 F0. 08；	轴向定位至倒角起点
X42. 0 Z－1. 5；	倒角 C1. 5 mm

续表

训练步骤	程序编制	程序	说明
		Z-45.0; N20 X46.0; G70 P10 Q20; G00 X100.0; Z100.0; M30;	车 ϕ42 mm 外圆 退刀 精加工外轮廓 退刀 程序结束并返回
		O0002; M03 S600; T0202; G00 X20.0 Z2.0; G71 U1.5 R1.0; G71 P10 Q20 U-0.5 W0.1 F0.2; N10 G00 X35.8 S1200; G01 Z0 F0.08; X34.0 Z-9.0; Z-15.0; X30.1; X28.6 Z-16.5; N20 X20.0; G70 P10 Q20; G00 Z150.0; X200.0; M30;	右端内轮廓 启动主轴，转速为 600 r/min 选择 2 号刀 快速定位至循环前的起点（20，2） 应用 G71 循环粗加工内轮廓 精加工内轮廓 退刀 程序结束并返回
		O0003; M03 S600; T0202; G00 X20.0 Z2.0; G71 U1.5 R1.0; G71 P10 Q20 U-0.5 W0.1 F0.2; N10 G00 X35.0 S1200; G01 Z0 F0.08; X34.0 Z-0.5; Z-10.0; X30.1; X28.6 Z-11.5; Z-25.0; N20 X20.0; G70 P10 Q20; G00 Z150.0;	掉头（左端内轮廓） 启动主轴，转速为 600 r/min 选择 2 号刀 快速定位至循环前的起点（20，2） 应用 G71 循环粗加工内轮廓 精加工内轮廓 退刀至安全位置

训练步骤 — 程序编制

续表

程序	说明
X200.0；	
M05；	主轴停止
M00；	程序暂停
M03 S700；	启动主轴，转速为 700 r/min
T0404；	选择 4 号刀
G00 X25.0 Z2.0；	快速定位至螺纹加工起点（25，2）
G92 X29.0 Z－28.0 F1.5；	螺纹循环加工第一刀
X29.4；	螺纹循环加工第二刀
X29.8；	螺纹循环加工第三刀
X30.0；	螺纹循环加工第四刀
G00 Z150.0；	
X200.0；	退刀
M30；	程序结束并返回

注意事项

1. 严格遵守安全操作规程。
2. 不准做与以上训练内容无关的其他操作。
3. 操作必须按规定步骤和要求进行。
4. 练习完毕，认真擦拭机床，使机床返回原点位置，关闭机床电源开关。

任务测评

考核项目	考核内容及要求	配分	评分标准
工件加工	$\phi42_{-0.033}^{0}$ mm	10	超差不得分
	$\phi34_{0}^{+0.03}$ mm（左）	10	超差不得分
	$\phi34_{0}^{+0.03}$ mm（右）	10	超差不得分
	1∶5 锥孔	7	超差不得分
	M30×1.5—6H	10	超差不得分
	$10_{0}^{+0.035}$ mm	7	超差不得分
	（40±0.05）mm	7	超差不得分
	25 mm	5	超差不得分
	31 mm	5	超差不得分
	*C*1.5 mm（4 处）	4	超差不得分
程序与加工工艺	程序格式规范	5	扣 1 分/处
	程序正确、完整	10	扣 1 分/处
	加工工艺正确	5	扣 1 分/处
	安全文明生产	5	违规全扣

子课题4　数控车综合训练

<table>
<tr><td colspan="2">课题名称</td><td>数控车综合训练</td></tr>
<tr><td colspan="2">操作技能要求</td><td>能用数控车床 FANUC 系统编写加工程序。</td></tr>
<tr><td colspan="2">设备及刀具</td><td>FANUC 车床、90°外圆车刀、切槽刀、内孔车刀</td></tr>
<tr><td>课题图</td><td colspan="2">Ra 1.6　5　$10^{+0.035}_{0}$　$5^{0}_{-0.05}$　Sϕ40±0.05
C1.5　Ra 1.6　Ra 1.6　Ra 1.6　Ra 1.6
$\phi 42^{0}_{-0.033}$　$\phi 38^{0}_{-0.033}$　$\phi 28^{0}_{-0.033}$　$\phi 38^{0}_{-0.025}$　$\phi 30^{0}_{-0.033}$
$\phi 24^{+0.033}_{0}$　Ra 1.6　2∶5　6
15　16±0.05　25　15　75±0.1
Ra 3.2 (√)
技术要求
1.倒钝锐边。
2.未注尺寸公差按GB/T 1804—m。
球头轴零件加工实例</td></tr>
<tr><td colspan="3">操 作 要 点</td></tr>
<tr><td>训练步骤</td><td>准备过程</td><td>1. 选择机床
选用 FANUC 0i 系统的 CKA6140 型数控车床。
2. 材料
ϕ45 mm × 80 mm，45 钢。
3. 工具、量具、刃具
工具、量具、刃具及材料清单见表 5 – 10。</td></tr>
</table>

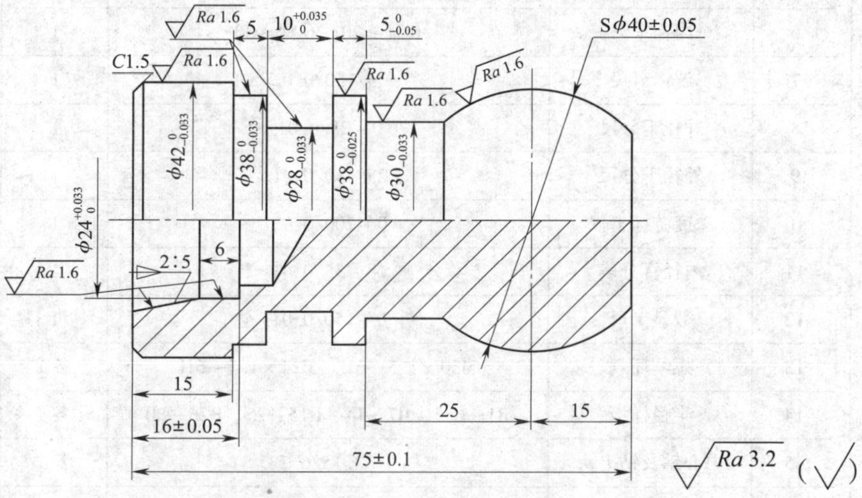

训练步骤

准备过程

表 5－10　　工具、量具、刃具及材料清单

序号	名称	规格/mm	数量	备注
1	95°外圆车刀		1	
2	93°外圆车刀		1	35°副偏角
3	切槽刀	刀头宽 4	1	
4	切断刀	刀宽＜5，切深＜22	1	
5	外螺纹车刀	M30×1.5、M24×1.5	1	
6	内孔车刀	孔径≥20，孔深≤30	1	
7	游标卡尺	0～150/0.02	1	
8	外径千分尺	0～25/0.01	1	
9	外径千分尺	25～50/0.01	1	
10	深度游标卡尺	0～200/0.02	1	
11	内径百分表	18～35/0.01	1	
12	数显卡尺	0～150/0.01	1	
13	螺纹环规	M30×1.5—6H、M24×1.5—6H	各 1	
14	半径样板	R1—6.5、R7—14、R15—25、R26—80	各 1	
15	中心钻及钻夹头	A3.15/6.7	各 1	
16	麻花钻及钻套	$\phi 20$，$L \leqslant 45$	1	
17	其他	铜棒、铜皮、毛刷等常用工具		选用
		计算机、计算器、编程用书等		

工件加工过程

加工工艺分析

1. 分析零件图样

（1）尺寸精度。该零件中精度要求较高的尺寸主要有外圆 $\phi 42_{-0.033}^{0}$ mm、$\phi 38_{-0.033}^{0}$ mm、$\phi 38_{-0.025}^{0}$ mm、$\phi 28_{-0.033}^{0}$ mm、$\phi 30_{-0.033}^{0}$ mm、$S\phi$（40±0.05）mm，内孔 $\phi 24_{0}^{+0.033}$ mm，长度(16±0.05) mm、(75±0.1) mm、$10_{0}^{+0.035}$ mm、$5_{-0.05}^{0}$ mm 等。

对于尺寸精度要求，主要通过在加工过程中的准确对刀、正确设置刀补及磨耗，以及正确制定合适的加工工艺等措施来保证。

（2）几何精度。本例中主要的几何精度为掉头以后零件的同轴度。

对于几何精度要求，主要通过调整机床的机械精度，制定合理的加工工艺及工件的装夹、定位与找正等措施来保证。

（3）表面粗糙度。外圆表面粗糙度要求为 $Ra \leqslant 1.6$ μm，端面、切槽等表面的表面粗糙度要求为 $Ra \leqslant 3.2$ μm。

对于表面粗糙度要求，主要通过选用合适的刀具，正确的粗、精加工路线，合理的切削用量及冷却方法等措施来保证。

训练步骤 工件加工过程

2. 编程原点的确定

由于零件在长度方向的要求较低，根据编程原点的确定原则，该零件的编程原点取在左、右端面与主轴轴线的交点上。

3. 数控加工工艺过程

该零件数控加工工艺过程卡片见表 5－11。

表 5－11　　数控加工工艺过程卡片

数控加工工艺过程卡片		使用设备	夹具名称	零件名称
×××数控车间		CKA6140	三爪自定心卡盘	球头轴
序号	工步内容及要求	工序简图		
1	用 T0101 粗、精加工外圆，程序 O0001 中换 2 号刀之前的部分	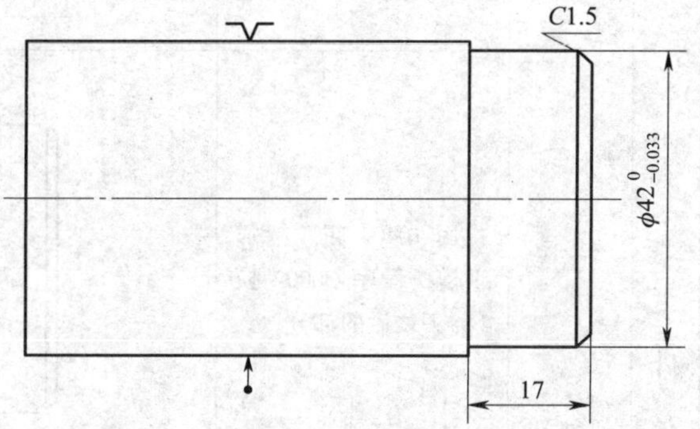 C1.5；$\phi42_{-0.033}^{0}$；17		
2	手动钻孔	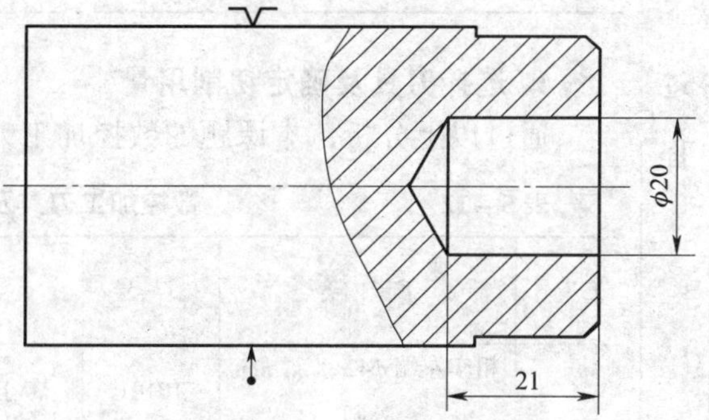 $\phi20$；21		
3	用 T0202 粗、精加工内孔，程序 O0001 中换 2 号刀之后的部分	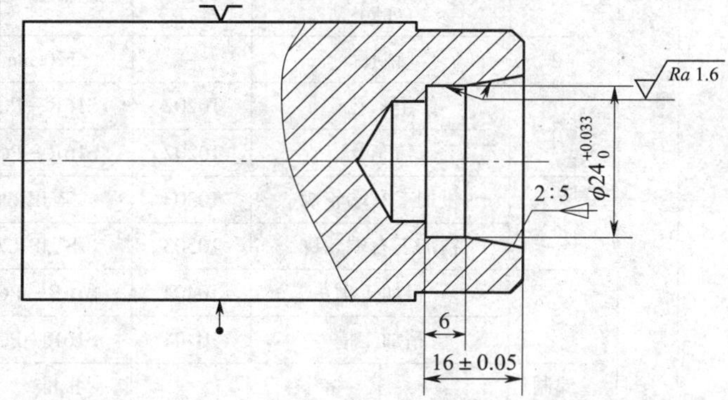 Ra 1.6；$\phi24_{0}^{+0.033}$；2∶5；6；16±0.05		

训练步骤

工件加工过程

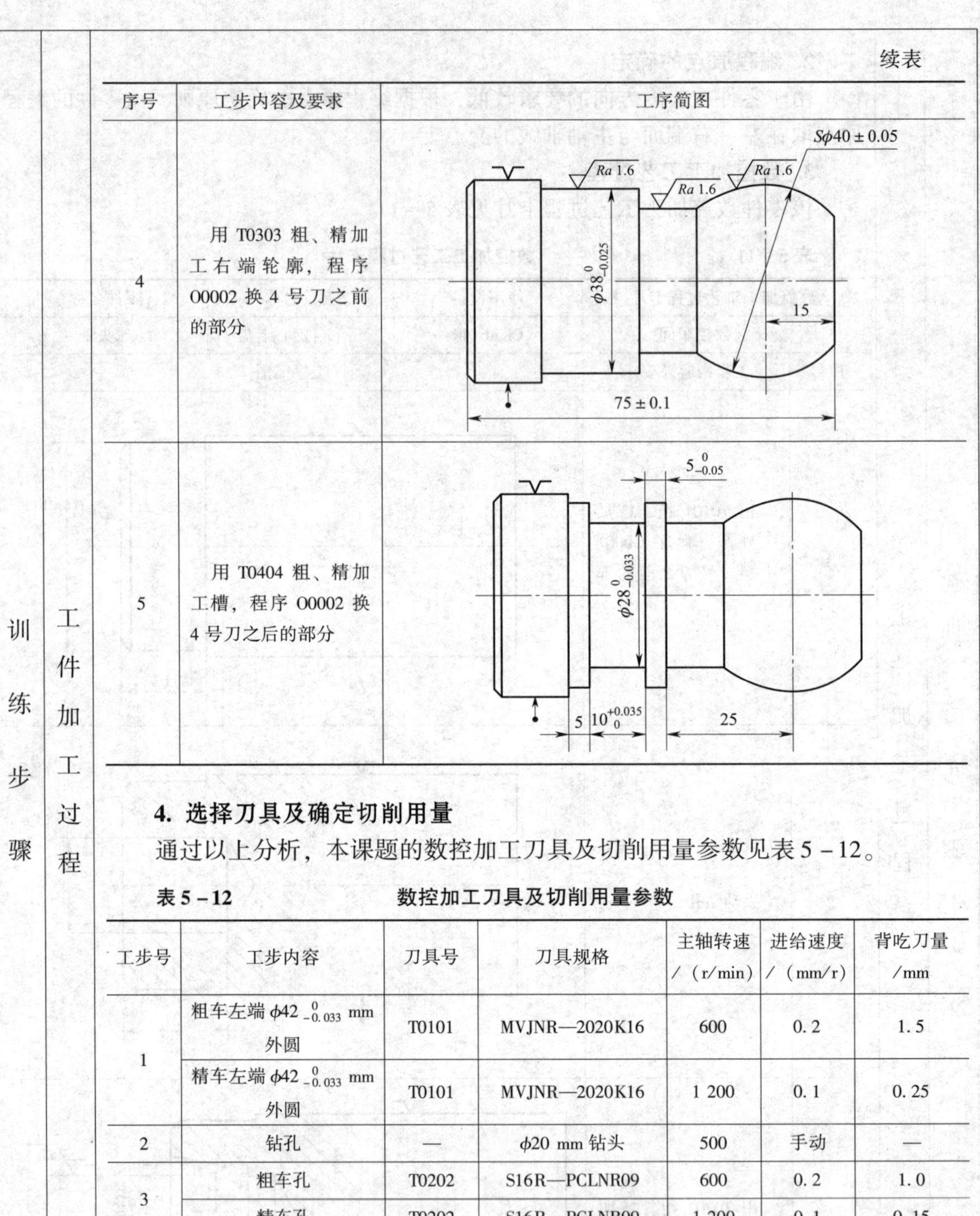

续表

序号	工步内容及要求	工序简图
4	用 T0303 粗、精加工右端轮廓，程序 O0002 换 4 号刀之前的部分	
5	用 T0404 粗、精加工槽，程序 O0002 换 4 号刀之后的部分	

4. 选择刀具及确定切削用量

通过以上分析，本课题的数控加工刀具及切削用量参数见表 5－12。

表 5－12　　数控加工刀具及切削用量参数

工步号	工步内容	刀具号	刀具规格	主轴转速/（r/min）	进给速度/（mm/r）	背吃刀量/mm
1	粗车左端 $\phi42_{-0.033}^{0}$ mm 外圆	T0101	MVJNR—2020K16	600	0.2	1.5
	精车左端 $\phi42_{-0.033}^{0}$ mm 外圆	T0101	MVJNR—2020K16	1 200	0.1	0.25
2	钻孔	—	ϕ20 mm 钻头	500	手动	—
3	粗车孔	T0202	S16R—PCLNR09	600	0.2	1.0
	精车孔	T0202	S16R—PCLNR09	1 200	0.1	0.15
4	粗加工右端轮廓	T0303	SVJBR2020K	600	0.2	1.5
	精加工右端轮廓	T0303	SVJBR2020K	1 200	0.1	0.25
5	粗加工槽	T0404	S16R—PCLNR09	600	0.2	1.0
	精加工槽	T0404	S16R—PCLNR09	1 200	0.1	0.15
编制		审核		批准		共　页　第　页

训练步骤	程序编制	程序	说明
		O0001;	左端加工程序
		M03 S600;	启动主轴，转速为 600 r/min
		T0101;	选择 1 号刀具（90°外圆车刀）
		G00 X46.0 Z2.0;	
		G71 U1.5 R1.0;	设定 G71 粗加工参数
		G71 P10 Q20 U0.5 W0.1 F0.2;	
		N10 G00 X39.0 S1200;	粗加工第一个程序段号
		G42 G01 Z0 F0.1;	
		X42.0 Z-1.5;	倒角 $C1.5$ mm
		Z-17.0;	加工 $\phi42$ mm 外圆
		N20 G40 G01 X46.0;	粗加工最后一个程序段号
		G00 X100.0 Z100.0;	退刀测量
		M05;	主轴停
		M00;	程序暂停
		M03 S1200;	启动主轴，转速为 1 200 r/min
		T0101;	执行刀补
		G00 X46.0 Z2.0;	定位至精加工起点
		G70 P10 Q20;	外轮廓精加工
		G00 X100.0 Z100.0;	快速退刀
		M05;	
		M00;	
		M03 S600;	转速为 600 r/min
		T0202;	选择 2 号刀具（内孔车刀）
		G00 X20.0 Z2.0;	快速定位至循环起点
		G71 U1.0 R0.5;	设定 G71 循环参数
		G71 P30 Q40 U-0.3 W0.1 F0.2;	
		N30 G00 X28.0 S1200;	进刀
		G41 G01 Z0 F0.1;	定位
		X24.0 Z-10.0;	车锥面
		Z-16.0;	车 $\phi24$ mm 孔
		N40 G40 G01 X20.0;	
		G00 X20.0 Z100.0;	退刀
		M05;	主轴停
		M00;	程序暂停
		M03 S1200;	启动主轴，转速为 1 200 r/min
		T0202;	执行 2 号刀补
		G00 X20.0 Z2.0;	定位至精加工起点
		G70 P30 Q40;	精加工内孔
		G00 X100.0 Z100.0;	退刀
		M30;	程序结束并返回
		O0002;	右端加工程序
		M03 S600;	启动主轴，转速为 600 r/min

续表

训练步骤	程序编制	程序	说明
		T0303;	选择3号刀具（93°外圆车刀）
		G00 X46.0 Z2.0;	
		G71 U1.5 R1.0;	设定G71粗加工参数
		G71 P10 Q20 U0.5 W0.1 F0.2;	
		N10 G00 X26.46 S1200;	
		G42 G01 Z0 F0.1;	移至起点
		G03 X30.0 Z-28.23 R20.0;	加工 $S\phi 40$ mm 球面
		G01 Z-40.0;	加工 $\phi 30$ mm 外圆
		X38.0;	
		W-20.0;	加工 $\phi 38$ mm 外圆
		N20 G40 G01 X46.0;	
		G00 X100.0 Z100.0;	退刀
		M05;	主轴停
		M00;	程序暂停
		M03 S1200;	启动主轴，转速为1 200 r/min
		T0303;	执行3号刀补
		G00 X46.0 Z2.0;	定位至起点
		G70 P10 Q20;	精加工轮廓
		G00 X100.0 Z100.0;	退刀
		T0404 S600;	换4号刀具，主轴转速为600 r/min
		G00 X42.0 Z-44.7;	快速定位
		G75 R1.0;	应用G75循环粗加工槽
		G75 X28.3 Z-49.3 P5000 Q3500 F0.05;	
		G00 X42.0;	
		S1200 Z-55.0;	主轴转速为1 200 r/min
		G01 X28.0 F0.05;	精加工中间槽
		W5.0;	
		G00 X40.0;	
		W1.0;	
		G01 X28.0 F0.05;	
		W-1.0;	
		G04 X0.5;	槽底延时0.5s
		G00 X100.0 ;	退刀
		Z100.0;	
		M30;	程序结束并返回
注意事项	1. 严格遵守安全操作规程。 2. 不准做与以上训练内容无关的其他操作。 3. 操作必须按规定步骤和要求进行。 4. 练习完毕，认真擦拭机床，使机床返回原点位置，关闭机床电源开关。		

	考核项目	考核内容及要求	配分	评分标准
任务测评	工件加工	$S\phi$（40 ±0.05）mm	7	超差不得分
		$\phi42_{-0.033}^{0}$ mm	7	超差不得分
		$\phi38_{-0.033}^{0}$ mm	7	超差不得分
		$\phi38_{-0.025}^{0}$ mm	7	超差不得分
		$\phi30_{-0.033}^{0}$ mm	7	超差不得分
		$\phi28_{-0.033}^{0}$ mm	7	超差不得分
		$\phi24_{0}^{+0.033}$ mm	7	超差不得分
		锥度 2∶5	7	超差不得分
		$10_{0}^{+0.035}$ mm	3	超差不得分
		$5_{-0.05}^{0}$ mm	3	超差不得分
		（16 ±0.05）mm	3	超差不得分
		（75 ±0.1）mm	3	超差不得分
		$C1.5$ mm	2	超差不得分
		未注尺寸公差	5	超差不得分
	程序与加工工艺	程序格式规范	5	扣 1 分/处
		程序正确、完整	10	扣 1 分/处
		加工工艺正确	5	扣 1 分/处
		安全文明生产	5	违规全扣

课题二　数控铣加工

子课题 1　数控铣床的基本操作

课 题 名 称	数控铣床的基本操作
操作技能要求	能正确操作 FANUC 数控铣床。
设备	FANUC 数控铣床

课题图

FANUC 数控铣床外观图

操 作 要 点

训练步骤

一、认识面板

FANUC 0i 系统面板如图 5 - 6 所示。

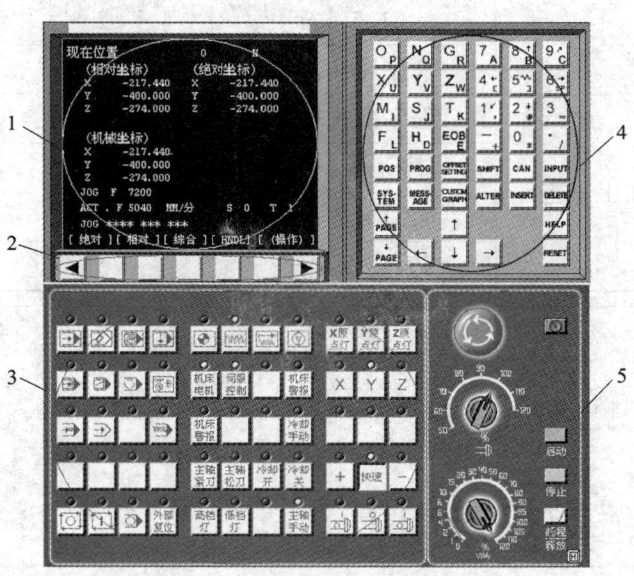

图 5 - 6　FANUC 0i 系统面板

1—屏幕显示画面　2—菜单软键　3—状态显示区　4—编辑面板　5—手动调节面板

1. 认识屏幕显示画面

如图 5 - 6 所示，图中 1 所示为屏幕显示画面，其具体画面如图 5 - 7 所示。

屏幕上主要显示当前操作状态、程序状态、报警信息、参数设置、加工程序信息等。在不同的状态显示不同的画面。

2. 认识编辑面板

编辑面板如图 5 - 8 所示，如图 5 - 6 中 4 所示为 FANUC 0i 的编辑面板，该面板各按键功能见表 5 - 13。

训练步骤

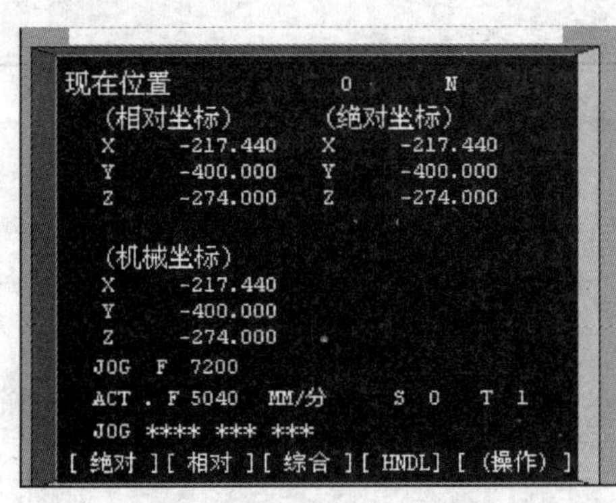

图5－7　屏幕显示画面

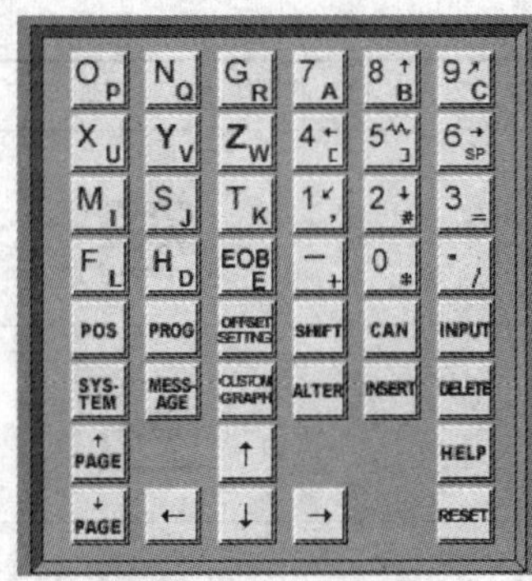

图5－8　编辑面板

表5－13　　　编辑面板各按键功能

按　键	功　能
O P　N Q　G R X U　Y V　Z W M I　S J　T K F L　H D　EOB E	地址键
7 A　8 B　9 C 4 [　5]　6 SP 1 ,　2 #　3 = － +　0 *　. /	数字/符号键
POS	坐标显示键
PROG	程序键
OFFSET SETTING	刀补键
SYS-TEM	参数设定键
MESS-AGE	报警显示键

续表

按键	功能
CUSTOM GRAPH	轨迹显示键
SHIFT	换挡键
CAN	取消键
INPUT	输入键
ALTER	替换键
INSERT	插入键
DELETE	删除键
↑ PAGE ↓ PAGE	翻页键
↑ ← ↓ →	光标移动键
HELP	帮助键
RESET	复位键

训练步骤

3. 认识操作面板

如图 5－9 所示为 FANUC 0i 系统控制面板，各按键功能见表 5－14。

训练步骤

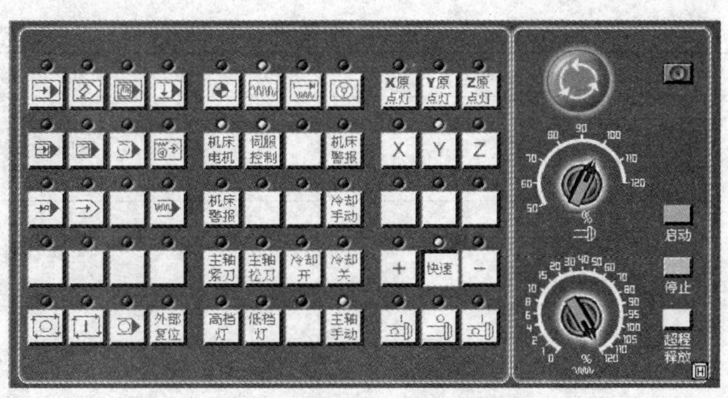

图 5－9　FANUC 0i 系统控制面板

表 5－14　　控制面板各按键功能

按　键	功　能
	自动运行键
	程序编辑键
	手动数据输入键
	在线加工运行键
	回参考点键
	手动方式键
	增量进给键
	手轮方式键
	单段键
	跳运行键
	选择性停止键
	Z 轴锁按键

训练步骤

续表

按　　键	功　　能
	机床锁按键
	空运行键
	程序暂停键
	程序运行键
 主轴紧刀 主轴松刀	主轴松刀、紧刀按键
 冷却开 冷却关	切削液开与关按键
 X原点灯 Y原点灯 Z原点灯	*X*、*Y*、*Z* 轴回原点指示灯
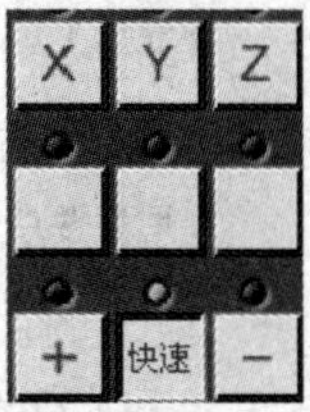 X Y Z + 快速 −	*X*、*Y*、*Z* 方向控制键
	主轴正转、停转、反转按键
	急停开关
 50 60 70 80 90 100 110 120 %	主轴倍率旋钮

续表

按　　键	功　　能
	进给倍率旋钮

训练步骤

二、熟悉面板操作

1. 机床控制面板按键功能介绍

（1）电源开关

1）机床电源开关。

2）数控系统电源开关。向机床 CNC 系统供电。

（2）急停键。当出现紧急情况时，按下机床面板上的急停开关，机床及 CNC 系统处于停止状态，此时在系统屏幕上出现“EMG”报警字样，数控机床的报警灯亮。

为了消除急停报警状态，一般情况下，按急停开关上所示的方向转动按键，直至向上弹起，然后按下面板上的复位键即可。

（3）模式选择按键。模式选择按键共有 8 个，如图 5－10 所示，用以选择机床的工作方式。这类按键均为单选键，即只能选择其中的一个。选中其中一个按键时，相应的指示灯亮，同时在屏幕下方显示相应的工作方式。如图 5－11 所示的屏幕显示画面表示机床正处于 JOG 手动方式。

图 5－10　模式选择按键

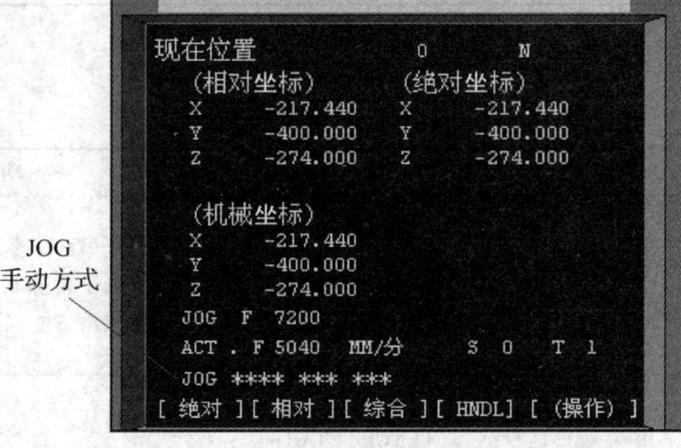

图 5－11　屏幕显示画面

模式选择按键功能见表 5－15。

训练步骤

表 5－15　　模式选择按键功能

按　键	含　义	英文标记	功　能
	自动运行键	AUTO	在 AUTO 状态下，可自动执行程序
	程序编辑键	EDIT	在 EDIT 状态下，可以输入程序，也可对储存在内存中的程序进行编程
	手动数据输入键	MDI	在 MDI 状态下，可以输入单一或多段命令，并按下循环启动按键使机床动作；同时也可以对系统参数进行修改
	在线加工运行键	DNC	在 DNC 状态下，通过计算机与 CNC 连接，可以实现大容量程序的在线加工
	回参考点键	REF	在 REF 状态下，可以执行机床的返回参考点功能
	手动方式键	JOG	在 JOG 状态下，可以实现手动切削连续进给和手动快速连续进给
	增量进给键	INC	在 INC 状态下，机床坐标轴向相应的方向移动一个增量距离
	手轮方式键	HANDLE	在 HANDLE 状态下，可以通过挂在机床上的手摇脉冲发生器使选择的坐标轴移动到相应位置

（4）循环启动执行按键功能见表 5－16。

表 5－16　　循环启动执行按键功能

按　键	含　义	英文标记	功　能
	程序暂停键	CYCLE STOP	在机床循环启动状态下按下该按键，程序运行及刀具运动将处于暂停状态，其他指令如主轴转速、冷却状态等保持不变
	程序运行键	CYCLE START	在自动运行状态下按下该按键，机床自动运行程序

（5）主轴功能按键功能见表 5－17。

表 5－17　主轴功能按键功能

按　键	含　义	英文标记	功　能
	主轴正转	CW	按下该按键，主轴将顺时针转动
	主轴停转	STOP	按下该按键，主轴将停止转动
	主轴反转	CCW	按下该按键，主轴将逆时针转动

注意：主轴功能按键需在"JOG"和"HANDLE"模式下操作。

训练步骤

（6）其他按键功能见表 5－18。

表 5－18　其他按键功能

按　键	含　义	功　能
	程序保护开关	当按钮处于开时，不能对程序进行编辑；只有当按钮处于关时，才能对程序进行编辑
超程释放	超程释放按键	当机床出现超程报警时，按下该按键不松开，同时将坐标轴反向移动，从而解除报警
	主轴倍率旋钮	在主轴旋转过程中，可以通过主轴倍率旋钮调整主轴的转速
	进给倍率旋钮	在手动切削连续进给时，可以通过进给倍率旋钮调整进给速度

（7）用户自定义键功能见表 5－19。

表 5－19　用户自定义键功能

按　键	含　义	功　能
主轴紧刀　主轴松刀	主轴松刀、紧刀按键	用于手动换刀过程中的装刀与卸刀

续表

按键	含义	功能
冷却开 冷却关	切削液开与关按键	用于切削液的打开与关闭
X原点灯 Y原点灯 Z原点灯	机床原点灯	当机床回到机床原点时灯亮

训练步骤

2. 开机操作

(1) 检查机床状态是否正常。

(2) 检查电源电压是否符合要求。

(3) 接通机床电源。

(4) 接通系统电源，检查 CRT（Cathode Ray Tube）画面显示内容。

(5) 检查面板上的指示灯是否正常。

(6) 检查风扇电动机运转是否正常。

接通数控系统电源后，系统软件自动运行。启动完毕，CRT 画面显示“EMG”报警画面，此时应松开急停开关，再按面板上的复位键，机床将复位。

3. 手动返回参考点操作

(1) 操作步骤。返回参考点操作是为了建立机床坐标系，手动返回参考点的操作方法和步骤见表 5－20。

表 5－20　手动返回参考点的操作方法和步骤

操作方法和步骤	操作示意图
1. 将方式选择旋钮置于“REF”位置，选择返回参考点方式	DNC　HANDLE MDI　JOG EDIT　ING AUTO　REF MODE SELECTION
2. 按［HOME START］键，键上指示灯亮	HOME START 0
3. 按住［+Z］方向键，使机床回 Z 轴参考点，Z 轴回参考点指示灯亮，松开按键	+Z　+X　+Y ● X HOME　● Y HOME　● Z HOME
4. 依次按住［+X］、［+Y］方向键，使机床分别回 X 轴、Y 轴参考点，回参考点指示灯亮，松开按键 ○——坐标轴未回参考点 ●——坐标轴已经到达参考点	

注：X、Y、Z 轴返回参考点灯亮，如图 5－12 所示。

训练步骤

（2）注意事项

1）返回参考点时应确保安全，在机床运行方向上不能发生碰撞，一般应选择 Z 轴先回参考点，将刀具抬起；然后再选择 X 轴和 Y 轴。

图 5－12　X、Y、Z 轴返回参考点灯亮

2）在机床返回参考点过程中，坐标轴不能离参考点太近，否则会出现超程报警。

3）在返回参考点过程中，若出现超程，应按住面板上的“超程释放”按键，向相反方向手动移动该轴，使其退出超程状态，解除报警。

4. 手动进给和手摇进给操作

（1）手动（JOG）进给操作。在手动（JOG）方式中，按下操作面板上的进给轴及其方向选择开关，会使刀具沿着所选轴的所选方向连续移动。

1）手动（JOG）进给的步骤

①按下模式选择按键中的手动（JOG）进给选择开关。

②分别选择移动轴（“Z”轴、“X”轴或“Y”轴）及运动方向（“＋”方向或“－”方向），坐标轴则按相应的方向及速度移动。

③手动的移动速度分为慢速进给和快速进给。慢速进给是通过进给倍率旋钮进行控制的，顺时针旋转时进给速度逐步增大，逆时针旋转时进给速度则逐步减小；快速进给是在按下方向键（“＋”方向或“－”方向）的同时按下方向键中间的快速移动键，则进给轴按指定方向快速移动。在快速移动过程中，快速移动倍率开关有效。

2）注意事项

①FANUC 0i 系统数控铣床手动（JOG）进给操作一次只能移动一个轴。

②手动进给操作时，要正确选择进给方向。

（2）手摇（HANDLE）进给操作。在手摇进给方式中，刀具可以通过旋转机床操作面板上的手摇脉冲发生器微量移动。使用手摇进给轴选择开关选择要移动的轴。如图 5－13 所示为手摇脉冲进给方式。

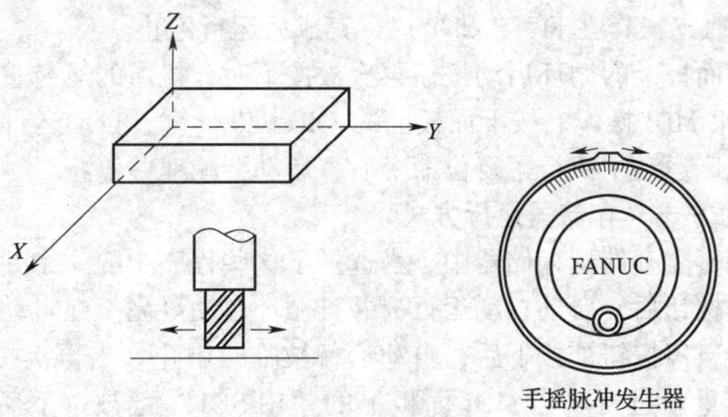

图 5－13　手摇脉冲进给方式

训练步骤

手摇进给的操作步骤如下。

1）按下模式选择按键中的手摇（HANDLE）进给方式选择开关。

2）按下手摇进给轴选择开关选择刀具要移动的轴。

3）通过手摇进给放大倍率开关控制手摇移动速度。旋转手摇脉冲发生器一个刻度时，刀具移动的最小距离等于最小输入增量，手摇脉冲发生器移动距离对应关系见表5－21。

表5－21　手摇脉冲发生器移动距离对应关系

位　　置	×1	×10	×100
增量值/mm	0.001	0.01	0.1

4）旋转手轮，以手轮转向对应的方向移动刀具。

5. MDI运行方式（手动输入）

在MDI运行方式中，通过MDI面板，可以编制最多10行的程序并被执行，MDI运行程序格式和通常的程序一样。MDI运行适用于简单的程序操作。

MDI操作步骤如下。

（1）按下模式选择按键中的MDI方式选择开关。

（2）按下MDI操作面板上的“PRGRM”功能键选择程序屏幕，自动加入程序号“O0000”。

（3）用通常的程序编辑操作编制一个要执行的程序。在MDI方式编制程序可以用插入、修改、删除、字检索、地址检索和程序检索等操作。

（4）为了执行程序，需要将光标移到程序头（从中间点启动执行也是可以的）。按下操作面板上的循环启动按钮，程序便启动运行。当执行程序结束语句（M02或M30）后，程序自动清除并且运行结束；通过指令M99，使其自动回到程序的开头。

（5）若需在中途停止或结束MDI操作，按以下步骤进行。

1）停止MDI操作。按下操作面板上的进给暂停开关，进给暂停指示灯亮，循环启动指示灯熄灭。机床响应如下：当机床在运动时，进给运动减速并停止；当执行M、S或T指令时，操作在M、S和T执行完成后运行停止。

当操作面板上的循环启动按钮再次被按下时，机床的运行重新启动。

2）结束MDI操作。按下面板上的“RESET”键，自动运行结束，并进入复位状态。当在机床运动中执行了复位命令后，运动会减速并停止。

6. 自动方式（存储器运行方式）

将程序事先存储到存储器中。当选择了这些程序中的一个并按下机床操作面板上的循环启动按钮后，启动自动运行，并且循环启动灯亮。在自动运行中，机床操作面板上的进给暂停按钮被按下后，自动运行被临时中止。当再次按下循环启动按钮后，自动运行又重新进行。当MDI面板上的“RESET”键被按下后，自动运行被终止，并且进入复位状态。

训练步骤	（1）存储器运行的步骤 1）按下存储器方式选择键。 2）从存储的程序中选择一个程序。 3）按下操作面板上的循环启动按钮，启动自动运行，并且循环启动指示灯亮。当自动运行结束时，指示灯熄灭。 （2）在中途停止或者取消存储器运行的步骤 1）停止存储器运行。按下机床操作面板上的进给暂停按钮，进给暂停指示灯亮，并且循环启动指示灯熄灭。机床响应如下：当机床移动时，进给运动减速直到停止；当执行 M、S 或 T 指令时，执行完成后运行停止。当进给暂停指示灯亮时，按下机床操作面板上的循环启动按钮会重新启动机床的自动运行。 2）终止存储器运行。按下 MDI 面板上的“RESET”键，自动运行被终止，并进入复位状态。当在机床移动过程中执行复位操作时，机床会减速直到停止。 （3）自动方式（存储器运行方式）说明 1）存储器运行。在存储器运行启动后，系统的运行如下。 ①从指定程序中读取一段指令。 ②这一段指令被译码。 ③启动执行该段指令。 ④读取下一段指令。 ⑤执行缓冲，即指令被译码以便能够被立即执行。 ⑥前段程序执行后，立即执行下一段程序。 此后，存储器运行按照④~⑥重复进行。 2）停止和结束存储器运行。存储器运行可以用下列两种方法停止：指定一个停止命令，或者按下机床操作面板上的一个键。停止命令包括 M00（程序停止）、M01（选择停止）、M02 与 M30（程序结束）。有两个键可以停止存储器的操作，即进给暂停键和复位键。 3）程序停止（M00）。存储器运行在执行包含有 M00 指令的程序段后停止。当程序停止后，所有存在的模态信息保持不变，与单段运行一样。按下循环启动按钮后自动运行重新启动。 4）选择停止（M01）。与 M00 一样，存储器运行时在执行了含有 M01 指令的程序段后也会停止。这个代码仅在操作面板上的选择停止开关处于通的状态时有效。 5）程序结束（M02 或 M30）。当读到 M02 或 M30（在主程序结束时使用）时，存储器运行结束并且进入复位状态。有些机床中 M30 使控制回到程序的最顶部。 6）进给暂停。在存储器运行时，当操作面板上的进给暂停按钮被按下时，刀具会在减速后立即停止。

训练步骤	7）复位。自动运行可以通过 MDI 面板上的键或者外部的复位信号结束并且立即进入复位状态。当刀具移动时执行复位操作后，运动会在减速后停止。 8）选择段跳过。当操作面板上的程序段选择跳过开关接通时，有斜杠（/）的程序段被忽略。 **7. 关机操作** （1）检查操作面板上的循环启动灯是否关闭。 （2）检查数控机床的移动部件是否都已停止。 （3）如有外部输入/输出设备接到机床上，先关外部设备的电源。 （4）检查完毕，按下急停键，再按下“POWER OFF”键，关机床电源，切断总电源。
注意事项	1. 严格遵守安全操作规程。 2. 不准做与以上训练内容无关的其他操作。 3. 操作必须按规定步骤和要求进行。 4. 练习完毕，认真擦拭机床，使机床返回原点位置，关闭机床电源开关。

子课题 2　铣外轮廓零件

课 题 名 称	铣外轮廓零件
操作技能要求	1. 能够正确使用刀具半径补偿指令。 2. 能够根据加工要求手工编制简单外形轮廓的铣削程序。
设备及刀具	FANUC 0i 数控系统的立式加工中心、T1 为 ϕ80 mm 的盘形铣刀、T2 为 ϕ20 mm 的立铣刀、T3 为 ϕ12 mm 的立铣刀

课题图	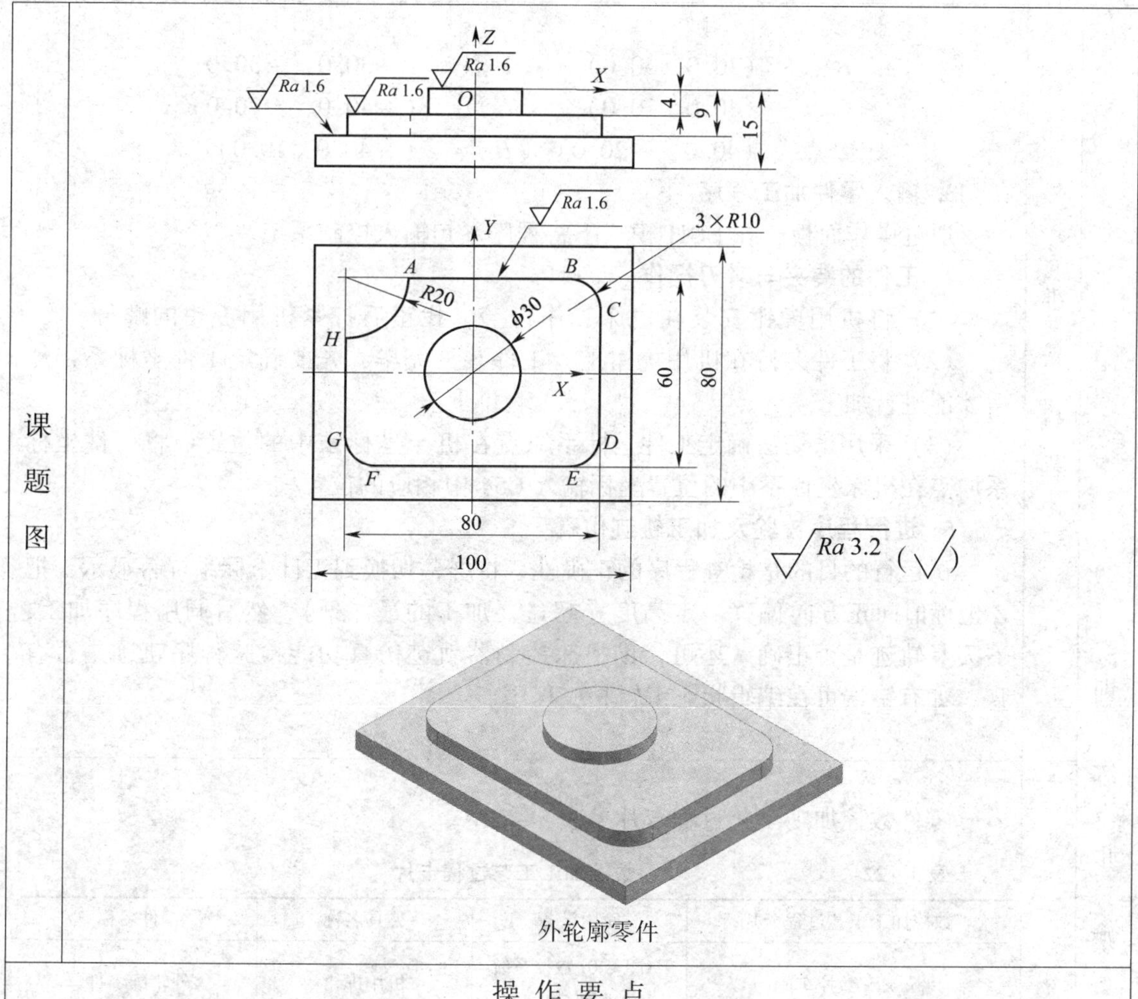 外轮廓零件

操作要点

训练步骤 — 准备过程

1. 根据图样要求确定加工工艺

（1）加工方式。此零件的加工部位主要是上表面及两侧面外轮廓。采用立铣方式。

（2）加工设备。FANUC 0i 数控系统的立式加工中心。

（3）毛坯材料。材料为 45 钢，规格为 100 mm × 80 mm × 16 mm。

（4）加工刀具。根据零件的外形和加工要求选择刀具，T1 为 ϕ80 mm 的盘形铣刀，T2 为 ϕ20 mm 的立铣刀，T3 为 ϕ12 mm 的立铣刀。

（5）夹具选用。选用机用虎钳装夹零件。

2. 编写加工程序

（1）确定工件坐标系。选择零件两对称轴的交点为工件坐标系 X、Y 轴原点，工件上表面为 Z 轴原点，建立工件坐标系。

（2）确定基点坐标。在编制程序前要计算每一个基点坐标的数值，经简单计算得到基点坐标如下：

A 点　（-20.0，30.0）　　E 点　（30.0，-30.0）

训练步骤

准备过程

B 点　（30.0，30.0）　　*F* 点　（-30.0，-30.0）

C 点　（40.0，20.0）　　*G* 点　（-40.0，-20.0）

D 点　（40.0，-20.0）　*H* 点　（-40.0，10.0）

3. 输入零件加工程序

通过操作面板，在 EDIT 模式下将程序逐句输入控制系统。

4. 工件的装夹与对刀操作

（1）将机用虎钳安装在机床工作台上，找正后拧紧机用虎钳的螺母。

（2）将工件夹持在机用虎钳上，工件装夹完毕，先要确定工件坐标系，然后才能进行加工。

（3）采用试切法确定工件坐标系原点在机床坐标系中的位置。将工件坐标系原点在机床坐标系中的位置坐标输入 G54 中相应的位置。

5. 进行程序校验及加工轨迹仿真

试运行的目的是检查程序的正确性。将屏幕切换到工件坐标系屏幕显示，把 *Z* 坐标值向正方向偏移一定高度（超过要加工的最深处），然后调用程序加工，看刀具轨迹是否正确。还可借助机床控制器轨迹仿真功能检验程序轨迹是否有误，如有错误可在编辑状态编辑相应程序。

工件加工过程

零件数控加工工艺过程卡片见表 5-22。

表 5-22　数控加工工艺过程卡片

数控加工工艺过程卡片		使用设备	夹具名称	零件名称
×××数控车间		FANUC 0i 数控系统立式加工中心	机用虎钳	外轮廓零件
序号	工步内容及要求	工序简图		
1	用 T1（φ80 mm 盘形铣刀）手动铣平面	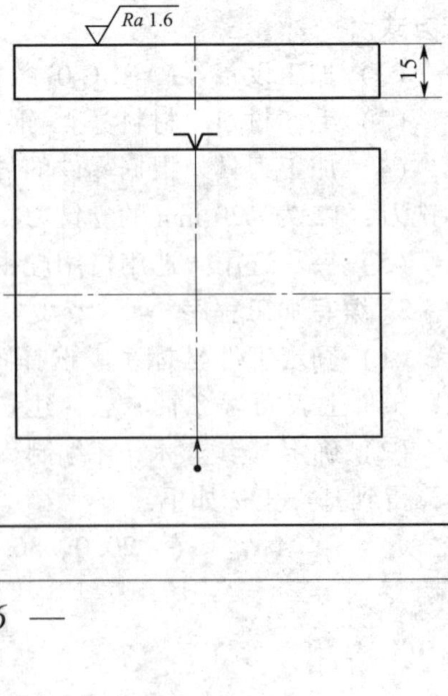 Ra 1.6　15		

训练步骤

工件加工过程

续表

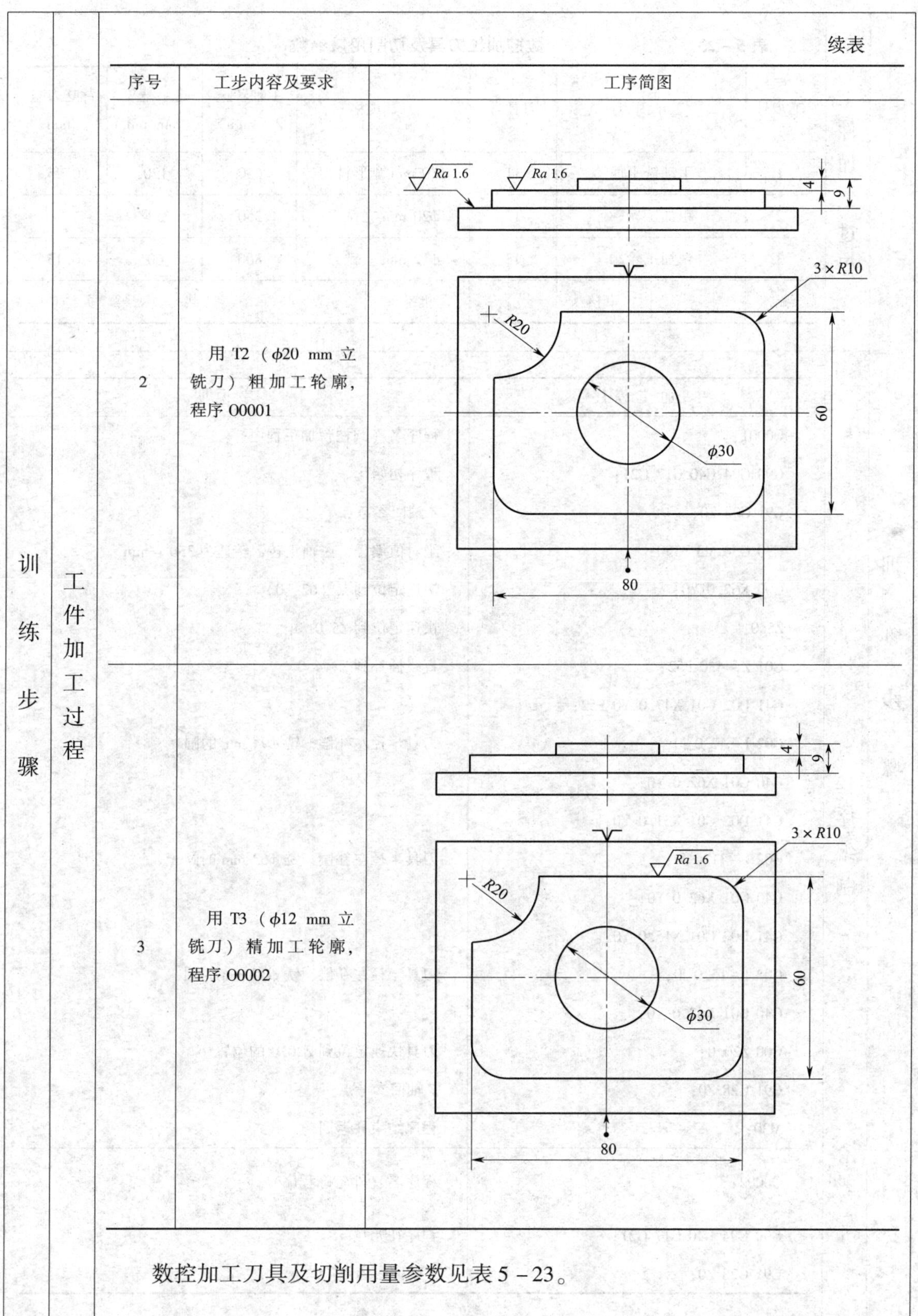

序号	工步内容及要求	工序简图
2	用 T2（ϕ20 mm 立铣刀）粗加工轮廓，程序 O0001	
3	用 T3（ϕ12 mm 立铣刀）精加工轮廓，程序 O0002	

数控加工刀具及切削用量参数见表 5－23。

表 5-23　数控加工刀具及切削用量参数

工步号	工步内容	刀具号	刀具规格	主轴转速/(r/min)	进给速度/(mm/min)	背吃刀量/mm
1	手动铣平面	T1	ϕ80 mm 盘形铣刀	650	120	0.25
2	粗加工轮廓	T2	ϕ20 mm 立铣刀	350	52	4
3	精加工轮廓	T3	ϕ12 mm 立铣刀	800	60	0.15
编制		审核	批准		共 页 第 页	

训练步骤——工件加工过程；程序编制

加工程序	程序说明
O0001;	程序名（圆柱台加工程序）
G90 G94 G40 G17 G21;	程序初始化
G91 G28 Z0;	Z 轴回参考点
G90 G54 M3 S350;	绝对值编程，主轴正转，转速为 350 r/min
G00 X62.0 Y0;	快速定位到点（62，0）
Z5.0;	快速定位到 Z5.0
G01 Z-4.0 F52;	直线插补到 Z-4.0
G41 D02 G01 X47.0 Y0 F52;	
G02 I-47.0 J0;	刀具半径左补偿，铣 ϕ94 mm 的圆
G40 G01 X62.0 Y0;	
G41 D02 G01 X31.0 Y0;	
G02 I-31.0 J0;	刀具半径左补偿，铣 ϕ62 mm 的圆
G40 G01 X62.0 Y0;	
G41 D02 G01 X15.0 Y0;	
G02 I-15.0 J0;	刀具半径左补偿，铣 ϕ30 mm 的圆
G40 G01 X62.0 Y0;	
G00 Z20.0;	刀具快速定位到 Z20.0 的位置
G91 G28 Z0;	Z 轴回参考点
M30;	程序结束并返回
O0002;	程序名（外轮廓程序）
G90 G94 G40 G17 G21;	程序初始化
G91 G28 Z0;	Z 轴回参考点

续表

加工程序	程序说明
G90 G54 M03 S350；	绝对值编程，主轴正转，转速为 350 r/min
G00 X－62.0 Y52.0；	快速定位到（－62，52）
Z5.0；	快速定位到 Z5.0
G01 Z－9.0 F52；	直线插补到 Z－9.0
G41 D02 G01 X－40.0 Y－30.0 F52；	建立刀具半径左补偿，直线插补到点（－40，－30）
G01 X－20.0 Y30.0；	直线插补到 *A* 点
X30.0；	直线插补到 *B* 点
G02 X40.0 Y20.0 R10.0；	顺圆弧插补到 *C* 点
G01 Y－20.0；	直线插补到 *D* 点
G02 X30.0 Y－30.0 R10.0；	顺圆弧插补到 *E* 点
G01 X－30.0；	直线插补到 *F* 点
G02 X－40.0 Y－20.0 R10.0；	顺圆弧插补到 *G* 点
G01 Y10.0；	直线插补到 *H* 点
G03 X－20.0 Y30.0 R20.0；	逆圆弧插补到 *A* 点
G40 G01 X－62.0 Y52.0；	取消刀具半径补偿，直线插补到点（－62，52）
G00 Z20.0；	快速定位到 Z20.0
G91 G28 Z0；	*Z* 轴回参考点
M30；	程序结束并返回

（训练步骤 — 工件加工过程）

注意事项

1. 严格遵守安全操作规程。
2. 不准做与以上训练内容无关的其他操作。
3. 操作必须按规定步骤和要求进行。
4. 练习完毕，认真擦拭机床，使机床返回原点位置，关闭机床电源开关。

考核项目	考核内容及要求	配分	评分标准
主要项目	15 mm	10	每处超差扣该项配分
	60 mm	10	
	80 mm	10	
	4 mm	5	
	9 mm	5	
	*R*10 mm（3 处）	5/处	
	*R*20 mm	5	
	ϕ30 mm	10	
设备及工具、量具、刃具的使用及维护	常用工具、量具、刃具的合理使用与保养	6	使用不当每次扣 2 分，维护及保养不当每次扣 2 分
	正确操作数控铣床并及时发现设备故障	6	操作不当每次扣 2 分
	数控铣床的润滑	4	每少润滑一处扣 0.5 分
	数控铣床的保养工作	4	加工后未按要求擦拭或保养不当酌情扣分
安全文明生产	正确执行安全技术操作规程	6	每违反一项规定扣 2 分
	正确穿戴工作服（帽）	4	工作服（帽）穿戴不正确不得分
工时定额	150 min		超 10 min 扣 5 分；超 30 min 不得分

子课题 3　铣内轮廓零件

课 题 名 称	铣内轮廓零件
操作技能要求	1. 合理选择刀具。 2. 进行型腔加工工艺分析，会对槽类零件的加工进行编程。
设备及刃具	FANUC 0i 数控系统的立式加工中心、T1 为 ϕ80 mm 的盘形铣刀、T2 为 ϕ18 mm 的键槽铣刀、T3 为 ϕ12 mm 的立铣刀

<table>
<tr><td>课题图</td><td colspan="2">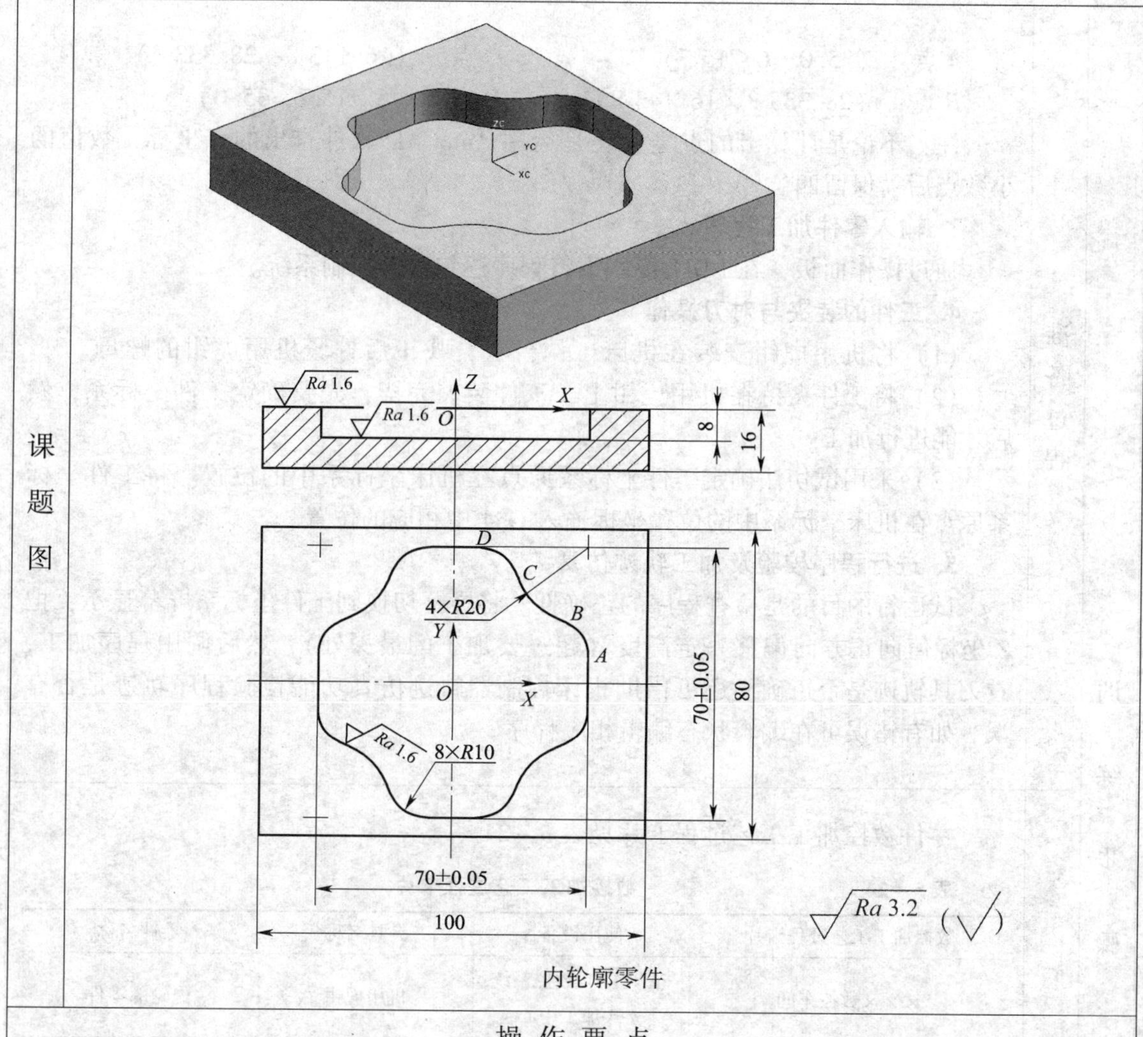

内轮廓零件</td></tr>
<tr><td colspan="3">操 作 要 点</td></tr>
<tr><td>训练步骤</td><td>准备过程</td><td>

1. 根据图样要求确定加工工艺

（1）加工方式。此零件的加工部位主要是上表面及内轮廓。采用立铣方式。

（2）加工设备。FANUC 0i 数控系统的立式加工中心。

（3）毛坯材料。材料为 45 钢，规格为 100 mm × 80 mm × 17 mm。

（4）加工刀具。根据零件的外形和加工要求选择刀具，T1 为 ϕ80 mm 的盘形铣刀，T2 为 ϕ18 mm 的键槽铣刀，T3 为 ϕ12 mm 的立铣刀。

（5）夹具选用。选用机用虎钳装夹零件。

2. 编写加工程序

（1）确定工件坐标系。选择零件两对称轴的交点为工件坐标系 X、Y 轴原点，工件上表面为 Z 轴原点，建立工件坐标系。

（2）确定基点坐标。在编制程序前要计算每一个基点坐标的数值，经简单计算得到基点坐标如下：
</td></tr>
</table>

训练步骤	准备过程	*A* 点 (35.0，6.715 7) *C* 点 (16.143 8，28.333 3) *B* 点 (28.333 3，16.143 8) *D* 点 (6.715 7，35.0) 注：不论是计算出的点坐标还是运用 AutoCAD 软件查出的点坐标，数值的小数点后需保留四位。 **3. 输入零件加工程序** 通过操作面板，在 EDIT 模式下将程序逐句输入控制系统。 **4. 工件的装夹与对刀操作** （1）将机用虎钳安装在机床工作台上，找正后拧紧机用虎钳的螺母。 （2）将工件夹持在机用虎钳上，工件装夹完毕，先要确定工件坐标系，然后才能进行加工。 （3）采用试切法确定工件坐标系原点在机床坐标系中的位置。将工件坐标系原点在机床坐标系中的位置坐标输入 G54 中相应的位置。 **5. 进行程序校验及加工轨迹仿真** 试运行的目的是检查程序的正确性。将屏幕切换到工件坐标系屏幕显示，把 *Z* 坐标值向正方向偏移一定高度（超过要加工的最深处），然后调用程序加工，看刀具轨迹是否正确。还可借助机床控制器轨迹仿真功能检验程序轨迹是否有误，如有错误可在编辑状态编辑相应程序。
	工件加工过程	零件数控加工工艺过程卡片见表 5－24。

表 5－24　　数控加工工艺过程卡片

数控加工工艺过程卡片		使用设备	夹具名称	零件名称
×××数控车间		FANUC 0i 数控系统 立式加工中心	机用虎钳	内轮廓零件
序号	工步内容及要求	工序简图		
1	用 T1（ϕ80 mm 盘形铣刀）手动铣平面	Ra 1.6 16		

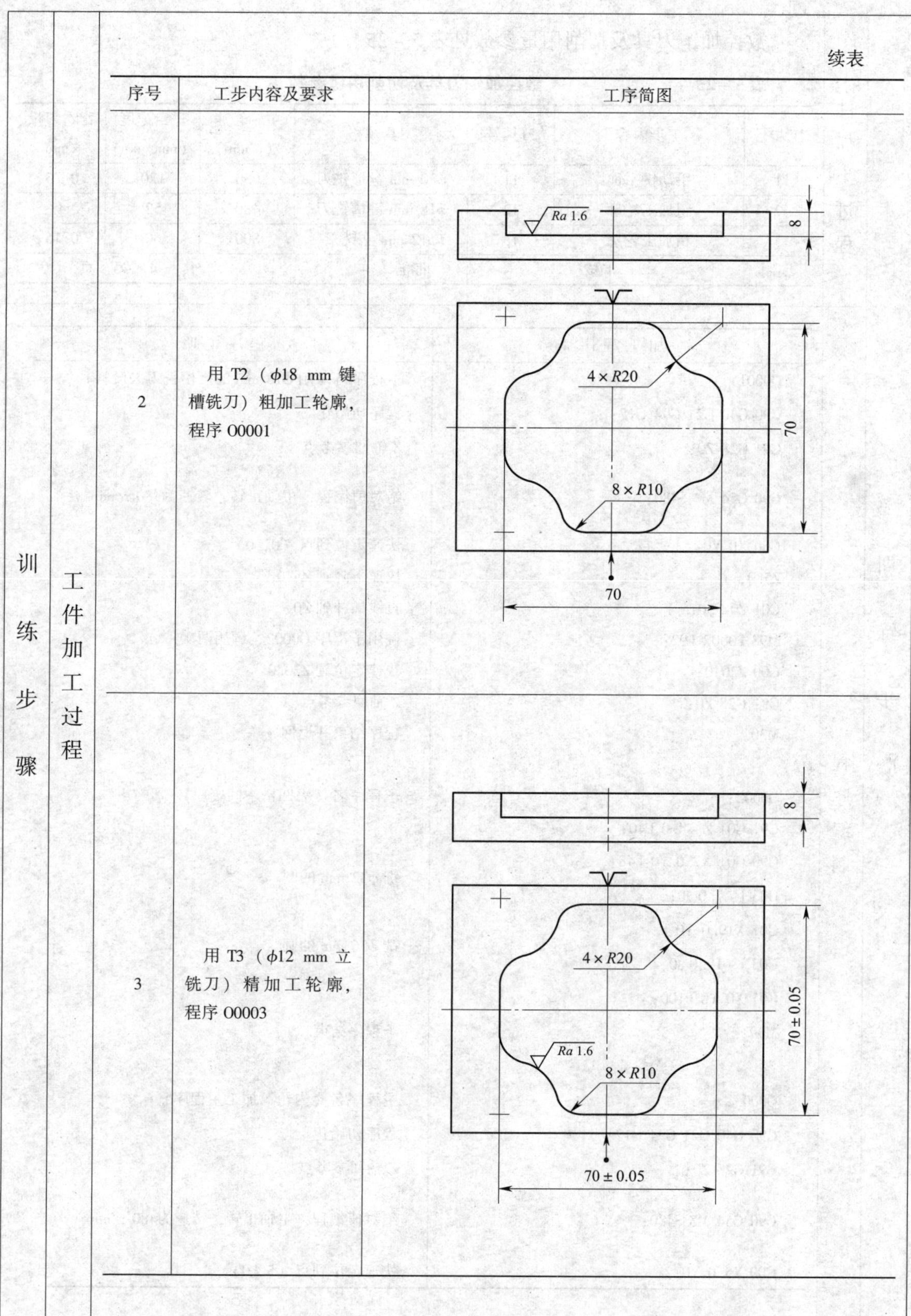

续表

训练步骤	工件加工过程	序号	工步内容及要求	工序简图
训练步骤	工件加工过程	2	用 T2（ϕ18 mm 键槽铣刀）粗加工轮廓，程序 O0001	
		3	用 T3（ϕ12 mm 立铣刀）精加工轮廓，程序 O0003	

工件加工过程

数控加工刀具及切削用量参数见表5－25。

表5－25　　数控加工刀具及切削用量参数

工步号	工步内容	刀具号	刀具规格	主轴转速 /(r/min)	进给速度 /(mm/min)	背吃刀量 /mm
1	手动铣平面	T1	ϕ80 mm 盘形铣刀	650	120	0.25
2	粗加工轮廓	T2	ϕ18 mm 键槽铣刀	480	52	4
3	精加工轮廓	T3	ϕ12 mm 立铣刀	800	60	0.15
编制		审核		批准		共　页　第　页

训练步骤　程序编制

加工程序	程序说明
O0001；	主程序名（用 ϕ18 mm 的键槽铣刀去废料）
G90 G40 G21 G94 G17；	程序初始化
G91 G28 Z0；	Z 轴回参考点
G90 G54 M3 S480；	绝对值编程，主轴正转，转速为480 r/min
G00 X0 Y0；	快速定位到点（0，0）
Z5.0；	快速下降到 Z5.0
G01 Z0 F50；	直线插补到 Z0
M98 P0002 L02；	调用子程序 O0002，调用两次
G00 Z20.0；	快速定位到 Z20.0
G91 G28 Z0；	Z 轴回参考点
M30；	程序结束并返回
O0002；	子程序名（去凹槽中间废料）
G91 G01 Z－4.0 F40；	
G90 G01 X7.0 Y0 F48；	铣 ϕ32 mm 的圆
G03 I－7.0 J0；	
G01 X19.0 Y0；	铣 ϕ56 mm 的圆
G03 I－19.0 J0；	
G01 X0 Y0 F100；	
M99；	子程序结束
O0003；	主程序名（内轮廓加工主程序）
G90 G40 G21 G94 G17；	程序初始化
G91 G28 Z0；	Z 轴回参考点
G90 G54 M3 S480；	绝对值编程，主轴正转，转速为480 r/min
G00 X5.0 Y0；	快速定位到点（5，0）

续表

训练步骤 — 工件加工过程

加工程序	程序说明
Z5.0;	快速下降到 Z5.0
G01 Z0 F80;	直线插补到 Z0
M98 P0004 L02;	调用子程序 O0004，调用两次
G00 Z20.0;	快速定位到 Z20.0
G91 G28 Z0;	*Z* 轴回参考点
M30;	程序结束并返回
O0004;	子程序名（内轮廓加工子程序）
G91 G01 Z-4.0 F80;	圆弧切向切入，切圆为 *R*15 mm 的半圆
G90 G41 D01 G01 X20.0 Y-15.0 F48;	圆弧切向切入，切圆为 *R*15 mm 的半圆
G03 X35.0 Y0 R15.0;	
G01 Y6.7157;	
G03 X28.333 3 Y16.143 8 R10.0;	
G02 X16.143 8 Y28.333 3 R20.0;	
G03 X6.715 7 Y35.0 R10.0;	
G01 X-6.715 7;	
G03 X-16.143 8 Y28.333 3 R10.0;	
G02 X-28.333 3 Y16.143 8 R20.0;	
G03 X-35.0 Y6.715 7 R10.0;	
G01 Y-6.715 7;	铣内轮廓
G03 X-28.333 3 Y-16.143 8 R10.0;	
G02 X-16.143 8 Y-28.333 3 R20.0;	
G03 X-6.715 7 Y-35.0 R10.0;	
G01 X6.715 7;	
G03 X16.143 8 Y-28.333 3 R10.0;	
G02 X28.333 3 Y-16.143 8 R20.0;	
G03 X35.0 Y-6.715 7 R10.0;	
G01 Y0;	
G03 X20.0 Y15.0 R15.0;	圆弧切向切出，切圆为 *R*15 mm 的半圆
G40 G01 X5.0 Y0;	
M99;	子程序结束

注意事项

1. 严格遵守安全操作规程。
2. 不准做与以上训练内容无关的其他操作。
3. 操作必须按规定步骤和要求进行。
4. 练习完毕，认真擦拭机床，使机床返回原点位置，关闭机床电源开关。

考核项目	考核内容及要求	配分	评分标准
主要项目	(70 ±0.05) mm (2 处)	10/处	每处超差扣该项配分
	*R*20 mm (4 处)	3/处	
	*R*10 mm (8 处)	3/处	
	8 mm	4	
	16 mm	4	
	$Ra \leq 1.6$ μm (3 处)	2/处	
设备及工具、量具、刃具的使用及维护	常用工具、量具、刃具的合理使用与保养	6	使用不当每次扣 2 分，维护及保养不当每次扣 2 分
	正确操作数控铣床并及时发现设备故障	6	操作不当每次扣 2 分
	数控铣床的润滑	4	每少润滑一处扣 0.5 分
	数控铣床的保养工作	4	加工后未按要求擦拭或保养不当酌情扣分
安全文明生产	正确执行安全技术操作规程	6	每违反一项规定扣 2 分
	正确穿戴工作服（帽）	4	工作服（帽）穿戴不正确不得分
工时定额	150 min		超 10 min 扣 5 分；超 30 min 不得分

子课题 4　数控铣综合训练

课题名称	数控铣综合训练
技能操作要求	1. 合理选择刀具。 2. 进行加工工艺分析，会对零件的加工进行编程。
设备及刀具	FANUC 0i 数控系统的立式加工中心、T1 为 ϕ80 mm 的盘形铣刀、T2 为 ϕ16 mm 的键槽铣刀、T3 为 ϕ10 mm 的键槽铣刀、T4 为中心钻、T5 为 ϕ9.8 mm 钻头、T6 为 ϕ10H7 铰刀

<table>
<tr><td>课题图</td><td colspan="2">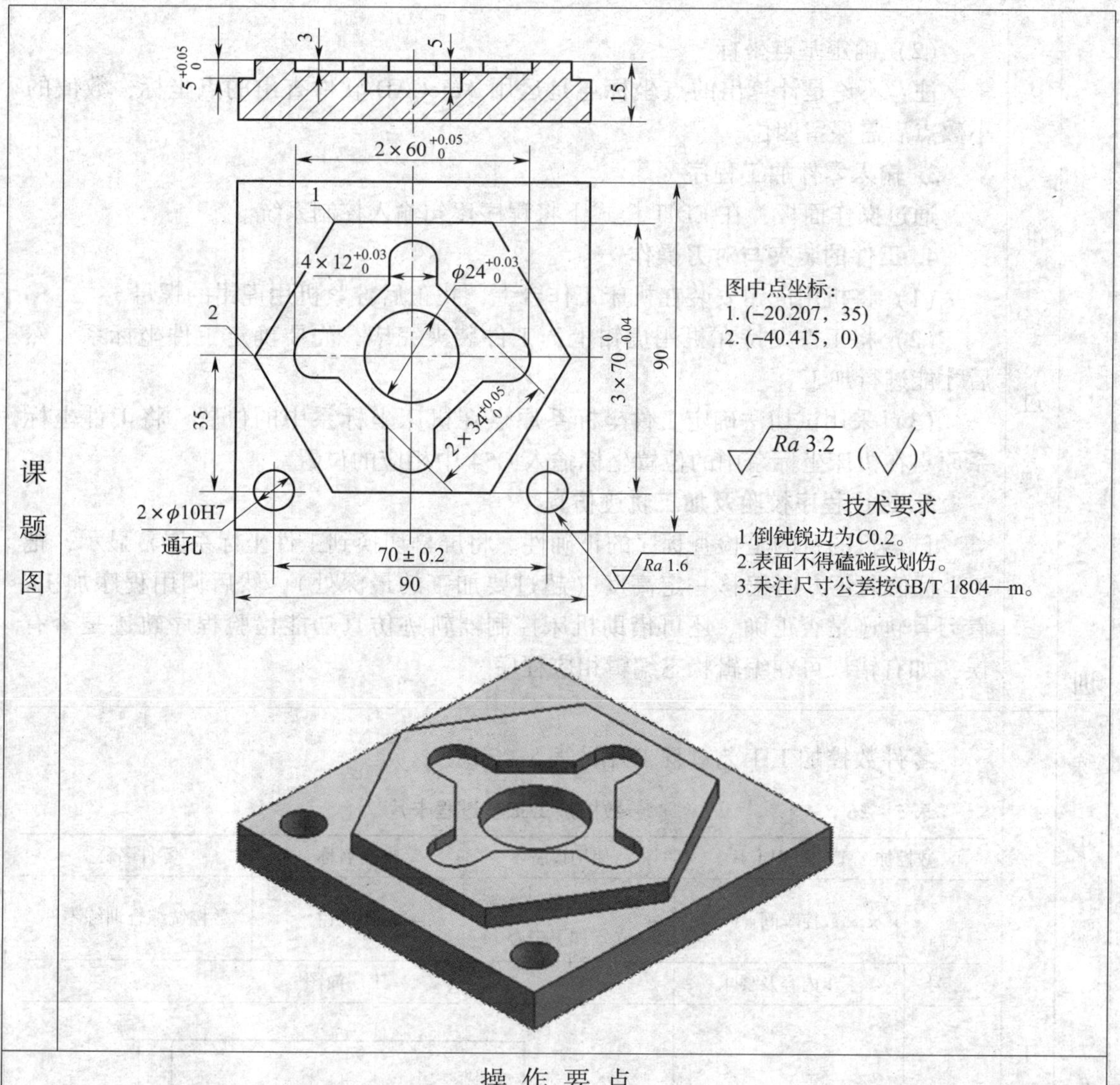
</td></tr>
<tr><td colspan="3">操 作 要 点</td></tr>
<tr><td>训练步骤</td><td>准备过程</td><td>

1. 根据图样要求确定加工工艺

（1）加工方式。此零件的加工部位主要是上表面与内、外轮廓及孔。采用立铣方式。

（2）加工设备。FANUC 0i 数控系统的立式加工中心。

（3）毛坯材料。材料为 45 钢，规格为 90 mm×90 mm×15 mm。

（4）加工刀具。根据零件的外形和加工要求选择刀具，T1 为 ϕ80 mm 的盘形铣刀，T2 为 ϕ16 mm 的键槽铣刀，T3 为 ϕ10 mm 的键槽铣刀，T4 为中心钻，T5 为 ϕ9. 8 mm 钻头，T6 为 ϕ10H7 铰刀。

2. 编写加工程序

（1）确定工件坐标系。选择零件两对称轴的交点为工件坐标系 X、Y 轴原点，工件上表面为 Z 轴原点，建立工件坐标系。

</td></tr>
</table>

训练步骤

准备过程

（2）确定基点坐标。

注：不论是计算出的点坐标还是运用 AutoCAD 软件查出的点坐标，数值的小数点后需保留四位。

3. 输入零件加工程序

通过操作面板，在 EDIT 模式下将程序逐句输入控制系统。

4. 工件的装夹与对刀操作

（1）将机用虎钳安装在机床工作台上，找正后拧紧机用虎钳的螺母。

（2）将工件夹持在机用虎钳上，工件装夹完毕，先要确定工件坐标系，然后才能进行加工。

（3）采用试切法确定工件坐标系原点在机床坐标系中的位置。将工件坐标系原点在机床坐标系中的位置坐标输入 G54 中相应的位置。

5. 进行程序校验及加工轨迹仿真

试运行的目的是检查程序的正确性。将屏幕切换到工件坐标系屏幕显示，把 *Z* 坐标值向正方向偏移一定高度（超过要加工的最深处），然后调用程序加工，看刀具轨迹是否正确。还可借助机床控制器轨迹仿真功能检验程序轨迹是否有误，如有错误可在编辑状态编辑相应程序。

工件加工过程

零件数控加工工艺过程卡片见表 5－26。

表 5－26　　数控加工工艺过程卡片

数控加工工艺过程卡片		使用设备	夹具名称	零件名称
×××数控车间		FANUC 0i 数控系统 立式加工中心	机用虎钳	数控铣综合训练零件
序号	工步内容及要求	工序简图		
1	用 T1（ϕ80 mm 盘形铣刀）手动铣平面	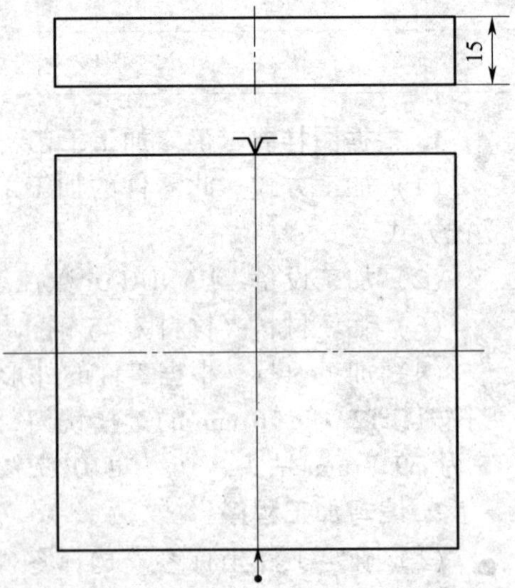		

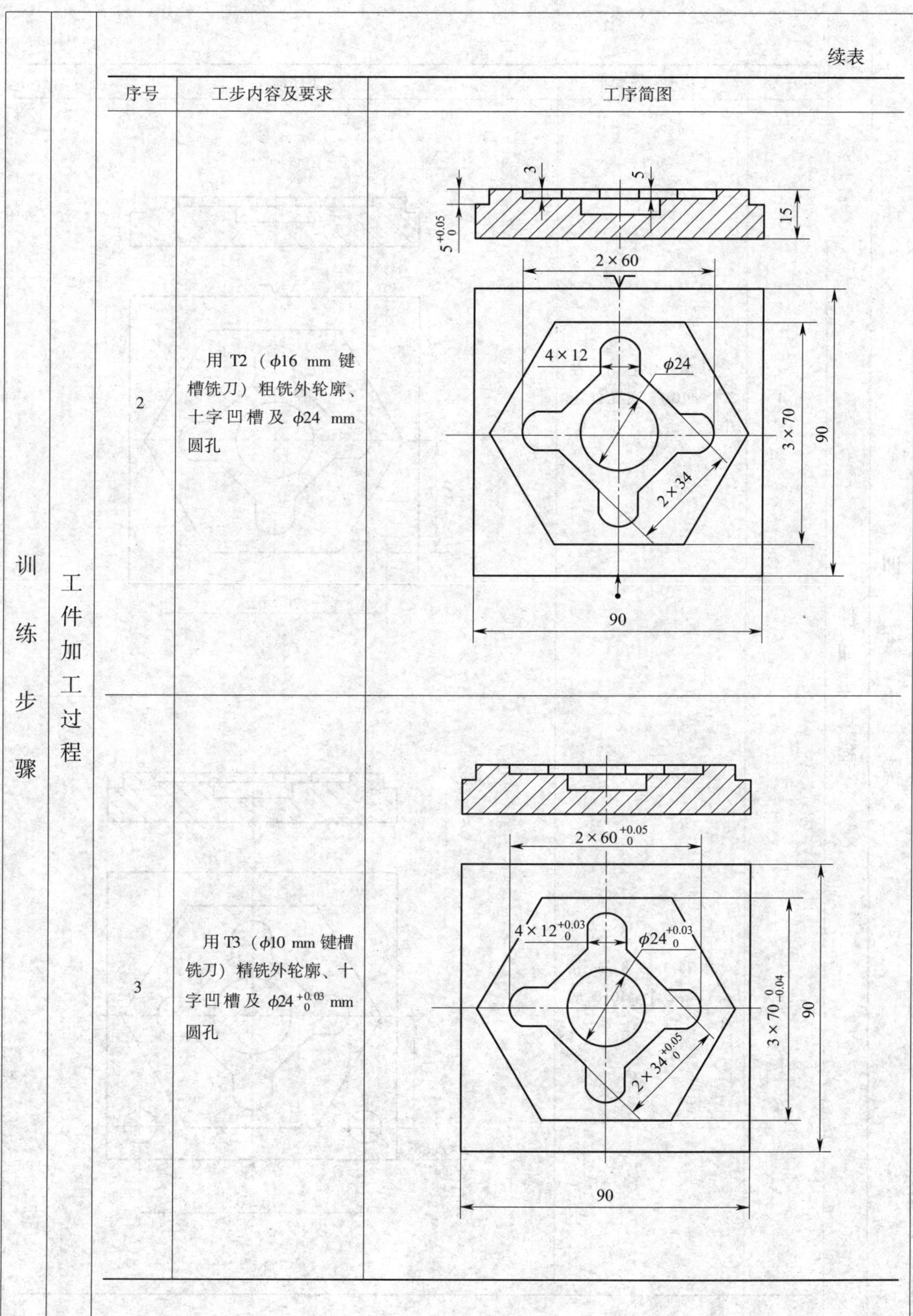

训练步骤

工件加工过程

续表

序号	工步内容及要求	工序简图
2	用 T2（$\phi16$ mm 键槽铣刀）粗铣外轮廓、十字凹槽及 $\phi24$ mm 圆孔	
3	用 T3（$\phi10$ mm 键槽铣刀）精铣外轮廓、十字凹槽及 $\phi24^{+0.03}_{0}$ mm 圆孔	

续表

训练步骤	工件加工过程	序号	工步内容及要求	工序简图
		4	用 T4（中心钻）在 2 个 ϕ10H7 底孔处定中心	35 70 ± 0.2
		5	用 T5（ϕ9. 8 mm 钻头）钻 2 个 ϕ10H7 底孔	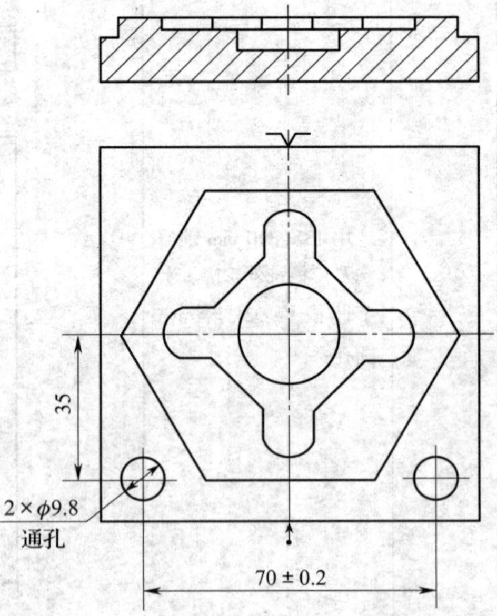 35 2 × ϕ9.8 通孔 70 ± 0.2

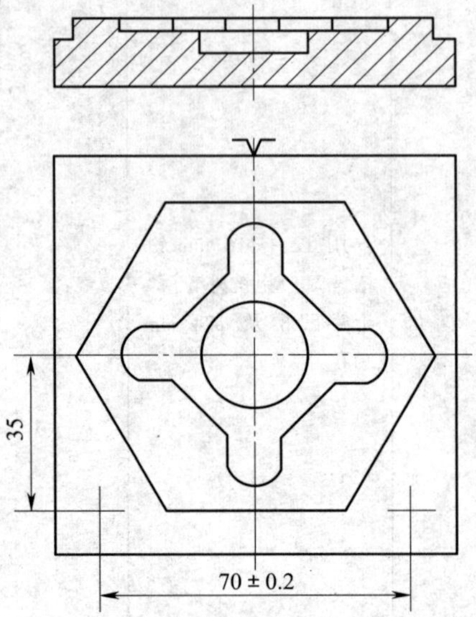

训练步骤

工件加工过程

续表

序号	工步内容及要求	工序简图
6	用 T6（ϕ10H7 铰刀）铰 2 个 ϕ10H7 的孔	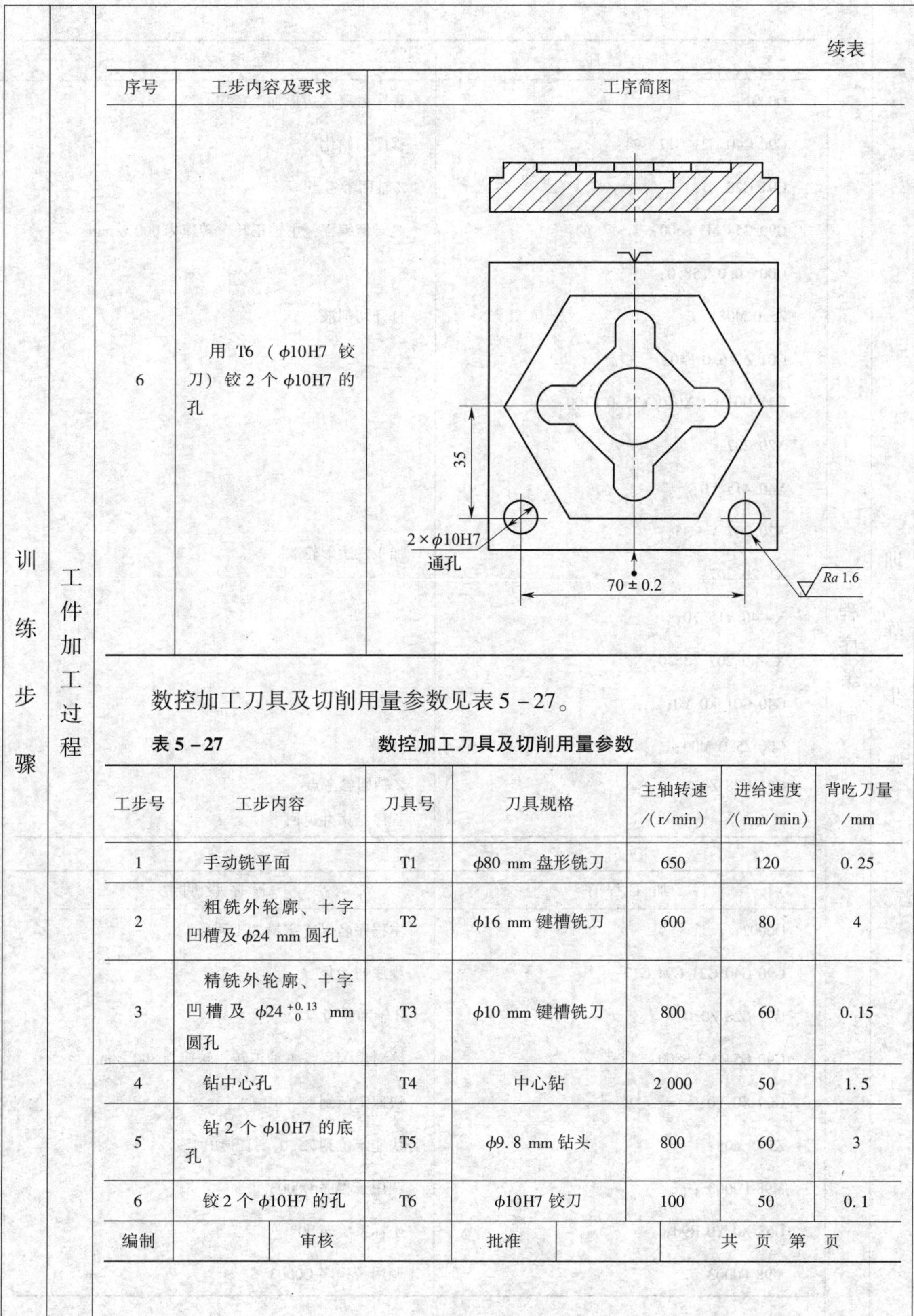

数控加工刀具及切削用量参数见表 5－27。

表 5－27　　数控加工刀具及切削用量参数

工步号	工步内容	刀具号	刀具规格	主轴转速 /(r/min)	进给速度 /(mm/min)	背吃刀量 /mm
1	手动铣平面	T1	ϕ80 mm 盘形铣刀	650	120	0. 25
2	粗铣外轮廓、十字凹槽及 ϕ24 mm 圆孔	T2	ϕ16 mm 键槽铣刀	600	80	4
3	精铣外轮廓、十字凹槽及 $\phi 24^{+0.13}_{0}$ mm 圆孔	T3	ϕ10 mm 键槽铣刀	800	60	0. 15
4	钻中心孔	T4	中心钻	2 000	50	1. 5
5	钻 2 个 ϕ10H7 的底孔	T5	ϕ9. 8 mm 钻头	800	60	3
6	铰 2 个 ϕ10H7 的孔	T6	ϕ10H7 铰刀	100	50	0. 1

编制		审核		批准		共　页　第　页

训练步骤	程序编制		
		加工程序	**程序说明**
		O0001;	程序名（六边形加工程序）
		G90 G40 G21 G17 G94;	程序初始化
		G91 G28 Z0;	Z 轴回参考点
		G90 G54 M3 S600;	绝对值编程，主轴正转，转速为 600 r/min
		G00 X0.0 Y58.0;	
		Z5.0 M08;	打开切削液
		G01 Z-6.0 F40;	
		G41 D01 G1 X0.0 Y35.0 F100;	加工六边形轮廓
		X20.207;	
		X40.415 Y0;	
		X20.207 Y-35;	
		X-20.207;	
		X-40.415 Y0;	
		X-20.207 Y35.0;	
		G40 G01 X0 Y0;	
		G00 Z5.0 M09;	
		G91 G28 Z0;	Z 轴回参考点
		M30;	程序结束并返回
		加工程序	**程序说明**
		O0002;	主程序名（十字槽加工程序）
		G90 G40 G21 G94 G17;	程序初始化
		G91 G28 Z0.0;	Z 轴回参考点
		G90 G54 M3 S800;	绝对值编程，主轴正转，转速为 800 r/min
		G00 X0 Y0;	快速定位到点（0，0）
		Z5.0 M08;	快速定位到 Z5.0，打开切削液
		M98 P0003 ;	调用子程序 O0003
		G68 X0 Y0 R90;	坐标系旋转 90°
		M98 P0003 ;	调用子程序 O0003

续表

加工程序	程序说明
G69;	取消旋转
G90 G00 Z5.0 M09;	快速定位到 Z5.0，关闭切削液
G91 G28 Z0.0;	Z 轴回参考点
M30;	主程序结束并返回
O0003;	子程序名
G0 X24.0 Y0;	
G1 Z－3.0 F40;	
G41 D01 G1 X24.0 Y6.0 F100;	
X－24.0;	
G03 Y－6.0 R6.0;	加工键槽
G01 X24.0;	
G03 Y6.0 R6.0;	
G40 G01 Y0.0;	
G0 Z5.0;	
M99;	子程序结束

加工程序	程序说明
O0004;	程序名（正方形加工程序）
G90 G40 G21 G17 G94;	程序初始化
G91 G28 Z0.0;	Z 轴回参考点
G90 G54 M3 S800;	绝对值编程，主轴正转，转速为 800 r/min
G00 X0.0 Y0.0;	快速定位到点（0，0）
Z5.0 M08;	打开切削液，刀具高度到达 Z5.0
G68 X0 Y0 R45.0	坐标系旋转 45°
G01 Z－3.0 F40;	
G41 D01 G1 X17.0 Y0.0 F100;	
Y17.0	
X－17.0	
Y－17.0	加工矩形槽
X17.0	
Y0.0	
G40 G01 X0.0 Y0.0;	
G00 Z5.0 M09;	

续表

<table>
<tr><td rowspan="3">训练步骤</td><td rowspan="3">工件加工过程</td><td>

加工程序	程序说明
G69	取消旋转
G91 G28 Z0.0;	Z 轴回参考点
M30;	程序结束并返回
O0005;	程序名（ϕ24 mm 圆孔加工程序）
G90 G40 G21 G17 G94;	程序初始化
G91 G28 Z0.0;	Z 轴回参考点
G90 G54 M3 S600;	绝对值编程，主轴正转，转速为 600 r/min
G00 X0.0 Y0.0;	快速定位到点（0，0）
Z5.0 M08;	打开切削液，刀具高度到达 Z5.0
G01 Z-8.0 F40;	刀具进给到 Z-8.0 深度
G41 D01 G1 X12.0 Y0.0 F100;	
G03 I-12.0	加工圆孔
G40 X0.0 Y0.0	
G00 Z5.0 M09;	刀具抬刀到 Z5.0
G91 G28 Z0.0;	Z 轴回参考点
M30;	程序结束并返回

</td></tr>
<tr><td>

加工程序	程序说明
O0006;	程序名（钻中心孔程序）
G90 G40 G21 G17 G94;	程序初始化
G91 G28 Z0.0;	Z 轴回参考点
G90 G54 M3 S2000;	绝对值编程，主轴正转，转速为 2 000 r/min
G00 X0.0 Y0.0;	快速定位到点（0，0）
Z20.0 M08;	打开切削液，刀具高度到达 Z20.0
G99 G81 X-35.0 Y-35.0 R5.0 Z-11.5 F40 X35.0	钻中心孔
G91 G28 Z0.0;	Z 轴回参考点
M30;	程序结束并返回

</td></tr>
<tr><td>

加工程序	程序说明
O0007;	程序名（钻 2 个 ϕ10H7 的底孔程序）
G90 G40 G21 G17 G94;	程序初始化
G91 G28 Z0.0;	Z 轴回参考点

</td></tr>
</table>

续表

<table>
<tr><td rowspan="18">训练步骤</td><td rowspan="18">工件加工过程</td><th>加工程序</th><th>程序说明</th></tr>
<tr><td>G90 G54 M3 S600;</td><td>绝对值编程，主轴正转，转速为 600 r/min</td></tr>
<tr><td>G00 X0.0 Y0.0;</td><td>快速定位到点（0，0）</td></tr>
<tr><td>Z20.0 M08;</td><td>打开切削液，刀具高度到达 Z20.0</td></tr>
<tr><td>G99 G81 X－35.0 Y－35.0 R5.0 Z－20.0 F80
X35.0</td><td>钻孔</td></tr>
<tr><td>G91 G28 Z0.0;</td><td>Z 轴回参考点</td></tr>
<tr><td>M30;</td><td>程序结束</td></tr>
<tr><td>O0008;</td><td>程序名（铰 2 个 ϕ10H7 的孔程序）</td></tr>
<tr><td>G90 G40 G21 G17 G94;</td><td>程序初始化</td></tr>
<tr><td>G91 G28 Z0.0;</td><td>Z 轴回参考点</td></tr>
<tr><td>G90 G54 M3 S100;</td><td>绝对值编程，主轴正转，转速为 100 r/min</td></tr>
<tr><td>G00 X0.0 Y0.0;</td><td>快速定位到点（0，0）</td></tr>
<tr><td>Z20.0 M08;</td><td>打开切削液，刀具高度到达 Z20.0</td></tr>
<tr><td>G99 G85 X－35.0 Y－35.0 R5.0 Z－20.0 F40
X35.0</td><td>开始铰孔</td></tr>
<tr><td>G91 G28 Z0.0;</td><td>Z 轴回参考点</td></tr>
<tr><td>M30;</td><td>程序结束并返回</td></tr>
<tr><td colspan="2"></td></tr>
<tr><td colspan="2"></td></tr>
<tr><td>注意事项</td><td colspan="3">1. 严格遵守安全操作规程。
2. 不准做与以上训练内容无关的其他操作。
3. 操作必须按规定步骤和要求进行。
4. 练习完毕，认真擦拭机床，使机床返回原点位置，关闭机床电源开关。</td></tr>
</table>

考核项目	考核内容及要求	配分	评分标准
六边形	$70^{\ 0}_{-0.04}$ mm（3 处）	4/处	每超差 0.01 mm 扣 2 分，超差 0.02 mm 以上不得分
	轮廓正确、完整	4	形状不对、有缺陷酌情扣分
	高度 $5^{+0.05}_{\ 0}$ mm	5	每超差 0.01 mm 扣 3 分，超差 0.02 mm 以上不得分
	Ra≤3.2 μm	4	降级不得分

考核项目	考核内容及要求	配分	评分标准
十字凹槽	$60^{+0.05}_{0}$ mm（2 处）	2/处	每超差 0.01 mm 扣 1 分，超差 0.02 mm 以上不得分
	$34^{+0.05}_{0}$ mm（2 处）	2.5/处	每超差 0.01 mm 扣 2 分，超差 0.02 mm 以上不得分
	$12^{+0.03}_{0}$ mm（4 处）	1/处	超差不得分
	轮廓正确、完整	5	形状不对、有缺陷酌情扣分
	深度 3 mm	3	超差不得分
	$Ra\leqslant3.2$ μm	4	降级不得分
圆孔	$\phi24^{+0.03}_{0}$ mm	6	每超差 0.01 mm 扣 4 分，超差 0.02 mm 以上不得分
	深度 5 mm	4	超差不得分
	$Ra\leqslant3.2$ μm	4	降级不得分
孔	ϕ10H72（2 处）	4/处	每超差 0.01 mm 扣 3 分，超差 0.02 mm 以上不得分
	（70 ±0.02）mm	4	超差不得分
	35 mm	2	超差不得分
	$Ra\leqslant1.6$ μm	6	降级不得分
工艺合理	工件定位、夹紧合理	2	不合理不得分
	合理选用刀具、量具	2	不合理酌情扣分
	加工顺序、刀具轨迹合理	2	不合理不得分
程序编制	完成所有程序编制	2	未全部完成不得分
	程序编制合理，能正确使用刀具补偿	2	酌情扣分

考核项目	考核内容及要求	配分	评分标准
安全文明生产	着装规范，行为文明	1	着装不规范，行为不文明不得分
	机床操作规范	2	不规范不得分
	刀具、量具摆放规范	2	摆放不规范不得分
	正确保养机床、刀具、量具	1	保养不正确不得分